sapientia
サピエンティア01

アメリカの戦争と世界秩序

America's Wars and the Making of a Liberal World Order

菅 英輝
[編著]

法政大学出版局

目次

序　章　アメリカ外交の伝統とアメリカの戦争

菅　英輝

一　はじめに

アメリカ合衆国は、アメリカ的な価値観や理念を他国に拡大することで自らのアイデンティティを確立しようとする傾向を顕著に示してきた。アメリカ国民のこうした対外態度は、アメリカの世界秩序形成にも反映されてきた。世界秩序形成におけるアメリカの役割については、理念の供給者としての役割やイメージが強調されてきた。ワシントンの政策形成者たちはしばしば、自由や民主主義を世界に普及させるというアメリカの使命感について語り、多くのアメリカ人もまた国際社会におけるそうした努力を支持してきた。そのひとつが、国際関係をよりリベラルなものにしようとした姿勢である。

アメリカが「リベラル」な秩序を形成してゆく過程では、普遍的な理念と巨大な経済力が働いてきたとされる。たしかに、アメリカ外交において理念や文化は大きな役割を果たしてきた。また、その巨大な経済力はリベラルな秩序形成の重要な推進力となってきた。だが同時に、しばしば軍事力も行使され、戦争に訴えることも少なからずあった。冷戦後においても、一九九一年の湾岸戦争をはじめ、九・一一テロ後に開始された対アフガニスタン戦争、二〇〇三年の対イラク戦争、そして現在も続く対テロ戦争に見られるように、アメリカが戦争という手段に訴える傾向は変わっていない。アメリカ外交史家ロバート・デヴァインは、「アメリカ人は自らを平和愛好国民であり、合衆国を平和国家だと考えたがる。しかしわが国の歴史を一瞥すれば、アメリカが植民地時代から今日にいたるまで戦争に長らく関わってきたことが明らかだ」と述べたうえで、「戦争はわが国の歴史の不可分の一部を構成してきた[1]」と結論づけている。

アメリカ外交における軍事力の重要性にもかかわらず、アメリカが「リベラル」な世界秩序形成をめざすことと、戦争を引き起こすこととの相互関係は十分検証されてこなかった。なぜアメリカはしばしば戦争をするのか。アメリカによる戦争は世界秩序形成にどのような影響を及ぼしたのか。戦争はアメリカ経済や社会にどのような影響をもたらしたのか。それは多民族国家アメリカにおいて、アイデンティティ形成や国民統合にどのような意味をもったのか。本書は、こうした問題意識に立って、戦争とアメリカ社会および国際社会のダイナミックな相互関係、そしてアメリカの世界秩序形成が生み出す諸問題を多面的に分析・記述することをめざしたものである。

二　戦争は外交の延長である

ワシントンの政策形成者たちが軍事力の行使や戦争に訴えるとき、アメリカ外交はいくつかの特徴を顕在化させる。

第一に、外交は軍事力によって支えられなければ効果的ではないとか、外交と軍事は不可分である、という考えが支配的になったとき、アメリカは実力行使に訴えてでも目的を達成しようとする傾向が強くなる。

アレクサンダー・ジョージは、一九五〇年の朝鮮戦争を契機にアメリカの戦略思考に二つの異なる考え方が生じたことを指摘している。ひとつは、オール・オア・ナッシング的な考え方をする人たちである。限定戦争否定の考え方といってもよい。もうひとつは、限定戦争肯定派の考え方である。一九六〇年代半ば以降アメリカがヴェトナム戦争への関与を深めてゆく過程では、前者の戦略思考は後退し、限定戦争観の唱道者たちがアメリカ外交で優勢となった。だが、アメリカがヴェトナム戦争で敗北した結果、その後限定戦争派の影響力は低下し、代わってオール・オア・ナッシング的な戦略思考が優勢となった(2)。

こうした二つの特徴的な戦略思考はレーガン政権第一期目には、ワインバーガー＝シュルツ論争のかたちをとって現われた。キャスパー・ワインバーガー国防長官は、朝鮮戦争やヴェトナム戦争の教訓から、武力の行使に際しては慎重でなければならないこと、しかし武力行使が必要になった場合には、戦争目的を明確にし、目的実現のためには武力行使に政治的な制約を課すべきではない、との考えをもっていた。彼は一九八四年一一月二八日、ナショナル・プレス・クラブでの演説で、アメリカ政府が軍を海外に展開する際には、六つの基準を充たす必要があると述べた。第一に、アメリカやその同盟諸国にとって死活的な利害が問われていることである。第二に、勝利するという意思に加えて、使用される軍事力は勝利を確実にするのに十分な規模のものでなければならない。第三に、政治・軍事目的が明確に定義され、かつ達成可能でなければならない。第四に、投入される部隊の規模と目的はつねに再評価され、必要に応じて調整されなければならない。第五に、議会および世論の支持が確保されているべきである。第六に、軍事力の使用は最後の手段である。[3] こうした基準にもとづくアメリカ軍の海外派兵についての考え方は、ワインバーガー・ドクトリンと称されるようになった。

ワインバーガーのような考え方に対して、ジョージ・シュルツ国務長官は異議を唱えた。シュルツはロナルド・レーガン大統領と同様に、「ヴェトナム症候群」の制約を取り除くことを重視した。アメリカ社会はいまだにヴェトナム戦争の後遺症から抜け出すことができずにいた。[4] 武力行使に否定的なアメリカ国内世論の風潮は、国際政治におけるアメリカの影響力の発揮に大きな障害となっている、とシュルツらは危惧した。したがって、彼らは、武力の行使をアメリカ外交のなかに的確に位置づけることが必要だと考えていた。シュルツによると、ワインバーガー・ドクトリンは「ヴェトナム症候群の最たるもの」で、「アメリカの指導力の完全な放棄」であった。外交においては、敵対国との全面戦争にはいたらないレベルの、複雑で不明瞭な灰色の領域が数多く存在する。そのような場合には、「武力または武力の威嚇が信頼にたる部分を構成しているときに」外交は国際紛争の解決にもっとも効果を発揮するのだ。このように考えるシュルツは、ワインバーガー・ドクトリンはアメリカが国際政治で発揮できる力と影響力を弱めることになる、と批判した。[5]

ワインバーガー＝シュルツ論争で注目すべきは、双方とも、基本的にはアメリカの対外行動において、武力の行使は必要だと考えていることである。ワインバーガーは、武力の行使にあたっては、熟慮された目的の定義と慎重なアプローチが必要だと主張するが、武力の行使を否定するものではなく、むしろ武力行使をする際には、目的遂行のためには限定的な介入ではなく、大規模な軍事力の投入が求められることを主張するものである。他方、シュルツは、それでは限定的な軍事力の行使によって外交目的を達成することが可能な場合にも武力行使ができないことになり、外交を効果的に遂行することは困難だと反論する。

レーガン政権下でシュルツの前任者であったアレクサンダー・ヘイグ国務長官は、ワインバーガーとシュルツの双方の代弁者であった。『もうひとつのヴェトナム』の恐怖」がアメリカ政府の意思を萎縮させていると考えていたヘイグは、アメリカの権益を守るためには必要な軍事力の行使に躊躇すべきでないと主張した。ヘイグによると、ヴェトナム戦争の教訓は、勝利を確保するためには、十分な決意と必要なだけの武力を用いることでなければならないし、外交交渉で結果を出すためには、武力の使用は実行可能な選択肢として考慮されるべきだと信じていた(6)。

レーガン政権のもとでは、「ヴェトナム症候群」を克服しなければならないという政権首脳の思惑もあり、外交と武力行使は不可分な関係だと主張するシュルツの考えが優勢となった。このため、レーガン政権はニカラグアのサンディニスタ政権を打倒するために、サンディニスタに倒されたソモサ独裁政権の国家防衛隊の残党を再編成した反政府組織「コントラ」(Contra)を支援するかたちでの介入をおこなった。一九八一年一一月には、コントラの軍事訓練に一九〇〇万ドルの資金を使用する権限をCIA(米中央情報局)に与える文書に署名した。また、ホンジュラスに大規模な反革命基地を建設し、コントラはこれらの基地から政府軍を攻撃しただけでなく、一九八三年からは約三万の米軍兵士が、さまざまな反政府活動を展開した。一九八三年末、CIAはニカラグアの港湾に機雷を敷設し、さらに石油施設と空港を攻撃する作戦を実施した[7]。そのほかに、レーガン政権は、一九八二年九月から八四年二月までレバノンにアメリカ海兵隊を派兵したが、八三年一〇月二三日に起きた米軍兵舎への自爆攻撃で海兵隊員に二四一名の死者を出した。レバノン介入の失敗を払拭するかのように、その二日後にグレナダに軍事侵攻、一九八六年四月にはリビアに対する空爆を敢行した。

外交と武力行使は不可分であるという考えはしばしば、アメリカが国際紛争を解決しようとするにあたって、戦争や軍事力の行使に訴える背景をなしてきた。ブッシュ（ジュニア）政権下で国務省の政策企画室長を務めたリチャード・ハースは、冷戦後のアメリカによる軍事力行使の事例を検討した結果、「過去五年間のアメリカによる主要な軍事介入についてもっとも注目すべきは、その数と範囲である。軍事力は引き続き広範囲の任務に有益である。このような判断から導き出されるひとつの結論は、大規模で柔軟なアメリカ軍は引き続き必要だということだ」と述べている[8]。こうした見方は、説得や交渉による外交がうまく機能しない場合は、武力行使以外に選択肢はないとの結論に陥りやすい。軍事力の一極集中という冷戦後の国際政治の現実は、アメリカの政策形成者たちによる武力行使の誘惑を高めることになった。ネオコンのコラムニストであるチャールズ・クラウトハマーの「単極のとき」という認識は、ブッシュ政権首脳に広く受け入れられ、「唯一の超大国」論はブッシュ政権が対イラク戦争に踏み切る際の判断に大きな影響を与えた[9]。

外交は軍事力によって支えられなければならないという考えは、ブッシュ政権の対イラク戦争が泥沼化した現在でも継承されている。民主党のヒラリー・クリントンは、『フォーリン・アフェアーズ』誌に寄せた論文のなかで、ブッシュ政権の外交の単独主義や過剰な軍事力依存を痛烈に批判しているが、同時に、肝心なのは、外交と軍事の適切な組み合わせであると主張している。[10] 二〇〇七年一一月に発表された「アーミテージ報告3」は、ブッシュ政権の国務副長官を務めたリチャード・アーミテージとクリントン政権下で国防次官補を務めたジョセフ・ナイ・ジュニアが共同議長になって作成したものである。報告書は「スマート・パワー」という概念の重要性を強調しているが、彼らの主張は、ハード・パワーとソフト・パワーをうまく組み合わせた外交を展開すべきだというものである。[11] クリントン政権下で東アジア担当国防次官補を務めていたカート・キャンベルは、「ハード・パワー・デモクラット」の必要性を強調している。ハード・パワー・デモクラットとは、国益を擁護するためには軍事力の行使はしばしば必要だと信じる民主党員を意味する。したがって、彼らは、アメリカの軍事力の行使に関する決定が、「今後数十年にわたってガバナンスの中心的局面をなす」と信じる人たちである。[12]

三　アメリカ人の使命感とアメリカ例外主義の観念

しかし、外交は軍事力の裏づけがあってはじめて効果を発揮するという考えや、「唯一の超大国」アメリカという認識だけでは、アメリカが戦争や武力行使に走る理由を十分説明したことにはならないだろう。軍事力の行使は無目的におこなわれるものではないからである。したがって、アメリカと戦争との関係を考察するにあたっては、アメリカは世界で重要な役割を果たす責務があるとする使命感の存在に注目する必要がある。本書に収められたアンドリュー・ロッター論文は、そうした特徴を、「セオドア・ローズヴェルト病」、「ウッドロー・ウィルソン病」という用語で表現している。

アメリカ外交史家ロナルド・スティールは、アメリカの民主主義を世界に普及させるための運動は三つの特徴から成り立っているという。第一は、アメリカの政治イデオロギーの確認という側面である。「自由に育まれた」国家は、アメリカ的な特質を他の諸国民のあいだに普及させようとすることで自己のアイデンティティを確認する。その本質は福音的であり、自由はアメリカ人だけが享受すべき恩恵ではなく、この恩恵は他の国の人々にも普及させなければならないと考える。第二に、この政治イデオロギーは、アメリカ型民主主義が広く受容される世界は、より安全で繁栄するという信念に裏づけられている。第三に、このイデオロギーは、アメリカの行動を正当化するために効果的な機能を果たす。アメリカが他国の内政に干渉する際に、民主主義をその国にもたらすためという観点からアメリカの行動が正当化される。このため、目的が手段を正当化する傾向が生じる。スティールは、こうした傾向について、「われわれは権力を原則で熟成させることを好み、権力と原則が矛盾する場合には不安に駆られる」と表現している。(13)

アメリカ人の使命感は独立革命にまで遡ることができる。アメリカ独立革命は「地球上における最後で、最善の希望」であり、「アメリカは拡大する自由の中心である」という信念は、建国以来アメリカ国民のあいだで連綿と継承されてきた。しかも、その福音的性格ゆえに、自由と民主主義を世界に普及させることは、アメリカ人の幸福と繁栄にとっても不可欠であるとみなす信条が形成されていった。いいかえれば、彼らは、国内秩序と国際秩序は不可分の関係にあるという世界観を抱くようになった(14)。
こうしたアメリカの使命感を全面に出して戦争を正当化したのはブッシュ（ジュニア）政権であった。ブッシュ大統領は二〇〇二年六月、ウェストポイントでの演説のなかで、兵士たちに次のように訴えた。

アメリカの国旗は、どこへ携行する場合にも、わが国の力を象徴するだけでなく自由を象徴する。わが国の大義は、わが国の防衛よりもつねに大きかった。つねにそうであったように、われわれは正義の平和――人間の自由に恩恵をもたらす平和――のために戦う。われわれはテロリストや暴君の脅威から平和を守る。……そして、われわれは、すべての大陸において、自由で開かれた社会を助長することによって平和を拡大する。この正義の平和を構築することは、アメリカにとっての好機であり、義務である。

こう述べたあと、ブッシュは、「アメリカは拡大する帝国も建設するユートピアももっていない。われわれは暴力からの安全、自由の恩恵、より良い生活への希望といった、自らに望むことを他人にも欲しているだけである」と続けた。アメリカの善意を強調することで、軍事力の行使が正当化される。しかも、そのために、アメリカはいかなる国も挑戦できないような軍事力を保持すべきだと主張される。ウェストポイント演説はいう。「アメリカは誰にも挑戦できない軍事力を保持し、そうし続けるつもりである――それによって、他の時代に見られた軍備競争の不安定性を無意味にし、競争を、貿易その他の平和の追求に限定する(15)」。

アメリカは自由と民主主義の発祥の地であり、アメリカの自由と豊かさを生み出した政治体制を海外に普及させることは「他人も欲している」。このような使命感は、必要ならば武力を行使してでも目的を実現したいという衝動となって、アメリカ外交を突き動かす。

そうした使命感を下支えしているのは、「アメリカ例外主義」の観念である。アメリカ人は神によって選ばれた民であり、ニューイングランドの地に「神の国」を建設することは、アメリカ人に与えられた使命であるという信念は、総督としてピューリタンの一団を率いて渡ったジョン・ウィンスロップの有名な説教（一六三〇年）に示された。ピューリタンの移住目的を「神との契約」によって説明し、アメリカが「丘の上の町」となることを誓い合ったこの説教は、「あらゆる人の目がわれわれに注がれている」という意識のもとで建設される事業を意味した(16)。

ただ注意しなければならないのは、こうした選民意識が、アメリカ大陸の西と南への膨張の過程で援用されたジョン・オサリヴァンの「明白な運命」論に直結するのかといえば、そこは慎重な検討が必要であろう(17)。模範を示すことによってアメリカ的体制が世界に拡大する道を選択すべきだという考えと、武力や戦争に訴えてでも実現すべきだとする帝国観とは、必ずしも同じではないからである(18)。しかし、オサリヴァンは一八四五年の「併合論」において、テキサス併合への反対論に対抗するために、アメリカ大陸全土の占有は「われわれの明白な運命」であり、「明白な神意」にもとづくものだとする主張を展開した。「明白な運命」の論理が、その後表現を変えながらも、冷戦後の今日にいたるまで、アメリカ人の意識のなかで脈々と生き続けていることも確かだろう。

四　アメリカの権益擁護と「唯一の超大国」意識

アメリカと戦争との関係を説明するのに、理念的要素が重要であることは疑いない。トニー・スミスは、アメリカの使命感に焦点を当てた著書のなかで、「アメリカ外交における一貫した伝統」として、「アメリカの安全は民主主義の世界的な普及によってもっともよく守られるという信念」をあげている[19]。民主主義の拡大を安全保障の問題として位置づける考えは、クリントン政権首脳にも共通する認識であった。

だが、われわれはその他の要因にも目を向ける必要がある。民主主義や人権を大義名分とするアメリカの軍事介入を検討したトニー・スミスは、アメリカの政策遂行者たちは、アメリカの安全が危険にさらされている場合とか、その他アメリカの死活的利益が問われているような場合でなければ、民主主義の普及や人権侵害だけを理由に軍事力を行使すべきだとする主張には左右されない、との結論を導き出している[20]。安全保障上の理由からアメリカが戦争や軍事力の行使に踏み切った事例を探すのは、第一次世界大戦や第二次世界大戦へのアメリカの参戦の事例を引き合いに出すまでもなく、それほど難しいことではない。より複雑なのは、市場の確保や、アメリカの思いどおりにならない政権の打倒をめざした場合であろう。原料資源の確保や政権の打倒といったアメリカの利己利益を露骨に前面に出して武力行使をおこなうことは、アメリカ世論や国際世論の支持を得られにくい。そのような場合には、真の目的を民主主義や自由の拡大といったレトリックに包むことによって、武力の行使がおこなわれることになる。スティールが指摘した第三番目の特徴である。

二〇〇三年三月に開始されたブッシュ政権の対イラク戦争は、戦略的資源である中東の石油の安定的確保と中東におけるヘゲモニーの維持、イスラエル＝パレスチナ紛争をイスラエルに有利に解決することによって、アメリカの中東政策の要であるイスラエルの安全を安定的なものにするという戦略的考慮がもっとも重要だった[21]。その際、フセイン政権の打倒とイラクの民主化、それを中東全体に波及させてゆくという目標も掲げられた。中東の民主化は対イラク戦争の目的のひとつであったことは否定できないにしても、その優先順位が高かったと考えるのは現実的ではない。というのは、中東諸国はフセインのイラクに限らず、サウジやクウェートなど非民主的で抑圧的な政権をかかえており、民主化はこうした親米政権の崩壊を意味し、中東政治を不安定化させるからである。対イラク戦争の場合、中東の民主化や、根拠が薄弱な大量破壊兵器の保有が開戦の理由としてあげられたのは、第一義的には、国内世論や国際世論に対してイラク戦争の正当性を訴える狙いがあったと理解すべきだろう。

こうした事例は、冷戦期のアメリカ外交にはしばしば見られた。アメリカは、「共産主義の脅威」を理由に、他国の内政に軍事介入していった。この時期は、民主主義や自由の拡大よりも共産主義の脅威への対処が優先され、アメリカの都合によって、他国の独裁政権や抑圧政権を支援することがおこなわれた[22]。

経済的な利益の追求は安全保障の観点からなされることもあるが、同時に、それ自体がアメリカ外交のもっとも重要な目的のひとつである[23]。アメリカの軍事力の基礎は、その強大な経済力にある。一九七〇年代に日本の軍事大国化がアジア諸国においてのみならず、アメリカでも懸念されたのは、日本が急速な経済発展を続け経済大国になったということを背景として、防衛費の絶対額が増大し続けたからである。同様に、一九九〇年代の中国の急速な経済発展と、その増大した経済力を基礎に毎年一〇パーセントを超える防衛費の増加を続けていることもまた、現在の「中国脅威論」の背景となっている。山本吉宣は、アメリカ帝国論に関する著書のなかで、アメリカはまず経済的に強大な国になり、ついでその経済的資源を動員できる国家体制を整え、さらに軍事力を強化して、民主主義的な価値の世界への拡大をめざす、という経路をたどってきたと述べている。(24) このように、経済力が軍事力の基礎であるとする理解が妥当だとするならば、経済的権益の確保はアメリカ外交のもっとも重要な目標であるということができる。

セオドア・ローズヴェルトからウィリアム・タフト、ウッドロー・ウィルソンなど、二〇世紀前半のアメリカのカリブ海地域への軍事介入の歴史を検討した本書の中嶋啓雄論文は、介入の背景にキューバ、ニカラグア、ドミニカ共和国の砂糖産業に対する投資、メキシコの石油利権、アメリカの金融機関による各国政府への借款供与や国立銀行に対する影響力の拡大といった経済的利害が存在したのは確かである、と主張している。同じく、初瀬龍平論文は、アメリカ帝国論を包括的に検証するなかで、「帝国主義において経済的要因は、しばしば膨張主義の原動力もしくは補強力となる」と指摘している。アメリカと戦争との関係を見てゆく際に、見過ごしてはならない重要な要因であろう。

アメリカの戦争を考える場合に忘れてならないことは、アメリカの大国意識とそれを支える軍事力の必要性という考えがアメリカ社会に広く受け入れられている点だ。アンドリュー・ベイシェヴィッチは、

「アメリカの政策のなかで占める軍事的要素の重要性は減少したのではなく増大した」と述べて、冷戦後におけるアメリカ外交の軍事化に注目している。そして、軍事力は「アメリカ人の国民的アイデンティティの中核的要素となった」とさえ述べている。[25] 世界で「唯一の超大国」であるという意識は、多くのアメリカ国民のあいだで「当然のことと受け止められている」。強大な軍事力の存在がアメリカ人のナショナリズムの中核をなしているという状況では、戦争や軍事力の行使に対する抑制力をアメリカ社会のなかに求めることは難しい。クリントン政権下で安全保障問題大統領顧問を務めたサミュエル・バーガーは、二〇〇〇年六月、ナショナル・プレス・クラブでの講演のなかで、「今日、ほとんどすべての人々が、変化しながらも引き続き存在する危険な世界でわが国の利益を守るためには強力な軍隊が必要だと信じている[26]」と述べた。

こうしたアメリカ社会の軍事化傾向を踏まえ、軍事力の行使に消極的だというイメージが民主党につきまとっていることは、大統領選挙を戦うにあたって不利だとする指摘がなされるようになっている。一九六〇年代末から現在にいたるまで、安全保障問題で民主・共和両党のどちらが好ましいと考えているかについての世論調査は、共和党が民主党をつねに三〇パーセントも上回ってきたことを示している。このことから、K・キャンベルとM・オハンランは、戦争や勝利といった闘争心を美徳だと考えるアメリカ文化において、民主党は戦争反対の党であるというイメージを払拭する必要がある、と主張する。[27] 本書に収められた大津留（北川）智恵子論文は、「圧倒的な軍事力によって絶対的な安全保障を獲得できるという神話が、アメリカの人々のあいだで好ましい選択肢として残る限りにおいて、安全が脅かされるという情報操作によって」、アメリカの市民社会は「正義の戦争」に動員される可能性を残している、と指摘している。

五　アメリカ式戦争の特徴

圧倒的な軍事力を持った「唯一の超大国」意識がアメリカ人のアイデンティティにまで高められた社会においては、情報操作による戦争への市民社会の動員を視野に入れる必要が生じる。それゆえ、メディアが戦争において果たす役割の重要性が指摘されなければならない。

本書で「アメリカの戦争とジャーナリズム」を検討した野村彰男論文は、一九九一年の湾岸戦争と二〇〇三年のイラク戦争は「テレビ時代の戦争」としての特徴を露わにし、「メディアを通じた情報戦争」という側面を強くもっていたと指摘している。たとえば、クウェートに侵攻したイラク兵による、赤ん坊に対する残虐行為をアメリカ下院の公聴会で証言した「ナイラ証言」(一九九〇年一〇月一〇日)は、NBCテレビのニュース番組「ナイトリー・ニュース」で放映され、アメリカ社会に衝撃を与えたが、ナイラと名乗った少女は実は駐米クウェート大使の娘であったことが暴露された。こうした事例を検討した野村は、「メディアは、結果的に開戦への世論づくりに加担し、ブッシュ(シニア)政権の背中を押したといわれてもしかたがない」と述べている。

イラク戦争において、ペンタゴン(国防総省)は自国に都合のよい情報は積極的に流し、都合の悪い情報は隠すというメディア規制策を徹底させた。そのうえ、メディアとりわけテレビ報道は「客観性や中立性の装すら失った」ことで、アメリカ社会は「軍事報復論」一色となった。そうしたことから、野村は、アメリカ例外主義の観念の虜になり武力で「正義」を実現することへの信奉が続く限り、「戦争に向かおうとする政府を押しとどめる力はあまり期待できまい」と結論づけている。アメリカと戦争との関係を見てゆく場合には、こうしたメディアの役割を考察することはますます重要になっているといえよう。

メディアとくにテレビの戦争報道のあり方は、冷戦後のアメリカの戦争に、「スペクタクル戦争」(見世物的戦争)という性格を与えることになった(28)。アメリカ国民にとって、湾岸戦争やイラク戦争は、テレビや映画のなかの戦争、すなわち「ヴァーチャル・ウォー」である。しかし、大規模空爆は、攻撃をされている国に多くの民間人の死傷者を出す「リアル・ウォー」でもある。この内と外の対照性は、アメリカの国内世論の支持を得るのには効果的であっても、世界の人々にとっては正当性のない戦争と映る。大規模空爆は、「付随的被害」(collateral damage)を前提としておこなわれるため、アメリカ国民の生命がアフガニスタンのタリバンやイラク人の生命より価値があるのだという含意を払拭できないからである。それゆえ、被害国の市民のあいだには反米感情が高まることになる。九・一一テロ後に世界中で反米感情の高まりが見られるのは、「付随的被害」を不可避にともなう「スペクタクル戦争」の産物でもある。

アメリカ国民にとって、「ヴァーチャル・ウォー」は、アメリカ兵の犠牲者が最小限に抑えられることを前提としている。したがって、アメリカ兵の犠牲者の数の増大にともない、この種の戦争は国民のあいだにおいても、「リアル・ウォー」として受け止められるようになる。その結果、政府批判が高まり、国内に反戦運動が勢いを増すことになる。それゆえ、「スペクタクル戦争」は、メディア戦争の性格をもつと同時に、反戦運動の可能性を秘めた危うい戦争でもある。それは、ヴェトナム戦争時の反戦運動の高揚によって、ニクソン政権がヴェトナムからの撤退を余儀なくされたことにも示されている。イラク戦争の泥沼化にともない、ふたたびブッシュ政権の戦争遂行に批判が高まっていることも、「スペクタクル戦争」や「ハイテク戦争」の問題性や脆弱性を示すものである。

ジョン・ギャディスは二〇〇四年の著書のなかで、先制、単独主義、覇権は、一九世紀にはアメリカ外交の伝統となっていたと主張し、九・一一テロ以降これらの特徴が再浮上したのは驚くにあたらない、と述べている。[29] しかし、先制攻撃をアメリカの伝統だと主張する見解は妥当性を欠くといわざるをえない。

デヴァインの研究は、アメリカの戦争の戦い方はギャディスの主張とは逆であることを明らかにしている。彼は、アメリカはむしろ危機を引き伸ばし相手が最初に攻撃することを待つというやり方をしてきた、と主張する。[30] なぜそうする必要があるかというと、民主国家としてのアメリカは、世論の意向に逆らって戦争をすることは困難だからだ。

アメリカ外交史家ゲアリー・ヘスは、一七八九年から一九五〇年までのあいだに大統領が議会に宣戦布告を要請したのは一八一二年の対英戦争、一八四六年の対墨戦争、一八九八年の米西戦争、一九一七年のアメリカの参戦、それに一九四一年の日米開戦の五回あったとし、日本のパール・ハーバー攻撃で始まった日米戦争を除くと、いずれの場合も参戦の是非をめぐって激しい論争が議会で展開され、議員の一〇〜四〇パーセントが戦争決議案に反対した、と述べている。[31] そうした状況が予想されるため、スティールも述べているように、アメリカの政治指導者は議会や世論対策の観点から、「対外的紛争へのアメリカの参加には、正当化のための綿密な理由をつくりださなければならない」[32]。そのためには、アメリカ側から先に攻撃するのではなく、相手に最初の一発を打たせることが必要になる。

それゆえ、アメリカの戦争においては、しばしば相手を挑発したり、攻撃を誘い出すような方法がとられてきた。たとえば、日米開戦にいたる過程で、一九四一年一一月二六日に有名な「ハル・ノート」が日本に通告された。この覚書は、仏印や中国からの完全撤兵、汪兆銘政権の否認、三国同盟の廃棄、「東亜新秩序」の全面否定を要求する内容で、多くの研究者が指摘するように、日本側がとうてい呑むことのできない条件であった。ハル・ノートが日本に手交される前日の一一月二五日には、大統領、国務長官、陸海両軍の長官、陸軍参謀総長、海軍作戦部長が出席してホワイトハウスで会議が開かれたが、このとき、参加者たちは、外交交渉の余地はほとんど残されていないという点で意見の一致をみていた。この会議に関するヘンリー・スティムソン陸軍長官の日記によると、「問題は、われわれに過大な危険を招かないように配慮しつつ、いかにして日本政府が最初の攻撃をせざるをえないように仕向けるか[33]」だったと記しているが、それは他の会議参加者たちにも共有された感情であった。

本書のブルース・カミングス論文は、こうしたアメリカの戦争のやり方の特徴に焦点を当てている。彼によると、最初の引き金を相手に引かせる理由は、アメリカは民主主義国であり、「戦争を始める前には投票箱を使わなければならない」からであった。しかし、カミングスは、ブッシュの対イラク戦争は、伝統的なアメリカの戦争のやり方からの「根本的な逸脱」だとして、先のギャディスの見解に異論を唱えている。ブッシュ・ドクトリンは先制攻撃を正当化するが、イラク攻撃はこのドクトリンが「予

防戦争のドクトリン」であることを示したと主張している。編者もカミングスの見解が妥当だと考える。(34)

アメリカ例外主義の観念と結びついたアメリカ人の使命感は、アメリカの戦争を「正義の戦争」とみなしてきた。そのような戦争においては、善と悪の二元論的世界認識が支配的となるため、敵は劣等人種あるいは人間以下の邪悪な存在と位置づけられ、虐殺事件や虐待事件が繰り返されてきた。ブッシュのイラク戦争では、旧アブグレイブ刑務所における捕虜の虐待、キューバのグアンタナモ米軍基地における「敵性外国人」に対する虐待のほか、二〇〇三年四月二八日のファルージャ掃討作戦での無差別殺戮、二〇〇五年一一月のハディーサ虐殺事件など、多くの民間人虐殺事件が報告されている。バグダッド北西のハディーサで起きた事件は、掃討作戦をしていたアメリカ海兵隊員が子ども三人、女性七人を含む二四名の民間人を殺害した事件である。

ヴェトナム戦争でも類似の行為が繰り返された。無抵抗の村民五百余人を虐殺した一九六八年三月のソンミ虐殺事件、その半年前にはソンベ渓谷虐殺事件が起きている。この事件は、一九六七年二月、在ヴェトナム米軍ウィリアム・C・ウェストモーランド司令官がクァンガイ、クァンナム両省にまたがる地域で索敵撃滅作戦を命じ、タイガー部隊が一九六七年五月から一一月までの七カ月間の掃討作戦を実施中に起きた。アメリカ陸軍発表の数字では、タイガー部隊による攻撃の犠牲者数は八一人だが、この作戦期間中に同部隊は四〇以上の村を襲撃しており、実際に虐殺された村民の数はこれよりもはるかに多いとみられる。というのは、一カ月だけで非武装の村民一二〇人を殺害したとの元隊員の証言もあるからだ。(35)

また、ニクソン政権はニクソン・ドクトリン発表後、ＣＩＡによる「フェニックス作戦」を開始、ヴェトコン幹部とおぼしき民間人を少なくとも五万人殺害したといわれる。くわえて、一九七〇年春にヘンリー・キッシンジャーの指揮のもと、カンボジアに対する隠密の空爆作戦が開始されたが、七三年に発覚して中止されるまでに、のべ三六三〇回の出撃、投下された爆弾の量は一一万トンにものぼった。ニクソン政権の最初の四年間に、一〇万七〇〇〇人を超える南ヴェトナム兵士と五〇万人を超える北ヴェトナム兵士が犠牲となった。これはジェノサイドだと指摘する声もある。(36)

人種主義と結びついた戦争の原型は、一七七六年のアメリカ独立革命に端を発する「インディアン戦争」に求められる。「先住民征服戦争としての独立革命」の例として、一七七九年八月のイロコイ連合征服戦争は、その典型的な事例である。この戦争は、居住地を徹底的に破壊する絶滅戦争であり、こうした戦争が繰り返された背景には、アメリカ先住民を野蛮で白人より劣った人種であると見る人種主義が色濃く反映されていた。(37)本書では油井大三郎論文が、アメリカ独立戦争の経緯を詳細に分析するなかで、「ワシントン神話」が形成されていったことを明らかにしているが、同時に、対「先住民戦争」は、非戦闘員や農作物も焼き払う「焦土作戦」が強行された「無限定戦争」であったと指摘している。

リチャード・スロトキンは、アメリカ人が、アメリカ先住民との戦争を通してアイデンティティを形成していったこと、先住民を征服してゆく過程で「フロンティア神話」が形成されていったことを明らかにしている。フロンティアは「野蛮人」や暴力のイメージと結びつけられ、「野蛮人」とは共存できないという意識と、フロンティアという「野蛮人の土地」を文明の土地に変える行為がアメリカの再生や発展と結びつくという神話は、その後もアメリカ史のなかで継承されてきた。(38)そのことは、ヴェトナム戦争中、アメリカ兵がヴェトナムを「インディアンの国」、索敵撃滅作戦を「カウボウイとインディアンのゲーム」というイメージで語り、虐殺や虐待を繰り返したことに示されている。[39] 一九六六年二月の上院外交委員会公聴会において、一九六四年から六五年にかけて南ヴェトナム駐在大使を務めたマクスウェル・テイラー大将の以下の証言は、こうした神話の継承を象徴するものである。いわく、「インディアンがまだうろついているときに柵の外にトウモロコシを植えるのは非常に難しい……インディアンをもっと遠くに追いやらなければならない」。ヴェトナム戦争時には、農村住民と解放戦線兵士を分断するために「戦略村」を設け、その外の世界は「インディアンがまだうろついている」地域、自由に爆撃や攻撃が可能な地域とみなされた。[40]

本書の土佐弘之論文は、冷戦後において、「良い暴力による再生」という神話が復活してきていることを論じている。また、菅英輝論文は、冷戦後のアメリカが「ソ連の脅威」に代わる敵の発見を模索する過程で「ならず者国家」、「テロ支援国家」に焦点を当てたのは、アメリカ人のアイデンティティを再確認する作業であったとし、九・一一以後は「テロリスト集団」がこれに加わり、民主主義を世界に拡大するという大義名分のもと、対アフガニスタン戦争、イラク戦争が「正義の戦争」として開始されたことを明らかにしている。

「正義の戦争」を繰り返すアメリカは、多大なコストを負担し、国の内外に多くの犠牲者を生み出してきた。本書の秋元英一論文は、アメリカの戦争が国内経済に及ぼした影響やコストを詳細に検討したうえで、いくつかの興味深い指摘をおこなっている。たとえば、イラク戦争で戦死した場合の死亡一時金が一万二二四〇ドルから一〇万ドルに引き上げられ、家族への死亡保険金も二五万ドルから五〇万ドルに引き上げられたこと、負傷者への治療費や障害給付金などは計算可能だが、負傷したことによる賃金報酬の減少額、イラク戦争に絡むアメリカの対外信用度の失墜など、通常のコスト計算の対象外のものもある。そういった諸々のコストを考慮すると、イラク戦争の経済的コストの総額は一兆ドル（一〇八兆円）となり、二〇〇七年の米国防支出の二倍になると指摘している。

一方、アメリカの戦争は、加害国と被害国の国民のあいだの「共生と和解」の問題を提起する。藤本博論文は、ヴェトナム戦争の事例をとりあげ、ヴェトナム民衆との「共生と和解」に取り組むヴェトナム帰還兵マイク・ボエムの活動を検討している。アメリカ例外主義とアメリカの使命感にからめとられた政府はいまだ、ヴェトナム国民に謝罪をしていない。大多数のアメリカ国民もまた同様である。編者は二〇〇五年三月、藤本と一緒にヴェトナムを訪問した。この間、ハノイ、ホーチミン市にある戦争博物館や、クァンガイ省のソンミ村の虐殺現場を訪ねた。また、小学校の建設や少数民族の女性に対する自立支援活動に取り組むボエムに同行し、彼の考えを聞く機会があった。詳細は藤本論文に譲るが、彼のような活動とそれを支える人々や団体がアメリカ社会やヴェトナム社会に存在することは、記憶にとどめておくべきだろう。

最後に、アメリカ人は「リベラル」な世界秩序の形成を自らの使命と考えて、民主主義や人権の普及に取り組んできた。しかも、二〇〇一年九月一一日の「米国同時多発テロ事件」以降、ブッシュ政権の外交は帝国化し、「アメリカ帝国」論が研究者の関心を集めるようになっている。にもかかわらず、アメリカが「理念の共和国」であり、理念によって統合された国家である限り、アメリカのめざす世界秩序にはアメリカ的な価値観が色濃く反映される傾向がある。

柄谷利恵子論文は、アメリカが第二次世界大戦後に、国連高等難民弁務官事務所（ＵＮＨＣＲ）を中心として確立された国際的難民保護レジームに対してかなりの額の資金援助をしてきたことに焦点を当て、両者の関わり方の変化を分析している。アメリカ政府は人事と拠出金を通じてＵＮＨＣＲをアメリカの冷戦戦略に利用する意図があったが、同時に、ＵＮＨＣＲもまた、その独自性を維持するためにさまざまな努力や工夫をしてきた。その結果、両者の関係は、状況によって、支配・影響・利用・無視といったように変化してきたのであって、アメリカの支配が貫徹していたわけではないことを明らかにしている。第二次世界大戦後のアメリカは、安全の保証者、最後の貸し手、そして理念や規範の供給者としての役割を果たそうとしてきた。ＵＮＨＣＲとアメリカ政府との複雑な相互作用と相互関係は、安全保障、経済（資金）、理念の供給者であろうとするアメリカの姿を示しているのではないだろうか。

註　記

（1）Robert A. Divine, *Perpetual War for Perpetual Peace*（College Station: Texas A & M University Press, 2000）, pp. 13–14.
（2）Alexander L. George, "The Role of Force in Diplomacy," in H. W. Brands, ed., *The Use of Force after the Cold War*（College Station: Texas A & M University Press, 2000）, p. 61.
（3）Casper W. Weinberger, *Fighting for Peace: Seven Critical Years in the Pentagon*（New York: Warner Books, 1990）, pp. 441–42（角間隆監訳『平和への闘い』ぎょうせい、一九九五年）.
（4）「ヴェトナム症候群」を克服しようとするアメリカ政府の努力に関しては、以下を参照されたい。Trevor B. McCrisken, *American Exceptionalism and the Legacy of Vietnam*（New York: Palgrave/Macmillan, 2003）; Geoff Simons, *Vietnam Syndrome*（London: Macmillan Press, 1998）; Robert J. McMahon, "Contested Memory: The Vietnam War and American Society, 1975–2001," *Diplomatic History*, Vol. 26, No. 2（Spring 2002）, pp. 149–84. 松岡完『ベトナム症候

群——大国を苛む「勝利」への強迫観念』(中公新書、二〇〇三年)、菅英輝「戦争と記憶——トランスナショナル・ヒストリーの可能性」『東アジア研究』(東アジア学会機関紙) 第八号 (二〇〇六年九月)、四〜二〇頁。

(5) George P. Shultz, *Turmoil and Triumph: My Years as Secretary of State* (New York: Charles Scribner's Sons, 1993), pp. 649–51.

(6) Alexander M. Haig, Jr., *Caveat: Realism, Reagan, and Foreign Policy* (London: Weidenfeld & Nicolson, 1984), pp. 27, 47, 125 (住野喜正訳『ヘイグ回想録〈警告〉——レーガン外交の批判』現代出版、一九八四〜一九八五年).

(7) 秋元英一・菅英輝著『アメリカ二〇世紀史』(東京大学出版会、二〇〇三年)、二八二〜八三頁。

(8) Richard N. Haas, *Intervention: The Use of American Military Force in the post-Cold War World*, revised edition (Washington, D. C.: The Brookings Institution, 1999), p. 178.

(9) Charles Krauthammer, "The Unipolar Moment," *Foreign Affairs* (Spring 1991), pp. 23ff.; William C. Wohlforth, "The Stability of a Unipolar World," *International Security*, Vol. 24, No. 1 (Summer 1999), pp. 5–41.

(10) Hillary R. Clinton, "Security and Opportunity for the Twenty-first Century," *Foreign Affairs* (November/December 2007), pp. 2–18, esp. p. 5.

(11) CSIS Commission on Smart Power, "A Smarter, More secure America," CSIS, November 2007, p. 7.

(12) Kurt M. Campbell and Michael E. O'Hanlon, *Hard Power: The New Politics of National Security* (New York: Basic Books, 2006), p. 7.

(13) Ronald Steel, *Temptations of a Superpower* (Cambridge, Mass.: Harvard University Press, 1995), pp. 19–20.

(14) この議論に関しては、以下を参照されたい。Hideki Kan, "Liberal Nationalism, State Sovereignty, and the Problems of Constructing Liberal International Relations," in Proceedings of the Kyoto American Studies Summer Seminar, July 26–28, 2001, Center for American Studies, Ritsumeikan University, Kyoto, pp. 25–34; Lloyd C. Gardner, "Angel in the Whirlwind: The Search for Independence in American Foreign Policy," *ibid*., pp. 1–24.

(15) "Graduation Speech at West Point," US Military Academy, West Point, New York, June 1, 2002 in John W. Dietrich, ed.,

The George W. Bush Foreign Policy Reader（New York: M. E. Sharpe, 2005）, pp. 63–65.

（16）ジョン・ウィンスロップ「キリスト教の慈悲のひな型」（一六三〇年）、大下尚一ほか編『資料が語るアメリカ——メイフラワーから包括通商法まで　一五八四—一九八八』（有斐閣、一九八九年）、九〜一〇頁。

（17）ジョン・L・オサリバン「併合論」（一八四五年）、大下ほか編『資料が語るアメリカ』、八八〜八九頁。

（18）マクリスケンは、アメリカ例外主義とは、「アメリカ合衆国は人類史において果たすべき特別な役割を付与された例外国家であり、ユニークであるだけでなく、諸国家のなかでもより優れた国家である」とする考えだと定義したうえで、アメリカの対外行動においては、「模範国家」または「使命感国家」という類型をとる、と述べている。前者は「丘の上の町」、「同盟の拒否」、「反帝国主義」、「孤立主義」という言葉で語られ、後者は「明白な運命」、「帝国主義」、「国際主義」、「自由世界の指導者」といった言葉に象徴される。McCrisken, *American Exceptionalism and the Legacy of Vietnam*, pp. 1–2.

（19）Tony Smith, *America's Mission: The United States and the Worldwide Struggle for Democracy in the Twentieth Century*（Princeton, N. J.: Princeton University Press, 1994）, p. 9.

（20）Tony Smith, "Good, Smart, or Bad Samaritan," in Brands, ed., *The Use of Force after the Cold War*, p. 35

（21）詳細については、菅英輝「アメリカのヘゲモニー支配とイラク戦争」『国際政治』一五〇号（二〇〇七年一一月）、一八〜三四頁を参照されたい。

（22）菅英輝「アメリカ合衆国と国際紛争」『北九州大学外国語学部紀要』七八号（一九九三年一〇月）、一〜三九頁。

（23）編者は、一九世紀以降のアメリカの帝国主義的膨張の基本要因は、「門戸開放帝国主義」、すなわち、原料資源、商品および投資のための市場の確保、アメリカの企業活動にとって安全で有利な国際環境（国際経済体制や安全保障体制）の構築にあったと考えている。この点に関しては、菅英輝「領土拡張の動き」小田隆裕ほか編『事典現代のアメリカ』（大修館書店、二〇〇四年）、三五〜四六頁を参照されたい。

（24）山本吉宣『「帝国」の国際政治学——冷戦後の国際システムとアメリカ』（東信堂、二〇〇六年）、二六八頁。

（25）Andrew J. Bacevich, *American Empire: The Realities and Consequences of U. S. Diplomacy*（Cambridge, Mass.: Harvard University Press, 2002), p. 122.

(26) Samuel R. Berger, "American Leadership in the 21 st Century," National Press Club, Washington, D. C., January 6, 2000 (http://www.clintonpresidentialcenter.org/legacy/0106000-remarks-by-berger-to-t <access: November 28, 2007>).

(27) Campbell and O'Hanlone, *Hard Power*, pp. 7, 20.

(28) Michael Ignatieff, *Virtual War: Kosovo and Beyond* (London: Chatto & Windus, 2000)(金田耕一ほか訳『ヴァーチャル・ウォー——戦争とヒューマニズムの間』風行社、二〇〇三年); Mary Kaldor, *New & Old Wars* (Cambridge: Polity Press, 2001), pp. 159, 163(山本武彦・渡部正樹訳『新戦争論——グローバル時代の組織的暴力』岩波書店、二〇〇三年、二六二、二六九頁).

(29) John L. Gaddis, *Surprise, Security, and the American Experience* (Cambridge, Mass.: Harvard University Press, 2004), pp. 16–38(赤木完爾訳『アメリカ外交の大戦略——先制・単独行動・覇権』慶應義塾大学出版会、二〇〇六年).

(30) Divine, *Perpetual War for Perpetual Peace*, pp. 18–19.

(31) Gary R. Hess, *Presidential Decisions for War: Korea, Vietnam and the Persian Gulf* (Baltimore: The Johns Hopkins University Press, 2001), pp. 2–3.

(32) Steel, *Temptations of a Superpower*, p. 40.

(33) November 25, 1941, Henry L. Stimson Diaries, Yale University Library, New Haven, Connecticut, U. S. A.

(34) 同様な観点からブッシュ・ドクトリンを二〇世紀アメリカ外交史の文脈に位置づけたものとして、菅英輝「W・ブッシュ米政権の対外政策——その理念とアプローチ」『国際問題』五五〇号(二〇〇六年四月)、一六〜二八頁を参照されたい。

(35) Michael D. Sallah, Mitch Weiss, and Joe Mahr, "Buried Secret, Brutal Truths," *The Blade*, October 19–22, 2003 (http: www.pulitzer.org/year/2004/investigative-reporting/works/index.html <access: December 4, 2007>). また、白井洋子『ベトナム戦争のアメリカ』(刀水書房、二〇〇六年)、九五〜九七頁、Michael Bilton and Kevin Sim, *Four Hours in My Lai* (New York: Penguin Books, 1992) も参照されたい。

（36） William H. Chafe, *The Unfinished Journey* (New York: Oxford University Press, 1995), p. 401.

（37） この点は、白井『ベトナム戦争のアメリカ』、Richard M. Drinnon, *Facing West: The Metaphysics of Indian-Hating and Empire Building* (New York: Schocken Books, 1990) が詳しい。

（38） Richard Slotkin, *Regeneration through Violence: The Mythology of the American Frontier, 1600–1860* (Middletown, Conn.: Wesleyan University Press, 1973); do, *Gunfighter Nation: The Myth of the Frontier in Twentieth-Century America* (Norman: University of Oklahoma Press, [1992] 1998).

（39） Richard Slotkin, *The Fatal Environment: The Myth of the Frontier in the Age of Industrialization, 1800–1890* (Middletown, Conn.: Wesleyan University Press, 1985), pp. 16–18.

（40） Drinnon, *Facing West*, p. 369.

第Ⅰ部　アメリカの戦争と国際社会

1898年２月15日，ハバナ湾における「メイン号」の沈没。266人の命を奪ったこの大爆発が米西戦争のきっかけになった（Library of Congress, Prints and Photographs Division, Detroit Publishing Company Photograph Collection）

第1章　アメリカ帝国主義論の新展開

初瀬　龍平

一　はじめに

アメリカ外交を帝国主義と見る議論は、格別に新しいものではない[1]。第二次世界大戦後の世界で支配的地位を確立したアメリカに対して、その外交政策を帝国主義として批判する声は、世界的にかなり普遍的であった。その批判は、一九六〇年代末から七〇年代前半にかけて、ヴェトナム戦争におけるアメリカ帝国主義への反対運動として、最高潮に達した。その後、アメリカ軍のヴェトナム撤退（一九七五年）などを経て、アメリカ外交についての帝国主義的分析は下火となった。ところが、近年、アメリカ帝国論が台頭し、アメリカ帝国主義論も復活してきている。アメリカの帝国化を推進しようとする議論もあれば、これに批判的な議論もある。

アメリカ帝国（主義）論については、「自由の帝国」、「リベラルの帝国」、「新自由主義の帝国」、「デモクラシーの帝国」、「軽い帝国」、「基地の帝国」、「借地の帝国」、「招かれた帝国」、「超帝国」、「非整合的な帝国」、「植民地なき帝国主義」、「新しい帝国主義」、「新重商主義帝国」、「帝国以後」などと、議論は活発である。(2) 議論の主流は現在のアメリカをインフォーマル帝国（informal empire）と見る見方であるが、この点については後で述べる。

アメリカ帝国論の台頭とアメリカ帝国主義論の復活の背景にあるのは、第一に、冷戦の終結（一九八九年）とソ連の崩壊（一九九一年）である。アメリカは、軍事大国ソ連の崩壊によって、世界で唯一の軍事大国となり、世界大で軍事戦略のフリーハンドを握るようになった。アメリカ軍は、湾岸戦争（一九九一年一～四月、多国籍軍）、セルビア・コソヴォ空爆（コソヴォ戦争、一九九九年三～六月、NATO軍）、アフガニスタン空爆（二〇〇一年一〇～一一月、現在も米軍掃討作戦中）、イラク攻撃（二〇〇三年三～五月空爆、現在も米軍展開中）と続けて、冷戦時代には考えられない全面的軍事作戦を一方的に展開した。この間、九・一一事件（二〇〇一年）以降、アメリカはアフガニスタン戦争、イラク戦争と続けて、軍事力によって、被攻撃国の体制変化をめざすようになった。軍事力を展開することで、自国の権益を守り拡大するのは、帝国主義国の特性のひとつである。その関連で、他国への侵略や、他国との戦争がおこなわれる。

第二の背景として、ソ連の崩壊にともない、アメリカが経済政策で絶対的正当性をもつようになったことがある。経済的には、アメリカは唯一の超大国とはいえなくとも、その資本主義体制は経済体制としての正当性を独占することになった。社会主義体制の崩壊によって、資本主義の市場経済が優位となり、その中心国であるアメリカの地位が高まった。アメリカは、旧社会主義圏を含めて、世界全体の国際経済体制を資本主義的に運営する自由を得た。経済的自由主義とあわせて、アメリカはその政治原理として民主主義を世界に宣布する自由を得ることにもなった。このことは、現実のアメリカがどこまで民主的なのか、どこまで自由の国であるか、とは別の問題であるが、アメリカ帝国（主義）に普遍性という独特のイメージを与えることになる。

第三の背景は、一九九〇年代からの国際社会・経済におけるもうひとつの根本的変化である。それは、グローバル化（globalization）の進行であり、さらにいえば、新自由主義（neo-liberalism）下のグローバル化である。[3]アメリカは世界的に自由貿易体制、資本の自由化、小さい政府、規制緩和、反労働者（法）などの政策を進めようとし、とくに途上国に対しては、これらの要求に加えて、経済支援の条件として民主化を要求することになった（民主化の要求は、現実にはきわめて政策的で、恣意的である）。アメリカ政府と協調してきたのが、国際機関のＩＭＦ、世界銀行、ＷＴＯである。とくにＩＭＦ・世銀の構造調整（structural adjustment）政策の要求は、コンディショナリティ（融資条件）として多くの途上国を苦しめることになった。帝国主義論的にいえば、これらの国際機関は、アメリカ新自由主義の意志・利益によって動かされていることになる。

本稿では、最初に、帝国主義に関する基本的視点を提示する。ついで、現在のアメリカ帝国論の議論を紹介し、さらに現代アメリカ帝国主義の議論を紹介したい。最後に、前記の議論を総括して、新しいアメリカ帝国主義論に向けての覚書を作成しておきたい。

二　帝国主義に関する基本的視点

覇権安定論からインフォーマル帝国論へ

アメリカ帝国論とアメリカ帝国主義論をみてみると、現在学問の世界で優位であるのは、アメリカ帝国論である。アメリカ帝国主義論はかつて隆盛であったが、一時低調となった。その第一の理由は、ソ連の崩壊とともに、学問の世界でもマルクス主義の権威が失墜し、レーニンの『帝国主義論』が放棄されたことにある。今日では、帝国主義論は、かつてのようにレーニンの議論を無批判に拠り所とすることはない。第二の理由は、ヴェトナム戦争以降一九八〇年代末まで、アメリカの対外政策が露骨に帝国主義であることが、少なくなったことである。第三に、内外の学界の議論で、一九六〇年代末からは、主流が帝国主義論から従属論に移ったことである。たしかに、ハリー・マグドフが、ヴェトナム戦争時期の一九六九年に著書『帝国主義の時代』を出版し、一九七〇年に論文“Imperialism without Colonies”を発表した(4)。彼の議論には、「植民地なき帝国主義」とか、ドル基軸の国際通貨体制、ＩＭＦ・世銀などの国際機関、企業の多国籍企業化、政府の対外経済・軍事援助、さらに世界的軍事展開など、その後の帝国論、帝国主義論で問題となることがすべて出されていた。しかし、議論の中心は、アンドレ・G・フランクやサミール・アミンの従属論に移ってしまった。彼らは、南北対立の歴史、構造、原因を問うており、帝国主義論とは関連をもつものの、マルクス主義的意味での階級闘争論に懐疑的であった。

くわえて、帝国主義論、とくにレーニン的帝国主義論は経済分析と、それにもとづく先進国間の対立（戦争にいたる）を重視するのに対して、従属論は、国際社会での先進国協調および経済的影響力、文化的影響力を重視する。[5]

一九七〇年代後半からは、議論の流れは従属論から世界システム論に移った。従属論は中心‐周辺の二元構造論であったが、イマニュエル・ウォーラーステインの世界システム論は中心‐半周辺‐周辺の三層構造論であった。ウォーラーステインの立論とは直接に関係ないのだが、当時アジアの韓国、台湾、シンガポール、香港（アジアＮＩＥＳ）で経済成長が始まっており、それが世界システム論の半周辺国に符合していた。この一方で、当時のアメリカの世界的覇権は経済を中心として低落しつつあり、学界の関心は世界システム論の覇権交代論や大国の興亡論に向かっていた。このような議論のなかで、覇権国が国際公共財（自由主義的国際経済体制あるいは安全保障）について応分の負担をするときに、国際政治・経済は安定する覇権安定論が唱えられるようになった。[6] それは、アメリカ覇権の低落をどのようにくい止めるかということの裏返しの議論であった。論理構造としては、覇権安定論のめざしていたものはインフォーマル帝国論ときわめて近いものがある。覇権低落期の覇権安定論は、覇権上昇期に入ると、インフォーマル帝国論に転化できることになる。インフォーマル帝国とは、必要なら公式の帝国を、不必要ならば非公式《インフォーマル》の帝国ですませようという、ギャラハー＝ロビンソン説の援用である。[7] 以上のように、アメリカ帝国主義論はヴェトナム戦争時で途絶えて、従属論、さらに世界システム論に取って代わられた。その間に、アメリカの覇権低落を前にして、覇権の機能を合理化する覇権安定論が登場し、それが今日のアメリカ・インフォーマル帝国論に通じることになる。

帝国主義の基本的特性

ここで帝国主義の基本的特性を整理しておきたい。

第一点は、すべての政治体（国家）は膨張的性向をもつことである。しかし、その性向は、国内外の条件が整わなければ帝国主義の政策となることはできない。いいかえれば、どの国家の、いつの時代にも膨張主義者はいるはずであるが、その人たちが帝国主義者として政治勢力になれるかは、別の問題である。近代の国民国家について、ハンナ・アーレントは「他のいかなる国家形態にもまして領土が限定され、征服の可能性が押さえられている国民国家において、膨張のための膨張の運動が成長した」(8)と述べている。国民国家にもつねに帝国主義への契機が存在する。

第二点は、膨張主義の原動力が経済的なこともあれば、経済的でないこともあるが、経済的動因としては、徴税力（貢納金）の拡大、経済資源の追求、移住地の獲得、商品市場の確保、投資先の確保、国際経済体制の確立などがあり、それらはしばしば複合作用している。これを歴史的にみれば、ローマ帝国、ポルトガル・スペインの新世界への進出、イギリス・フランスなどの北米植民地、ロシアやアメリカのフロンティア（国内、国外隣接地）開発、西欧諸国によるアジア、アフリカの植民地化と植民地争奪戦、イギリス・アメリカの世界経済支配となる。(9)帝国主義において経済的要因は、しばしば膨張主義の原動力もしくは補強力となる。

第三点は、帝国主義は、必要ならば公式の帝国という統治形態をとるが、その必要のないときには、植民地をもたずに、非公式《インフォーマル》の帝国ですませるということである。これは、一九世紀中葉のイギリスの自由貿易帝国主義をもとにしての有名なギャラハー゠ロビンソンの説である。いまは、アメリカをインフォーマル帝国とみる議論が有力である。しかし、そうだからといって、アメリカが部分的にせよ、公式の帝国に戻る可能性がないことにはならない。

第四点は、今日の帝国主義は、必要ならば民主主義を他国に移植しようとするが、自国に有利な場合には他国の独裁体制や抑圧体制を温存し支援する。場合によっては、自国の都合によって他国の民主主義を打倒し、非民主的政治体制を移植することすらする。帝国主義国にとって他国の民主主義の推進は、自国の対外政策のための用具にすぎない。その一方で、自国における民主主義と自由も損われることが多い。

第五点は、帝国主義と覇権の関係であるが、他国の内政・外交への影響力が主に経済力と文化力である場合を覇権と呼び、その影響力が軍事力を含む場合を帝国主義とすれば、「帝国主義」の要素は「覇権」プラス「強制力・軍事力」プラス「国際的支配枠組み・その運用効果」となり、ここに含まれる「覇権」の要素は「経済的覇権」（ウォーラーステイン）プラス「文化的覇権」（グラムシ）プラス「国際的場を通じての支配力」となる。

第六点は、帝国主義状況を打開する者について、レーニンの帝国主義論では、金融資本の資本投下先の追求と、列強の領土分割の完了の状況があいまって、領土再分割のための帝国主義戦争が不可避であり、この状況を止めるのは、資本主義体制を打倒する社会主義革命だけと考えられていた。しかし、ジョン・A・ホブソンの帝国主義論（一九〇二年）では、国内における過少消費を改める（すなわち大衆の購買力を向上させる）ことによって、政策で帝国主義状況を打開できると考えていた。ケインズ派経済学は、資本主義と帝国主義の不可分の結びつき論にも、資本主義間の調和を信じる自由主義にも与せず、帝国主義を政策によって回避できる、と考えた[10]。今日では、社会主義革命への道は、少なくとも当分のあいだ、閉ざされている。とすれば、反帝国主義的な運動は当然のこととして、反帝国主義的な政策論のもつ可能性にも注目する必要が大きくなっている。

三　アメリカ帝国論

議論の見取り図

【アメリカ帝国肯定論】アメリカは現在、帝国である。そのことは良いことであるし、もっと良くする努力が大切である。たとえば、アーヴィング・クリストルの議論によれば、アメリカは他の世界の危機の解決に向けて、それらの諸国から介入を求められているのであり、ヨーロッパ帝国主義と違い、現実の「アメリカのローマ的帝国」(American imperium) を認め、実務型政策の充実をめざすべきである[11]。アンドリュー・ベイシェヴィッチは、アメリカは公式の帝国 (empire) ではないが、「アメリカはローマである」ので、それに合わせて適度に軍事力を使って行動すべきである、と説く[12]。ロバート・カプランは、共和国でありローマ的帝国 (imperium) である多民族的アメリカは、その核に政治体制（民主主義）を置いており、孫子の兵法にならって、軽快にどこにでも出没するようにすべきである、と主張する[13]。ニール・ファーガソンは、「アメリカ帝国」(American Empire) を「リベラルの帝国」(liberal empire) として責任をもって保持、推進することを説く[14]。マイケル・イグナティエフの議論はやや入り組んでいるが、基本的にはアメリカが、人道主義的介入によって新しい人道的な帝国を形成することを支持する。しかし、彼は「軽い帝国」(empire lite)を説き、世界各地の統治に深い入りしないことを注意する。[15] リチャード・ハースは、アメリカは国民国家ではなく「帝国的パワー」(imperial power)となっているが、単独行動主義と帝国主義をとってはならず、非公式の帝国で進むことを説き、人道的干渉はよいが、占領的統治に深入りすることを避けよ、と主張する。これまでのアメリカの問題は、むしろ帝国的過少介入(imperial understretch)であったという。[16]

【現状認識としてのアメリカ帝国論】今日のアメリカ帝国論の口火を切ったのが、マイケル・ハートとアントニオ・ネグリの共著『帝国』(二〇〇一年)であるが、両人は、アメリカが現在、帝国かどうかはあまり問題視せず、世界の帝国状況化を論じている。しかし、その議論の背景にアメリカがいることは明らかである(詳しくは後述)。山本吉宣は、アメリカ帝国論で内外の学界を通じてもっとも包括的で体系的な議論を展開しているが、その議論は、現在のアメリカを「インフォーマル帝国」と規定し、諸国はアメリカに対して帝国としてつき合うことを示唆する(詳しくは後述[17])。

【アメリカ帝国への批判論】アメリカは現在、帝国である。このことは、世界にとっても、アメリカにとっても、よくない。このような議論の例は、藤原帰一の「デモクラシーの帝国」論(詳しくは後述)、ヤン・ネーデルフェーン・ピーテルスの「新自由主義の帝国(neoliberal empire)」論、チャルマーズ・ジョンソンの「基地の帝国(the empire of bases)」論、さらにマイケル・マンの「非整合的な(見掛け倒し・ばらばらの)帝国(incoherent empire)」論である。[18] アメリカ帝国批判論には、もう一種類がある。それは、アメリカは現在帝国でないという見方からするものである。スタンリー・ホフマンは、アメリカ外交は節度をもったリアリズムをめざすべきであり、イラク戦争に反対である、という議論をする。[19] それをもっとソフトにしたのが、ジョセフ・ナイ・ジュニアのソフト・パワー論であり、[20] 前述の覇権安定論である。

ハートとネグリの議論

ハートとネグリは〈帝国〉(Empire)について共著書『帝国』の序文で、「帝国は、グローバルな交換を有効に規制する政治主体であり、世界を統治する主権的権力である」と定義し、さらに「帝国は(従来の)帝国主義とは対照的に、権力の領域的中心をもたず、固定した国境や境界に依存しない。帝国は、グローバルな全領域をその開かれ、かつ拡大しつつある辺境のなかに徐々に組み込んでいく脱中心的脱領土的な支配装置である」とつけ加える。[21] このように、彼らのいわゆる〈帝国〉は、現実のアメリカ帝国のことではない。

しかし、次の共著書『マルチチュード』(二〇〇四年)では、現実のアメリカの行動との結びつきがわかりやすく示されている箇所がある。[22] たとえば「ここ数十年、少なくともイデオロギー的なレベルにおいては、米軍が帝国主義と〈帝国〉の中間にあたる両義的な立場をとっている」として、「少なくとも一九九〇年代初頭以降、合衆国の外交政策と軍事行動は帝国主義的論理と〈帝国〉の論理の両方にまたがっていると言うことができよう」[23] と述べており、その後で、アメリカの個別の軍事行動と全般的な外交政策の方向性は、石油や市場や、軍事戦略というアメリカの国益で説明できる部分と、人類全体の利害との関連で説明できる部分とがあるので、アメリカ外交の人道主義的・普遍主義的レトリックをアメリカ一国の国益論を覆い隠すファサードとしてのみはとらえられない、と述べている。

彼らの考える権力は、ネットワーク権力である。それは、第一層に単独もしくは協調的に行動する超大国アメリカ、および国際機構を動かす諸国家、第二層に第一層の権力に守られた多国籍企業、個別的国家権力のネットワーク、第三層には民衆の利害を代表しながら、同時にグローバル権力を正当化するNGO、従属的国家、メディア、宗教団体からなっている。これを国際システムとしてみれば、アメリカを中心とする君主制、ヨーロッパ、多国籍企業を中心とする貴族性、および途上国、NGOによる民主制から構成されるともみられる。

〈帝国〉のネットワークに立ち向かうのがマルチチュードである。それは、具体的には、産業労働者、非物質的（知的言語、情動）労働者、農業者、失業者、移民などであり、アメリカ・シアトルでのWTO首脳会議（一九九九年一一月）に抗議に押し寄せた多様な人々（環境保護団体メンバー、労働組合員、アナーキスト、教会グループ、同性愛者など）である。マルチチュードは絶対的民主制（直接民主制のことではない）を実現するというのが、ハートとネグリの結論である。

藤原の議論

藤原帰一の議論によれば、アメリカは海外に植民地を保有する勢力でないが、非公式《インフォーマル》の帝国である。アメリカは諸国の独立を認めつつも、アメリカ政府の基本原則や戦略的利益と一致しない政府や体制に対して、介入も辞さない（二〇〇二年一月のブッシュ大統領一般教書演説では、「邪悪の枢軸」として北朝鮮、イラン、イラクを指摘している）。

アメリカは多民族国家であり、民族という国民統合の基盤に頼れず、普遍主義に依存する。「アメリカ」という自由な空間を外に拡大してゆくが、それは自由の拡大であり、内政干渉ではないとする。ここに、国内と国外の壁が自覚されなくなり、普遍主義は政治のイデオロギーとなる。アメリカは普遍的イデオロギーとして、人権尊重、自由、民主主義を唱えており、「デモクラシーの帝国」であることになる(24)。

経済的には、アメリカは世界経済における支配的勢力である。軍事的には、アメリカは強大な軍事大国である。その単独優位のもとで、一方的抑止の戦略となり、内政と外交が連続し、軍の機能は国際警察化する面がある。

アメリカは世界政府の代行をする。そこでは、①実際には、アメリカ国内のごく狭い偏見や特殊利益と、デモクラシーという普遍的な理念が共存し、責任の所在が不明となる。②権力行使に対して制度的な制約が加えられず、アメリカの外では、デモクラシーは権力の行使に対して制約を失う。③単独行動への依存、アメリカ的政策の一元化による介入主義、国際機構の空洞化の危険性が高まる。

藤原の議論の特徴は、アメリカが自国の国民統合の原理を対外政策に投影させることとの必然性を明かすところにある。なお、藤原は、インフォーマル帝国・アメリカの成立について、経済的帝国主義論では説明できないと述べている(25)。

山本の議論

山本吉宣によれば、現在の国際システムは基本的に主権国家からなるシステムである。現在の国際システムでは、フォーマル主権国家の体系と、インフォーマルな帝国システム、それに市場経済が並存しており、さらに国際制度も大きな役割を果たしている。このなかで、アメリカは非指令的なインフォーマルな帝国システムをつくりだしている。「インフォーマルな帝国」とは「(帝国の)制度ではなく、実質的に、対外政策・内政の両面にわたって、非対称的な影響関係にある場合」である[26]。

帝国システムの前提(必要条件)は、経済・軍事・価値の三次元空間のすべての次元において、圧倒的な国が出現することである。アメリカの場合は、経済、軍事(安全保障)、価値の三つの要因が相互に複雑に絡み合って、状況に応じて、特定の組み合わせが現われていた(いずれかが主導要因であることはなかった——経済的帝国主義論の否定——)。長期的にみれば、アメリカはまず経済的に強大な国となり、ついでその経済的資源を動員できる国家体制を整え、さらに軍事力を強化して、最終的に自由主義的な価値(民主主義)を守ることから、積極的に世界を民主化してゆく、という経路をたどってきた。

アメリカを中心とする帝国システムは、「ドーナツ型の帝国システム」である。アメリカは、中心部に対しては帝国主義的な行動をとらず、帝国主義的な行動をとるのは、周辺、それも限られた国を相手にしてのことである。この意味では、アメリカは中心圏での「覇権」、準周辺・周辺圏への「帝国」となる[27]。なお、前述のように、「覇権」とは、国家間の非対称的な影響力で、影響が対外政策に限られている場合であり、「帝国」とは、影響が対外政策と内政の両方にかかわる場合である。

「アメリカのインフォーマルな帝国」システムが形成されたのは、第二次世界大戦後、とくに冷戦期である。冷戦期は、ソ連のインフォーマルな帝国システムとの競合する二つの帝国システムの時代であり、そのなかで世界的にアメリカ軍の軍事基地網というかたちでアメリカのインフォーマルな帝国が顕著になってきた時代であった。アメリカは、アメリカ圏内で単一焦点システムと、アメリカを中心とするハブ・スポーク・システムをつくりあげた。冷戦後のアメリカは、単一の帝国システムを形成するようになっており、一九九〇年代後半になると、アメリカの価値ときわめて異なる体制をとる国に対して、「強制的な政治体制（民主主義）の移植」という行動をとるようになった。

アメリカ・インフォーマル帝国を支える国際的正当性としては、①現世利益的なもの（安全保障や経済的利益など）、②帝国の奉じる価値規範そのものに由来するもの（民主主義、自由、人権、自由経済など）、③合意の手続きに関するものがある。とりわけ、「普遍的な国際制度」（あるいは「中心圏の国際制度」）によって、帝国の行動が認知されると、帝国の行動の正当性が高まる。

イラクやアフガニスタンでは「アメリカの行動は、まさに帝国主義的であるといえよう。ただ、その帝国主義的な行動は、相手の領土を割取しようとするものではなく、相手の政治体制を変え、民主主義を打ち立て、そしてなるべくはやく撤退するというものである」[28]。これは、イグナティエフの「軽い帝国」論と親近性をもつ議論である。イグナティエフによれば、「混乱から秩序を構築するために必要な力と意志を提供すべく、一時的な帝国による支配が正当化される」[29]。

将来の国際システムとして予測されるのは、覇権システム（帝国システムを内包する）に並んで、伝統的な国際政治（二極、多極）が存在し、さらに加えて、普遍システム（国際制度）とトランスナショナルなグローバル社会が存在する（全部で四ないし五つのシステムの並存）ものである。アメリカを中心とする帝国システムでは、その基本的な政体、価値（民主主義、三権分立等）、経済（市場経済）などの原理がグローバルに展開する。そこでの国際システムは、国家・国境を越えるグローバルなシステムとなり、アメリカ主導のトランスナショナルな経済システムの世界化、多国籍企業の展開、民主主義・人権などのリベラル価値の国際的浸透、NGO活動によるグローバル市民社会化などが進むであろう。これとあわせて、グローバル・システムの安全保障、多国籍企業・資本・労働を管理する法秩序、統治・制御装置が構築されなければならない。これは、ネグリとハートが、多くの議論を呼んだ彼らの共著書のなかで〈帝国〉と呼んだものに近いのかもしれない、と山本は言う[30]。

以上のように、山本は、アメリカのインフォーマルな帝国システムを、それだけ切り出してみるのではなく、主権国家の国家システムとの並存との関連で、ハブ・スポーク・システム、および「ドーナツ型の帝国システム」としてとらえ、それらのなかで中心圏や周辺圏との関係を明らかにしている。

四　アメリカ帝国主義論

議論の見取り図

【アメリカ帝国主義肯定論】肯定論としては、たとえばマックス・ブートの説がある。彼の説によると、アメリカは少なくとも一八〇三年以来帝国主義であり、もともと帝国としてよくやってきたので、これからも「リベラルな帝国」(liberal empire)を進めるべきであって、イラク、アフガニスタンの統治確立はうまくゆくはずである[31]。

【アメリカ帝国主義批判論】アメリカ帝国主義に批判的な経済的帝国主義論としては、一九六〇年代から雑誌『マンスリー・レヴュー』系社会主義者ハリー・マグドフなどの議論に加えて、今日では『マンスリー・レヴュー』系のエレン・ウッドの議論のほかに、レオ・パニッチとサム・ギンデンの議論、デイヴィッド・ハーヴェイ、ジェームズ・ペトラスとヘンリー・ヴェルトメイヤーの議論などが目立つ(32)(詳しくは後述)。批判的な政治的帝国主義論としては、たとえばブルース・カミングス説である。彼の説によると、アメリカはこれまで帝国ではなく、米軍基地の拡大網にすぎなかったが、現ブッシュ政権下で帝国主義になりつつある(33)。

ウッドの議論

現在の国際社会は、植民地がなくなり、国民国家から構成されるようになった。しかし、資本主義では、資本蓄積の不断の要請によって海外展開が進められる。グローバル資本は、これまでの帝国主義国以上に領土国家に依存している。世界国家がない現状で、WTO、IMF、世銀、G8が、グローバル資本のために政治的任務を果たしているようにみえるが、これは見かけのことにすぎない。

第二次世界大戦後、ブレトンウッズ体制の目的は、経済、資源、労働、市場を先進国、とくにアメリカのために開放することにあった。その間、東西冷戦下で日独の経済復興が許された。しかし、一九七〇年代初めにブレトンウッズ体制が放棄された。

ここに、世界は、グローバル化の時代へ移行した。アメリカは、その過剰資本を海外に向けて、世界的に資本の自由化、国際化、国際的投機を進めている。ワシントン・コンセンサス、構造調整(世銀・

IMF）は、市場の開放、民営化、高金利、金融の規制緩和を進める。グローバル化のもとで、弱い経済は国際的影響を受けてますます弱くなる。「資本主義的命令を媒介する周辺国家を作ることが、資本主義的帝国主義の主要戦略となっている」。その反面で帝国主義経済は、好ましくない国際的影響から保護されている（アメリカは国際的ルールに縛られない）[34]。

アメリカ資本は、グローバル化に応じてますます非経済的な力、とくに戦争、軍事力を頼るようになっている。アフガニスタン攻撃は中央アジアの石油・天然ガス支配と関係していたが、中東では、かつてのイギリスのように体制変革を狙って直接に軍事介入する可能性もある（イラク戦争以前の発言）。アメリカの戦争には、世界的パワーの誇示、軍事経済の圧力や国内政治の配慮もあり、目標でも時間でも終わりがない。

国際社会でアメリカのグローバル資本への対抗力としては、新自由主義のグローバル化に対する世界的不満や反システム感情の役割が期待される。

ウッドの帝国主義論の特徴は、資本のグローバル化のなかで、領域国家・国民国家、およびその軍事力の役割が以前よりも重要となっていることを強調している点にある。

パニッチとギンデンの議論

新しい帝国主義は、国際協調を通じての帝国主義であるが、その特徴は、非公式帝国（自由貿易を手段とする覇権国家）としてのアメリカ、先進国を統合するアメリカ中心の帝国主義ネットワーク、直接投資を通じた相互浸透の三点である。このなかで、アメリカだけが他国の主権を侵害し、国際ルール、国際規範を無視する自由をもっている。新しい帝国主義を支えるのは金融である。

ブレトンウッズ体制は、その後のグローバル金融秩序の「揺籃期」であったとみられる。ブレトンウッズ体制で蒔かれた種子が、金融資本の影響力とパワーを強化するのに役立った。ブレトンウッズ体制のもとでも、アメリカはマーシャル・プランを展開し、ユーロ・ダラー市場（アメリカ国内の規制を受けない）にアメリカ銀行業が進出し、さらに実質的にドル本位制を認めさせていた。そのなかで、各国の資本家階級はアメリカ国家に依存するようになった。

金・ドルの交換停止（一九七一年）とブレトンウッズ体制の崩壊後に、ＩＭＦと世銀は再編され、グローバル資本の利害のために融資のコンディショナリティを課す機関となった。アメリカの巨大金融機関、とくに投資銀行は、一九八〇年代の金融の規制緩和・国際化の過程でパワーを強化し、グローバル金融で主役を演じるようになった。しかも、アメリカは、財務省短期証券（ＴＢ）の販売で、外貨不足のおそれなしに自国の経済を運営できる。

アメリカ帝国は、ブレトンウッズ体制の危機でも、その後の新自由主義的再編成でも、日欧の国家・ブルジョワジーに協力と従属的な役割を要請した。一九九七年のアジア通貨危機で、日本の裏庭で厳しいコンディショナリティを課し、アメリカ財務省が日本のアジア通貨基金構想（一九九八年）をつぶした。

現ブッシュ政権では、財務省ではなく、軍事力の発言が強まっている。東西冷戦下では、アメリカは、東アジアの国家主導型の経済発展戦略を認めたが、冷戦終了後には第三世界の「ならず者」国家に軍事介入し、新自由主義を強要するようになっている。

変革主体として期待されるのは、反グローバリゼーションと反戦の運動であり、労働者階級と大衆の力によって、人々をグローバル資本主義とアメリカ帝国に結びつけている階級構造と国家構造を変革することである。

パニッチとギンデンの議論の強調点は、一九八〇年代以降の新自由主義的な国際経済体制の再編成をもとに、アメリカが、途上国に対しても、先進国に対しても、帝国主義的な経済・軍事・政治的支配を貫徹しようとしていることにある。

ハーヴェイの議論

ハーヴェイによれば、資本主義的帝国主義では、「国家と帝国の政治」という領土国家の政治機能と、「空間と時間における資本蓄積の分子的過程」という資本主義の政治経済過程が矛盾しながらも、融合している。(35) 資本主義経済の動因は、資本の無限蓄積と、飽くことなき利潤追求であるが、国家の役割は、国内外の諸制度を指揮して、資本蓄積の分子力を制御、操作し、支配的資本家階級の利益を増進することにある。

一九七〇年代の初めに、アメリカ生産力の相対的低下と過剰ドルの海外氾濫を受けて、ブレトンウッズ体制は崩壊し、英米主導の新自由主義経済体制のヘゲモニーと、アメリカ金融資本中心の新しいシステムが生まれた。ここに、先進資本主義諸国が、世界経済で自由貿易と資本市場の開放を用具として、貿易、生産、サービス、金融を支配するようになる。このとき金融資本のパンドラの箱が開かれ、とりわけウォール街－アメリカ財務省－ＩＭＦのトリオとＩＭＦ－ＷＴＯ－アメリカの連動体制が、世界経済を動かすようになった。新自由主義的政策に対して世界の諸国は、自らの意志でこれに従うか、あるいはＩＭＦの構造調整政策によって、これを押しつけられることになる。貧しい側が、実質的に豊かな人々に補助金を与えていることになる。一九八〇年以降の二〇年間で、ＩＭＦ加盟国の三分の二が債務危機を経験し、その結果、国内の市場、企業、金融を国外からの攻勢にさらされることになった。しかし、アメリカは、その財政赤字、国際収支赤字にもかかわらず、ＩＭＦから構造調整を迫られることがない。それは、「ＩＭＦはアメリカである」からだ[36]。

資本蓄積の新しい核は横奪的資本蓄積（accumulation by dispossession）である。横奪的資本蓄積とは、①株売買の促進、ポンジー詐欺、インフレによる構造的資産破壊、企業吸収・合併による資産強奪、企業倒産による年金資産の強奪、国民の債務奴隷化、②遺伝子・種子などの知的所有権化、生態系の汚染、新しいエンクロージャー（陸、海、水のコモンズの剝奪）、文化の商品化、水・エネルギー・電気通信・大学などの民営化、労働者権利の再剝奪、③民営化による国家の年金・福祉・国民健康業務の放棄、④労働力の価値引き下げ、資産の価値引き下げ・安価な買い取りなどである。

アメリカ帝国主義の特徴のひとつは、かつてのヨーロッパの帝国主義が国民主義と帝国主義の矛盾を解決する手段として、人種主義を利用した（アーレント説）のに対して、人種主義を否定し、これに代えて、私有財産や個人の権利などの普遍主義の言葉に訴えており、世界に向けてアメリカを文明国の代表、人権の要塞と見せかけていることである。アメリカは、アメリカ文化とアメリカ的価値の優位を唱え、ハリウッド映画、ポピュラー音楽、あるいは市民権運動などの文化的帝国主義によって、世界的へゲモニーを強めている。

アメリカ帝国主義のもうひとつの特徴は、かつてのヨーロッパの領土的帝国システムを解体し、これに代わって、世界各国とハブ・スポーク関係を樹立しようとしていることである。このハブ・スポーク関係のモデルとなっているのは、アメリカがこれまで中南米・カリブ諸国との二国間関係で用いてきた貿易特恵措置、パトロン・クライアント関係、秘密工作のやり方である。

ブッシュ政権のイラクへの軍事展開は、中東全体の石油支配に加えて、ユーラシア大陸への軍事的橋頭堡という意味をもち、またイラクに自由主義経済、国際的開放経済を植えつけるという意味をもっている（二〇〇三年九月、暫定占領当局代表ルイス・P・ブレマーの指令――石油を除いて、政府系企業の民営化、外国資本・米企業への国内経済の開放、貿易のほぼ自由化など――）。しかし、アメリカ国民は、石油のために貴重な血だけでなく、生活全体も犠牲にしなければならないかもしれない。

アメリカ帝国主義に対する対抗勢力として期待されるのは、生産の場での資本蓄積に対する労働闘争よりも、横奪的資本蓄積や、世界的金融化の主体（ＩＭＦ・世銀）に対する種々の階級闘争である。またアメリカ国内では、権利回復、宗教的寛容を求める人々や、反戦・反帝国主義が強まっている。

あるいは、これからの資本主義的帝国主義の方向性として考えられるのは、「ニューディール」帝国主義への回帰である。これは、資本蓄積の論理を新自由主義の鎖から解放し、国家主導・再分配の路線を重視し、金融資本の投機活動を規制し、独占・寡占（国際貿易からメディアまで、とくに軍産複合体）を分解・民主的規制しようとするものである。これは、カール・カウツキーのいわゆる超帝国主義に相当する。(37)

ハーヴェイの議論で特徴的なことは、アメリカが、新自由主義の経済政策によって、金融資本を中心として、国際的経済組織を利用して、横奪的資本蓄積を進めていることを強調しているところである。

ペトラスとヴェルトメイヤーの議論

ペトラスとヴェルトメイヤーは、一九八〇年代から九〇年代の新自由主義の帝国主義を「古い」帝国主義ととらえ、これに対して二〇〇〇年代の「新しい」帝国主義を「新重商主義の帝国」と規定する。彼らによれば、一九八〇年代から九〇年代の帝国主義は、国際的金融諸機関に依存していた。しかし、二〇〇〇年代のブッシュ（ジュニア）政権の帝国主義は、これまでの新自由主義の帝国主義を軍事行動の帝国主義で補完するもの、あるいはそれに取って代わるものである。ブッシュ（ジュニア）政権は、ブッシュ（シニア）政権の失敗した試みと、クリントン政権の中途半端な帝国主義に代わるものを追求している。その軍事行動は、地政学的なものであるだけでなく、自由市場資本主義のシステム危機に対する対応策・活性化でもある。危機は、アメリカで光ファイバー・電気通信・バイオテク投資の損失、新自由主義の経済政策のグローバル化で途上国（とくにアルゼンチン、ブラジル、メキシコ）の債務危機や、国際的・国内的貧富格差の増大などに現われていた。

アメリカの軍事帝国は、植民地支配的である。帝国の基盤となるのは、領土の占領、支配者の選定・移植、および植民地化された国家と経済の管理である。アメリカは、旧ユーゴスラヴィアのコソヴォ、マケドニア、モンテネグロと植民地的関係を樹立し、またイラクを支配している。中央アジア、パキスタン、フィリピン、あるいはボリビア、ブラジル、コロンビア、エルサルバドル、エクアドルなどには、アメリカの軍事基地や軍事施設がある。アメリカは、自国の軍隊や治安部隊のために同盟国や従属国で治外法権を獲得し、これらの諸国に反テロ法を成立させ、アメリカの指令下にアメリカの敵を追わせている。

帝国主義に反対する政治・社会的勢力は、議会外の種々の形態の反グローバル化闘争を広範な階級闘争（ボリビア、エクアドル、メキシコなどの先住民農民の闘争、アルゼンチンなどの失業労働者の闘争、途上国の街頭や工場での種々のかたちの労働運動）と結びつけてゆくことから生まれるであろう。しかし、市民社会イデオロギーをもつＮＧＯに期待することはできない。ＮＧＯは、マイクロ・プロジェクト、草の根活動、識字教育などの局所的な問題に関心を集中することで、ＩＭＦ・世銀の構造調整政策や多国籍企業、民間銀行という権力構造への大衆の不満をそらしている(38)。

五　おわりに

これまでにみてきたアメリカ帝国論とアメリカ帝国主義論の個々の議論のあいだには、微妙な差異や明確な差異が見られるが、アメリカ帝国論にも、アメリカ帝国主義論にも、まず共通しているのは、アメリカをインフォーマル帝国と見る見方である。さらに、アメリカ中心のハブ・スポーク論、アメリカ外交での普遍主義の言葉、アメリカ経済にとっての国際経済体制の活用、さらには最近の軍事展開の事実についての言及もほぼ共通している。

しかし、アメリカ帝国主義論とアメリカ帝国論（批判的なものを除く）のあいだには、明確な違いもみられる。たとえば、アメリカ帝国主義論では、インフォーマル帝国から植民地支配への復帰の可能性を指摘する議論、ハブ・スポークの原型をアメリカの中南米支配に認める議論、普遍主義の言葉の偽善性を強調する議論、IMF－世界銀行－WTOとアメリカ財務省－ウォール街のつながりを重視する議論、同じく新自由主義経済のネガティブな影響を重視する議論、アメリカが国際的ルールを他国に強要しながら、自国はそれに縛られない自由をもつ例外主義に注目する議論、債務国アメリカの通貨ドルが国際基軸通貨となる国際経済システムの不健全性を強調する議論、最近のアメリカの軍事行動を経済の弱さから説明する議論、同じく経済的動機から説明する議論などが、特徴的に展開される。とすれば、アメリカ帝国論とアメリカ帝国主義論とは、アメリカ帝国の基本構造についての認識を同じくしながらも、帝国の機能と将来の見通しについての認識が異なっていることになる。

ここで、アメリカ帝国主義論に立つならば、これから問われてくる理論的・実証的問題は、以下のとおりとなろう。

第一に、ハブ・スポークの含意に関してである。このことは、二つに分かれる。そのひとつは、その原型がアメリカの中南米支配にあるとした場合である。極端な言い方をすれば、世界中が中南米のように政治的混乱、経済的混乱を繰り返すことになる。もうひとつは、日米欧がひとつのハブを形成しているのか、それとも日米間、欧米間にスポーク関係があるか、ということである。いいかえると、アメリカ・インフォーマル帝国内の日本の位置づけの問題である。日本は軍事的に日米安保体制の面でアメリカに従属しているだけでなく、国際経済面でドル建ての貿易で、赤字国アメリカのドルを買い支えるアメリカの「通貨植民地」となっており、新自由主義政策の資本の自由化によって、国内の郵便局取り潰し、アメリカ資本への銀行・保険業務・企業買収の開放、医療システム・大学システムの再編などで、アメリカの「姿なき占領」と「日本改造」が進んでおり、「郵便局をアメリカに売り渡すな」、あるいは日本はアメリカに「盗まれた」となる。(39) 日本がアジア地域で経済的覇権を試みることには、アメリカは反対である（一九九八年アジア通貨基金構想の挫折）。とすれば、ハブ・スポークの枠組みのなかに、どのように理論的に日本を位置づけるかが重要な課題となる。

第二点は、アメリカのイラク戦争の解釈についてである。山本は、「現在のインフォーマルな帝国は、軽い足早な帝国といえよう」と述べているが、(40) このことは、イラクでのアメリカの「強制的な民主主義の移植」についてもいえるのであろうか。あるいは、アメリカは、これまで中南米、カリブ地域で、かなり「重いインフォーマル帝国」であったのではないか。さらにいえば、アメリカは、自由主義経済、国際的開放経済など、イラク経済の新自由主義的改変を試みようとしていた。問題は、移植される側から見れば、このような帝国が「軽い帝国」と見えるか、である。もしもイラク戦争がひとりイラクだけではなく、ユーラシア全体におけるアメリカ権益のためだとすれば、その重さはいっそう深刻なものとなる。このことが、イラク占領の混乱として続いていることは否定できないであろう。

第三点は、新自由主義のアメリカ国家とアメリカ銀行資本が、国際経済機構（ＩＭＦ、世銀、ＷＴＯ）をどのように利用しているかの評価である。この点が、アメリカ帝国論（批判的なものを除く）との基本的な違いになっている。この視点に立てば、イラク戦争についても、個別利益（例、石油、エネルギー）を追求するための戦争だけでなく、インフォーマル帝国構造を維持するための戦争としての意味をもつことになる。このことは、意図の問題よりも、結果としての問題かもしれない。しかし、結果は、次の政策の糸口となる。経済的帝国主義の説明とは、個別の行動の動機の説明よりも、行動が結果としてどのような経済的利益の体系をもたらすかの説明であるかもしれない。このことは、帝国主義の経済的説明としていちばん難しいところである。

最後に、根本的問題は、アメリカ帝国は、誰の利益になり、誰の損出となり、誰がどのようなかたちで利益を拡大してゆけるのか、またどこで戦争が使われるのかである。別の角度からいえば、どのようにして損失を防ぐのか、誰がその能力をもつのかである。では、誰がアメリカ帝国主義の状況を打開できるのであろうか。

現時点では、状況打開策として社会主義革命の道はない。そこで、打開策は政策論と運動論に傾いてゆく。政策論としては、国際ルール順守論（アメリカも含めて）や、「ニューディール」帝国主義、あるいは国際経済システムのケインズ主義的再構築が考えられる。運動論としては、かつてのように産業労働者の階級闘争に期待できない現状で、反帝国主義・反グローバル化闘争を階級闘争（産業労働者に限定されない広い意味での）的視点と結びつけることが試行されている。反戦運動は、反戦運動としての意味をもっている。これらに加えるべきものとしては、ジョンソンのアメリカ国内の市民社会論がある。ジョンソンは、民衆が下院の支配力を取り戻し、腐敗した選挙法を変え、下院を真の民主主義的な代表機関として再生し、ペンタゴンとＣＩＡへの資金を絶ち、軍隊と軍産複合体の既得権益を奪取できるように、市民社会を充実させることを主張している。(41) いずれかが決定的といえないから、いずれも試みる価値をもつことになる。

註記

（1）一九世紀以降（あるいは建国以来）のアメリカの帝国主義的傾向については、斎藤眞『アメリカ政治外交史』（東京大学出版会、一九七五年）、清水知久『アメリカ帝国』（亜紀書房、一九六八年）、高橋章『アメリカ帝国主義成立史の研究』（名古屋大学出版会、一九九九年）、菅英輝「領土拡張の動き」小田隆裕ほか編『事典現代のアメリカ』（大修館書店、二〇〇四年）を参照。

（2）アルフレード・ヴァラダン（伊藤剛・村島雄一郎・都留康子訳）『自由の帝国——アメリカン・システムの世紀』（NTT出版、二〇〇〇年）（Alfredo G. Valladao, *The Twenty-first Century will be American*, translated by John Howe, London: Verso, 1996）; Niall Ferguson, *Colossus: the Price of Empire*（New York: Penguin Press, 2004）; Jan Nederveen Pieterse, *Globalization or Empire*（New York: Routledge, 2004）（原田太津男・尹春志訳『グローバル化か帝国か』法政大学出版局、二〇〇七年）; 藤原帰一『デモクラシーの帝国』（岩波新書、二〇〇二年）; Michael Ignatieff, *Empire Lite*（London: Vintage, 2003）（中山俊宏訳『軽い帝国』風行社、二〇〇三年）; Chalmers Johnson, *The Sorrows of Empire*（New York: Henry Holt, 2004）（村上和久訳『アメリカ帝国の悲劇』文藝春秋社、二〇〇四年）; C. T. Sandars, *America's Overseas Garrisons: The Leasehold Empire*（Oxford: Oxford University Press, 2000）; Geir Lundestad, "'Empire by Invitation' in the American Century," *Diplomatic History*, Vol. 23, No. 2（Spring 1999）; Bernard Porter, *Empire and Superempire: Britain, America and the world*（London: Yale University Press, 2006）; Michael Mann, *Incoherent Empire*（London: Verso, 2003）（岡本至訳『論理なき帝国』NTT出版、二〇〇四年）; Harry Magdoff, *Imperialism without Colonies*（New York: Monthly Review Press, 2003）; Ellen Meiksins Wood, *Empire of Capital*（London: Verso, 2003）（中山元訳『資本の帝国』紀伊國屋書店、二〇〇四年）; David Harvey, *The New Imperialism*（Oxford: Oxford University Press, 2003）（本橋哲也訳『ニュー・インペリアリズム』青木書店、二〇〇五年）; James Petras and Henry Veltmeyer, *System in Crisis: the Dynamics of Free Market Capitalism*（London: Zed Books, 2003）; Vassilis K. Fouskas and Bülent Gökay, *The New American Imperialism: Bush's War on Terror and Blood for Oil*（London: Praeger Security International, 2005）; エマニュエル・トッド（石崎晴己訳）『帝国以後』（藤原書店、二〇〇三年）（Emmanuel Todd, *Après l'empire: essai sur la décomposition du système américain,* Paris: Gallimard, 2002)。

(3) 本稿では、グローバル化（globalization）を次のように理解する。すなわち、①人々の世界的、地球的規模の活動（とく経済活動）がいっそう活性化し、②世界中の人々が互いに近くなり、人々の生活が似かよるようになり、③いっそう多くの人が活発に世界中を移動し、④世界と地球が狭くなって、人々の活動の影響が世界全体、地球全体を被うようになり、⑤それに応じて国際社会が再編成されることである。グローバル化は世界の現況であると同時に、現況にいたる歴史的過程でもある。グローバル化を促進するイデオロギーの総称が、グローバリズム（globalism）である。グローバル化それ自体は、良いとか悪いとか、判断できる種類のことではない。しかし、新自由主義が関係してくると、世界的に富者、強者に有利で、貧者、弱者を苦しめるグローバル化が進行することになる。

(4) Harry Magdoff, *The Age of Imperialism*（New York: Monthly Review Press, 1969）（小原敬士訳『現代の帝国主義』岩波新書、一九六九年）. 本書のもとになった主要論文は、一九六六年以来雑誌『*Monthly Review*』に発表されたものである。論文 "Imperialism without Colonies"（1970）は、後に Harry Magdoff, *Imperialism: From the Colonial Age to the Present*（New York: Monthly Review Press, 1978）と do., *Imperialism without Colonies*（2003）に収録されている。

(5) 初瀬龍平『国際政治学——理論の射程』（同文舘出版、一九九三年）、二九三〜九八頁。

(6) 初瀬龍平「冷戦の終焉とパワー・ポリティクス」鴨武彦編『講座世紀間の世界政治（5）パワー・ポリティクスの変容』（日本評論社、一九九四年）、一五八〜六二頁。

(7) John Gallagher and Ronald Robinson, "The Imperialism of Free Trade," *Economic History Review,* Second Series, Vol. 1 (1953).

(8) Hannah Arendt, *Imperialism: Part Two of the Origins of Totalitarianism*（San Diego: A Harvest Book, 1968）, p. 11（大島通義・大島かおり訳『全体主義の起源２　帝国主義』みすず書房、一九七二年）.

(9) Wood, *Empire of Capital.*

(10) Michael B. Brown, *The Economics of Imperialism*（Harmondsworth: Penguin Books, 1974）, pp. 25, 68.

(11) Irving Kristol, "The Emerging American Imperium," *On the Issues* (January 2000) (http://www.aei.org/include/pub_print.asp?pubID = 7962<access: December 27, 2006>).

(12) Andrew J. Bacevich, *American Empire* (Cambridge, Mass.: Harvard University Press, 2002), pp. 243–44.

(13) Robert D. Kaplan, *Warrior Politics* (New York: Vintage Book, 2003).

(14) Ferguson, *Colossus.*

(15) Ignatieff, *Empire Lite.*

(16) Richard N. Haass, "Imperial America," Paper at the Atlantic Conference, November 11, 2000 (http://www.brook.edu/views/articles/haass/2000 imperial.htm/<access: December 16, 2006>).

(17) Michael Hardt and Anotonio Negri, *Empire* (Cambridge, Mass.: Harvard University Press, 2000)(水嶋一憲ほか訳『帝国——グローバル化の世界秩序とマルチチュードの可能性』以文社、二〇〇三年);山本吉宣『「帝国」の国際政治学——冷戦後の国際システムとアメリカ』(東信堂、二〇〇六年)。

(18) 藤原『デモクラシーの帝国』、Nederveen Pieterse, *Globalization or Empire*; Johnson, *The Sorrows of Empire;* Mann, *Incoherent Empire* を参照。

(19) Stanley Hoffman, *America Goes Backward* (New York: New York Review Books, 2004).

(20) Joseph S. Nye, Jr., *The Paradox of American Power* (Oxford: Oxford University Press, 2002)(山岡洋一訳『アメリカへの警告——二一世紀国際政治のパワー・ゲーム』日本経済新聞社、二〇〇二年).

(21) Hardt and Negri, *Empire,* pp. xi–xii.

(22) Michael Hardt and Antonio Negri *Multitude: War and Democracy in the Age of Empire* (New York: Penguin Press, 2004)(幾島幸子訳『マルチチュード』上・下、日本放送出版協会、二〇〇五年).〈帝国〉とマルチチュードの簡潔な説明については、川村暁雄「マルチチュード——複雑な世界における変革の主体を求めて」『国際政治』第一四三号(二〇〇五年一一月)を参照。マルチチュード論についての批判的分析については、Atilio A. Boron, *Empire & Imperialism: A Critical Reading of Michael Hardt and Antonio Negri* (translated by Jessica Casiro, London: Zed Book,

2005）を参照。

（23） ハート＋ネグリ『マルチチュード』上、一一七頁（Hardt and Negri, *Mulititude,* pp. 59–60）。

（24） 藤原『デモクラシーの帝国』、二四〜三〇、四九頁。

（25） 同前、八三頁。

（26） 山本『「帝国」の国際政治学』、一五六頁。

（27） 同前、三一五、三六六頁。

（28） 同前、三七二頁。

（29） イグナティエフ『軽い帝国』、一五九頁（Ignatieff, *Empire Lite,* p. 125）。

（30） 山本『「帝国」の国際政治学』、三八一〜八二頁。

（31） Max Boot, “Neither New nor Nefarious,” *Current History,* Vol. 102, Iss. 667（November 2003）.

（32） Magdoff, *The Age of Imperialism*; do., *Imperialism*; do., *Imperialism without Colonies*; Wood, *Empire of Capital*; Leo Panitch and Sam Ginden, *Global Capitalism and American Empire*（London: Merlin Press, 2004）（渡辺雅男訳『アメリカ帝国主義とはなにか』こぶし書房、二〇〇四年）; Leo Panitch and Sam Ginden, “Finance and American Empire,” in Leo Panitch and Colin Leys, eds., *Socialist Register 2005: The Empire Reloaded*（London: Merlin Press, 2004）（渡辺雅男訳『アメリカ帝国主義と金融』こぶし書房、二〇〇五年）; Harvey, *The New Imperialism*; Petras and Veltmeyer, *System in Crisis.*

（33） Bruce Cumings, “Is America an imperial power?” *Current History,* Vol. 102, Iss. 667（November 2003）.

（34） Wood, *Empire of Capital,* pp. 131–37, 154.

（35） Harvey, *The New Imperialism,* pp. 26–27.

（36） *Ibid.,* pp. 71–72.

（37） *Ibid.,* p. 209.

（38） Petras and Veltmeyer, *Globalization Unmasked,* pp. 128–35.

(39) 三國陽夫『黒字亡国』(文春新書、二〇〇五年)、五一〜八五頁、本山美彦『姿なき占領』(ビジネス社、二〇〇七年)、荒井広幸『郵便局をアメリカに売り渡すな』(飛鳥新社、二〇〇三年)、関岡英之『拒否できない日本――アメリカの日本改造が進んでいる』(文春新書、二〇〇四年)、大西広『グローバリゼーションから軍事的帝国主義へ』(大月書店、二〇〇三年)、一四八頁。

(40) 山本『「帝国」の国際政治学』、一九六頁。

(41) Johnson, *The Sorrows of Empire*, p. 312.

第2章　アメリカの戦争のやり方

米墨戦争（一八四六年）からイラク戦争（二〇〇三年）まで

ブルース・カミングス

一　はじめに

最近、イラクでの失敗にまだ懲りてないあるネオコンの評論家が、現在の戦争がどんなにひどくなろうとも、ブッシュ・ドクトリンを維持することは重要だと論じた。『ニュー・リパブリック』誌の編集主任であるローレンス・カプランは次のように書いた。ジョージ・W・ブッシュ大統領はハリー・トルーマンといった冷戦の英雄と並ぶ存在であり、「国家が守勢に回っていては、ダルフール、コソヴォ、ボスニア、その他いかなる場所であれ救うことはできず、相手の直接の挑発がなくても行動を起こすことができる」。この原則を理解できない批判者たちは、「非武装同然の状況にしか通用しない方策」[1]をもちだしてくる。イラク侵攻を強く支持したジョン・ギャディスのような歴史家もまた、「直接の挑発」[2]がなくても攻撃をするというブッシュ（ジュニア）大統領の見解と同じような議論をしている。実際、ブッシュ大統領は、正当な理由なしにアメリカの利益に対して攻撃を加えてきたという事実――あるいは少なくともそう思われる――がないのに、大規模な戦争（たとえば、ときおり中米で海兵隊が介入したのとは逆である）を始めた唯一のアメリカの大統領である。

二　米墨戦争と「明白な運命」

武力による膨張主義者ジェームズ・ポーク大統領

米墨戦争は、最初の典型的な事例となるだろう。このアメリカのまさに「忘れられた戦争」については、ちゃんとした教育を受けたアメリカ人でも、このとき何がどういう理由で起きたのかということをきちんと説明できない。しかしこの戦争は、いくつかの点で非常に大きな意義があった。第一に、カリフォルニアが連邦に組み込まれることによってアメリカが太平洋の大国となった。第二に、これは、単独主義、ナショナリズム、白人以外の排除という特徴をともなった西漸運動の過程でおこなわれた大きな戦争であった。多国間主義、国際主義、協調的な大西洋主義の特徴とは対照的に、これを「太平洋主義」（Pacific-ism）と呼ぶことができるかもしれない。この言葉は平和主義（pacifism）と同義語であるが、その意味でいえばこの運動は明らかに平和志向ではない。第三に、この戦争はその後のアメリカの戦争のやり方を示す最初の例となった。そのやり方とは、相対的に弱い戦争相手を選ぶことであり、それから国民を動員するのに利用できる事件が起きるのを待つか、あるいは挑発をするというものである。強い国は有利な立場にあり、弱い国に最初に攻撃させることができる。その理由は以下のものから引き出される。カール・フォン・クラウゼヴィッツの『戦争論』(*On War*)にある「防御は攻撃にまさる」という考え方と、毛沢東の「われわれは相手に先に行動を起こさせて支配する」という格言である。こちらが状況をつくりあげれば、敵は命令されないのにこちらが望むことをしてくれる――いわば、リモート・コントロールのようなものである。

修正主義の歴史家は、アメリカの戦争が、敵をだまし、巧みに操ってつぎつぎと始まったということを示そうとした。チャールズ・タンシルは、エイブラハム・リンカンがアメリカ南部連合にサムナー砦を攻撃するよう誘い込んだと考えたし、論争は「メイン号」、「ルシタニア号」の撃沈、そして当然、真珠湾にまで及んだ。フランクリン・ローズヴェルトとヘンリー・スティムソンは、真珠湾に対してではないにせよ、日本が先に攻撃してくることを期待し、そしてそれを望んだ。

一九六四年のトンキン湾事件もよい例である。マクジョージ・バンディ国家安全保障担当大統領補佐官は、スティムソンと親しい関係にあり、ディーン・アチソン国務長官の娘の義理の兄弟であって、おそらくこうしたアメリカ的思考の特徴をもっともよく体現していた。ヴェトコンの一団が一九六五年二月にプレイク海兵隊基地を攻撃したことで、戦争の急速な拡大を引き起こしたが、そのときバンディは「プレイクは路面電車のようなものだ」と述べた。つまり、コーネル大学のジョージ・ケーヒン教授によれば、「路面電車はまもなく来るだろうし、来ればすぐに乗ることができる」(3)ということだ。だがこのようなことを最初にやったのは、ジェームズ・ポーク大統領であった。

ポークは、武力による膨張主義者と呼ぶにふさわしい最初のアメリカ大統領であった。テネシー州の元知事であり、アンドリュー・ジャクソンの息のかかった後継者であった彼は、知性と道徳的誠実さで知られる人物だったが、この二つの長所があわさりひどい独善家であった。ポークは、ヘンリー・クレイに辛勝して一八四五年三月、政権に就いたが、全権を委任されたかのように振る舞った。ポークは閣僚には、テキサス、カリフォルニア、オレゴン（現在のアラスカの境界まで広がるオレゴン）を併合し、サンフランシスコとサンディエゴの港を獲得して、アメリカを大陸国家、太平洋国家へと変えたいと口にしていた。

バグダッドを占領する

テキサスは、カリフォルニアのように、決して多くのスペイン人が入植したくなるようなところではなかった。スペイン当局にとっては、通商の利益よりも密輸の恐れのほうが大きいと考えられたため、メキシコ湾の天然の良港も整備されないままであった。港は植民地時代の終わりまで閉鎖されていた。コーパスクリスティの南は幅約一二〇マイルのやせた細長い土地であり、北はニュエセス川と、南はリオ・グランデ川と接していた。「草原の賊」や密輸業者、野生馬を追い回す馬泥棒のほか、人もほとんど住んでいなかった。しかし定住者や権利を主張する者があまりいなくても、テキサスは長らくメキシコの一部と認められていた。それにもかかわらず、アメリカからテキサスに入植した者たちは一八三六年にメキシコからの独立を宣言した。地図を詳細に調査して、相当数のアメリカ人が、ニュエセス川よりも大きな川がテキサスの南の境界にふさわしいと考えた。(4) ポークは、ザカリー・テイラー将軍のもと、姿を見せるメキシコ兵すべてに対して精一杯もてなすよう命じて、ニュエセス川の南岸のコーパスクリスティにアメリカの部隊を送った。

ポークの目的は、わずかばかりの未開の地を手に入れることでも、戦争を始めることでもなく、カリフォルニアを買収するために、メキシコの関心を引いて交渉をすることであった（テキサス人にとっては、彼らが実際に奪った領土だから、買収には賛成しないだろうが、ポークはメキシコに金を支払ってカリフォルニアを手に入れるつもりだった）。ポークは、リオ・グランデ川の河口からエル・パソまでと、エル・パソから北緯三二度線に沿ってカリフォルニアへまっすぐ西にのびるラインを新しい国境にするために二五〇〇万ドルを、もしメキシコがニュエセス川より南の領土を含むというテキサスの主張——それはポール・ホーガンの言う「河口から水源までのリオ・グランデ川全体」、D・W・マイニグの言う「海から海までの」新しい国境を意味する——を認めるなら、さらにもう二〇〇〇万ドルを用意するつもりであった。しかし、もし戦争ということになれば、ポークはそうするつもりでいた。

政治家たちはアメリカ人やテキサス人の侵略、その他諸々の違反を非難してきたが、何年にもわたってメキシコ人たちは苦しめられてきた。それゆえメキシコ政府も、簡単には引き下がれなかった。メキシコは、ポーク大統領の申し出を正式に断った。そこで大統領はテイラー将軍と二三〇〇人の部隊に対してニュエセス川を渡ってリオ・グランデ川へ進み、旗を立てるよう命じ、それは一八四六年二月四日に実行された。二カ月後、テイラーはウィリアム・ワース准将に、ニュエセス川を渡ってマタモロスにいるアメリカ領事に会うよう命じた。ワースはそうしたが、メキシコ側は彼を拒絶した。「私の要求を拒否するということは……戦闘行為とみなされると、言わざるをえない」とワースは応じた。しかも、いかなるメキシコ人将校であれ、その兵を「戦闘態勢に入らせ」リオ・グランデ川を越境させた場合、ワースはそれを「戦闘行為」とみなすとした。アメリカ人は、バグダッドという小さな町のちょうど北にあり、リオ・グランデ川の砂嘴に位置するポイント・イザベルに急遽「ポーク砦」を設けた。メキシコ人もバグダッドに要塞を築いた。

ポーク大統領と閣僚たちは、ワース将軍が正しいと判断し戦争を決断した。しかし、大統領が議会にメッセージを送る前、メキシコ軍の偵察隊が「戦闘態勢に入り」、渡河してアメリカ兵に砲撃を加え一一人を殺害した（その一一人は、そもそもそこにいるべきではなかった）。それからポークは、デヴィッド・プレッチャーの言葉を借りると、「新約聖書の我慢強い忍耐と旧約聖書の独善的な怒り」を織り交ぜながら、メキシコが「わがアメリカの領土に侵入した」という宣戦布告のメッセージを議会に送り、戦争となった。やがてアメリカ軍はバグダッドを占領したが、町には人が住んでおらず、密輸業者や放浪者がいただけだった[5]。まもなく約七万五〇〇〇人の義勇軍が召集され、戦闘に勝利した後、アメリカ軍はメキシコ・シティへと入った（結局、この戦争では一万三〇〇〇人のアメリカ人の生命が犠牲となったが、メキシコ人のほうが多く命を落としている[6]）。

その当時、アメリカでは軍隊は重要な存在ではなかった。軍は国民から軽蔑され、農地を耕作して稼ぐことのできる若者にとって魅力あるものではなく、軍隊は主にインディアンと戦って、西へ追い払う任務に従事した。「一八一二年の米英戦争に参戦した口先だけの古参の兵によって上の階級」が占められ、なかには老齢に達した者もいた、とバーナード・デヴォートは書いたが、そこにはウェストポイントで訓練を受けた若い優れた士官もいた。そのひとりが優秀な軍人イーザン・A・ヒッチコック中佐であり、「政府はあたかもカリフォルニアを奪う口実をつくるために、小規模な軍隊を送ってわざと戦争を引き起こしたかのようだ」という異論をのちに展開し、歴史家も同意することになる。ヒッチコックは、自分の心は「こんな職務にあるのではない。非常に不埒で汚いやり口であったがゆえに、私はあの戦争に心の底から反対している」と書いた。有名な者もそうでない者も、多くのアメリカ人はヒッチコックに同意した。ユリシーズ・S・グラントはのちに、この戦争を、「これまで弱い国に対して強国がおこなったもっとも卑怯な戦争のひとつ」と呼んだ。ヘンリー・D・ソローは、不当なかたちで制圧されたメキシコは真面目な人々に反乱や革命を起こすよう呼びかけるべきだと考えた。ポークは「ヨーロッパの君主政治の悪しき例」を真似て、不当なやり方で国境を広げていった。多くの批判者は、ポークをはじめとして、アメリカ人がメキシコ人に対して極端な軽蔑心を抱いていたと指摘した。トマス・ヒエテラが述べたように、「膨張主義者は、人類の歴史において人種こそが根本的な決定要因であると信じていた」(7)。

大部分のアメリカ人は自分たちの帝国は異なるのだという考えを受け入れていたが、野蛮な暴力ではなく合意にもとづき多数派が統治するように思われていたので、自国がテキサス、ニューメキシコ（ほとんど発砲することなく獲得した）、そして太平洋岸の細長い地域をまさに併呑したことに熱狂していたのだ。こうしたアメリカ人のあいだでは、アメリカ大陸の完成のときのように、戦争は大いに人気を博した――すべては、忘れられた存在であるジェームズ・ポークという名のビスマルクのおかげであった。

カリフォルニアを領有する

ポークは一〇年間独立の地位を保っていたテキサスのことは周知していたが、トマス・ジェファソンのルイジアナ購入のときと同様、カリフォルニアからどのような利益が得られるについて明確な考えがあったわけではない。中西部の農本主義者と同様、ポークは、農地とプランテーションで生産過剰になれば十分な販路がなくなるということを恐れて、海外における新しい市場の機会に目を向けていた。しかし、ジョン・C・フレモントはカリフォルニアを訪れたことがあった。彼はカリフォルニアがもつ農業の大きな可能性を最初に詳細に記述した人物であった。だが、フレモントは「明白な運命」の代表的論者でもあり、数年後にはカリフォルニアで激しい暴動を引き起こし、テキサス方式にもとづいて「熊の共和国」(Bear Republic)〔カリフォルニアは熊が数多く生息していたことからそのように呼ばれた〕を建設した[8]。

ポークは、利用できるものが現われたのかもしれないと考えて、アメリカ軍をあえてニュエセス川の危険な地域に派遣した。カリフォルニアでは、事情はほんの少し違っていただけだ。フレモントは、ワシントンから密命を受けたふりをして、少数のアメリカ人入植者に暴動を起こさせ、何らの挑発をしたわけでもないメキシコ人を襲撃した。フレモントは一八四六年六月一〇日、農場を急襲してホセ・カストロ司令官所有の馬の群れから二〇〇頭の馬を持ち去って対決を迫り、カリフォルニアを連邦に加入させるための第一歩として共和国の樹立宣言をおこなった。

膨張主義者の直感のようなものが働いた。フレモントにわからぬよう、ポークは、モンテレーのアメリカ領事トマス・ラーキンに、メキシコとの戦争に備えてカリフォルニアを分離するために「革命」をでっちあげるよう秘密のメッセージを送り、同じくジョン・スロート准将にも、サンフランシスコを獲得するよう別にメッセージを送った。ラーキンはやがて太平洋貿易で富を築くことになるが、この間、イギリスがカリフォルニアをどれほど欲しがっていたかについて、真偽に関わりなくどんな些細な兆候でもポークに伝えた。

　カリフォルニアを獲得することは朝飯前であった。実際的な植民地統治が機能する政府が存在するでもなく力の空白となっていたカリフォルニアには、小規模な軍を使っても結局は勝つ。スペインとメキシコは現地を支配していなかった。そうではなく、両国の北部の支配地域は横の結びつきはなく、曲がった指状にアメリカ南西部に伸びていた。カリフォルニアは、弱体化し混乱状況にあったメキシコとつながっており、辺境を防衛しようとするわけでもなく、学校や道路をつくるでもない、相対的に少数の宣教師と牧場主のものであり、彼らはこの世界一肥沃な土地に種を蒔くことすらしなかった。さらに、イギリス人もおらず、メキシコは戦える状態にはなく、多くのカリフォルニオ（Californio）〔最初のスペイン系入植者のことを指す〕はメキシコ・シティよりもワシントンに好意をもっていることがすぐに明らかとなった。

　したがってフレモントの軍は、ほとんど何の抵抗にもあわなかった。プレシディオ〔スペインの要塞〕守備隊によるこれみよがしの軍事的行動は、「喜歌劇のリハーサル」のようなものであった。深夜、フレモントは大胆にもサンフランシスコ湾の要塞エル・カスティージョ・サン・ホアキンを襲撃した。そこは三〇年のあいだ占領できなかった要塞だ。まだ戦いが軍事的に重要でなかったころ、フレモントは要塞から朝の景色を見て「ゴールデン・ゲート」（Golden Gate）という言葉を思いついた。

　ポークとフレモントは、ほぼひと晩で「黄金の岸の上に新たなテキサス」をつくりだそうとしており、それこそまさにポークが探していたものであった。しかし彼は、さらなる戦争を求めてはいなかった。そこでポークはカナダ併合を求める膨張主義者（「五四度四〇分まで併合しなければ戦争だ！」と主張した）を退け、四九度を境界線としてイギリスと話をつけた。多くのアメリカ人、とりわけポークはイギリスがカリフォルニアを狙っていると考えていたが（これによってもアメリカの膨張をうまく正当化できた）、しかし半世紀後にイギリスで外交文書が公開されると、そうした計画があったことはなく、ロンドン政府は、ワシントンに挑戦すれば戦争は避けられないと考えていた。またイギリスは、繊維産業がアメリカ南部からの綿花輸出に依存していたことで手を縛られていた――テキサスを獲得したことで、アメリカは世界の綿花生産の首根っ子を抑えることができたのである。[9] その結果、テキサスから南西部を通り、太平洋岸を北に向かってはるばるピュージェット・サウンド湾以北までさらに膨張した。これは世界史上、驚くほど重要な領土獲得のひとつであった。

日本を発見する

アメリカ大陸が完成すると、快速帆船や汽船で移動し、電信で手紙が届くようになって、太平洋を越えてさらに未踏の地へ向かうことが望まれるようになった。カリフォルニアは新しいフロンティアであると同時に、次なるフロンティアへの前兆であった。たちまちにしてカリフォルニアはそのようなものとして認識され、姿かたちを変えていった。

（何百年ものあいだ、島と考えられていた）カリフォルニアが、アメリカ大陸の不可分の一部であるということが「発見されてから」一世紀の後、アメリカはカリフォルニアを獲得したが、その直後にゴールド・ラッシュが起こった。それによって世界の関心が集まり、さらにマシュー・ペリー提督が一八五三年に日本を「発見」した。金、カリフォルニア、日本、そして急成長にとって重要であるとフェルナン・ブローデルが考えた遠距離貿易が、まったく新しい太平洋の展望として突如として開けてきたのだ。これ以外にも、とりわけ遠隔地貿易は、無関税国の、新しく獲得された大陸の国境内部で栄えた。そこは、生態学的に驚くほど幸運に恵まれていた[10]。

「日本の開国」の交渉は、新たにおこなわれたことではなく、以前からアメリカ人がやろうとしていたことであった。ミラード・フィルモア大統領はニューイングランドの捕鯨業者や貿易商の要求に応えて、「極西」（Far West）（中国）に使節としてペリーを派遣し、日本を汽船の給炭港にすることを考えた。カリフォルニアの港が開かれるとすぐに、アメリカ船は中国に向けて近道の北廻り航路を横断し、そうして日本の近くを通過した。

だが、ペリーは単に商業利益を代弁していただけではなかった。彼は、ロンドン（ペリーの言葉によれば「海洋国アメリカの偉大なライバル」）にある「不道徳な政府」の手が及んでいない世界の重要な地域に足を踏み入れ、「非キリスト教徒たちに神の福音」をもたらしていた。ペリーは一〇隻からなる大アジア艦隊を指揮して出航したが、四隻の「黒船」だけで東京（当時は江戸と呼ばれた）湾を偵察した。一八五三年の春に艦隊は沖縄に到着した。アメリカ海兵隊は、その一〇〇年後にやったのと同じように沖縄へと上陸して那覇の通りを進軍したが、その沖縄には現在、前線配備の海兵隊遠征軍が常駐している。七月八日には四隻の黒船が、東京湾口の浦賀沖に停泊した。

一週間後、ペリーがフィルモア大統領の天皇宛親書を手交した際、装備で身を固めた海兵隊員たちが二列に並んで直立していた——ペリーは天皇と対等であるかのようであり、集まった幕臣たちはそのことに驚いた。親書は次のように書きはじめられていた。「アメリカ合衆国は、いまや海洋のいたるところに勢力を伸ばしている」。それからペリーは黒船に戻り、サミュエル・W・ブライアントによれば、悠々と「日本の鎖国に対抗して艦内に立てこもり」はじめた。乗船員たちがさまざまな新しい技術（電信、銀板写真、蒸気エンジン、コルト製拳銃）を見せて日本人を驚かせていた間、ペリーは天皇との謁見を待って個室に閉じこもり、フィルモア大統領には対等な立場で返書がなされるべきだと要求した。

結果の出ない交渉が数週間続いた。その間日本は、（日に日に東京へと迫ってくるペリーの船を前にして）通常外国人の受け入れ先である長崎へ彼を行かせようとしたが、ようやく香港に向けて出発した。一八五四年二月、ペリーは八隻の軍艦――アメリカのアジア艦隊のほぼすべて――を連れて日本に戻り、ふたたび艦内にこもって、いままで以上に天皇に接近する体制をとった。「自分が表明した考えに執着すればそれだけ、形式や儀礼を重んじる日本の国民はより敬意を示してくれるだろう」とペリーは考えた。だが、ペリーは万一にそなえ、戦争も辞さないと脅しをかけた。そのころアメリカ軍はメキシコの首都を押さえており、ペリーは「状況しだいでは貴国も同じような窮状に追いやられるかもしれない」と述べた。日本が通商にも、またアメリカがいまや太平洋の一大通商国となっていることにも、関心を示さないことにすったもんだしたあげく（軍事力では劣っていることを日本の指導者たちに十分わからせて）、ペリーは一八五四年三月三一日、ついに「通商と友好」の合意書である神奈川条約を結ばせた。(11)

その条約によって、いくつかの給炭港が開かれ、通商のために下田と函館が開港することになった。ペリー来航が歴史上重要である理由は、アメリカに影響を及ぼしたからではなく（それは当時さほど重大なことではなかった）、一六〇〇年から続いてきた鎖国に終止符を打ち、一五年に及ぶ明治新政府と江戸幕府との対立を生み出し、その結果が明治維新として知られる一八六八年の上からの革命につながり、日本をめざましい勢いで大国化する契機となったからだ。こうした重要な出来事によって、アメリカの膨張主義と東アジアにおける近代の誕生が結びつき、その歴史的意義は世界に、とりわけアメリカ人の前にようやく明らかになりつつあったが、アメリカ人はペリーが帰国しても熱狂的に歓迎したというわけではなかった。

アラスカを発見する

ウィリアム・H・シュワードは、ペリーの計画をさらに日本の先（中国）へ、そして北（アラスカ）へと拡大しようとした。シュワードもまた熱烈な膨張主義者であり、帝国と「明白な運命」を心から信じ、必要とあれば武力を使うことにも積極的であった。シュワードは一八五三年、上院に対して、「ニューヨークからサンフランシスコまで自国を横断するハイウェイを開通」し、「一万の製造業の歯車を稼動させ、船舶を増やして東へ送り込むよう」求めた。まさに「世界における大国」になりつつあった。シュワードは中米のパナマ地峡を通過する運河を求め、ハワイを併合し、中国貿易を押さえ続けようとした。しかし、シュワードが国務長官になるまで南北戦争の傷あとは癒えず、せいぜいブルックス島（のちにミッドウェー島と呼ばれる）とアラスカを獲得しただけであった。いずれも一八六七年に、武力ではなくジェファソン流のやり方、つまり購入という方法で獲得した（ミッドウェー島は無人であった）。

アメリカ人は、広大な太平洋に浮かぶ小島で、ハワイから西に約一二〇〇マイル離れたミッドウェー島を地図で見つけることなどほとんどできなかっただろう（今もそうであろう）。しかしアメリカ海軍は給炭港が必要だったのであり、現在にいたるまでミッドウェー島は海軍の恒久的な基地となっている。

アメリカ人なら見つけることができるアラスカは、七〇〇万ドルで購入したが、「シュワードの愚行」、「寒冷地」、「ロシアのセイウチ」といった名前で呼ばれた。シュワードは適任ではあったが、時代に恵まれなかった。にもかかわらず、シュワードは最小限のコストで、テキサスより二五〇パーセントも大きい土地をアメリカ大陸に加えたのである。(12) 最終的にアラスカは、アメリカのパワーによって支配される北太平洋の戦略的拠点となる宿命にあった。

三　新しい大陸国家《ビヒーモス》の誕生

逸脱――多面的な顔を持つ国家の明白でない運命

歴史家たちは大いに健筆をふるい、一八四〇年代の用語であった「明白な運命」を、勃興するアメリカのナショナリズム、帝国主義、西へと広がるフロンティア、民主主義と自由、開拓者の膨張主義、「使命感」と結びつけた。だがこれは、単なる一時の出来事ではなかった。つまり一八四〇年代は、アメリカ人がどのような国家を建設したのかという核心に触れた時代であった。

大陸主義は、明らかにアメリカ国民すべてが同意できるものであった。つまり、それはひたすら太平洋に向かって進むという考えに根ざしていた。このように太平洋をめざすということは大いに支持されただけでなく、第一級のアメリカ人の心をひきつけた。ソローは、当時の風潮を嫌悪した(「国民は明白な運命に付き従っているのかもしれないが、私はそうした考えが自分とは相容れないと思っている」)

だけでなく、「私は、ヨーロッパではなく、オレゴン州に向かって歩いてゆかなければならない」とも書いている。ここに太平洋へ向かおうとする趨勢の本質があった。つまり、新しい大陸国家（behemoth）――それは世界最大の海に面する――が姿を現わすにつれて、ヨーロッパやあらゆるヨーロッパ的なものに背を向けることになった。ハーマン・メルヴィルにとって、「アメリカはアジアにまで伸びる大洋以外、西への境界はほとんどないといってよかった」。ウォルト・ホイットマンは、一八四六年にサンタ・フェとカリフォルニアについて、高揚した口調で次のように語った。「サンタ・フェとカリフォルニアが、わが国の大空で二つの新星として輝くのはいつのことだろうか[13]」。

もしこれによって膨張主義者を衝き動かす力が誕生したとすれば、それはまたもうひとつのアメリカの終焉でもあった。「アメリカで何かが永遠に終わりつつあった」、「ひとつの時代、ひとつの年代、社会契約、生活様式が終わりつつあった」とデヴォートは書いた[14]。廃れつつあったのは、ソローの田園的な理想郷のようなものであり、新しい世界は、建国の父祖たちが非難してきた旧世界の好戦性と親和的であった。グラントの大統領選挙向け伝記を著わしたリナス・P・ブロケットは、一八八二年に次のように書いていた。一三の植民地には、「世界が見たこともないような大帝国、ローマのすぐれた弁論家の格言『帝国と自由』（Imperium et Libertas）の実現を意図した帝国の萌芽が認められる」と。だがブロケットにとって、この自由の帝国はジェファソンと同じように大農園であった[15]。一八四六年は、新たな膨張主義、一世紀以上にわたって制限されることのなかった西漸運動が始まる年であった。だがその西漸運動は、同胞を殺しあう戦争によって国民が疲弊し、太平洋およびアジアへと続く「明白な運命」の道が消滅してゆくにつれて中断し、その結果、四半世紀のあいだ再開されることはなかった。

たとえポークがメキシコの半分を剝ぎ取ったとしても、「明白な運命」の歴史的意味は、征服ではなく、カリフォルニアを連邦に加えることであった。それだけが唯一、彼の一貫した目標であった。それによって大陸が完成し、太平洋を臨む壮大な眺望が開けてくるのであった。スペインが撤退し、イギリスがオレゴンをめぐってポークと和解して二度とアメリカに挑戦しなくなると、この地域における主要大国間の争いは一掃された。まるで魔法のように、カリフォルニアは想像できないほど夥しい量の黄金を経済にもたらした。当初カリフォルニア州は、アメリカの流行やイノベーションの最先端にいて、すでに輝かしい歩みを始めていた。だが、カリフォルニアの連邦への編入の大きな意義は、そのことによって新しい国家が創りだされたという点にあった。カリフォルニアは、大陸を完成させたが、同時に、広大な内陸部のさらなる開発を促した。チャールズ・F・ラミスは一九〇〇年に次のように述べた。

わが国の本当の西は、カリフォルニアから始まる。カリフォルニアが連邦に加わってから、ミネソタ、オレゴン、カンザス、ネヴァダ、ネブラスカ、コロラド、二つのダコタ、モンタナ、ワシントン、アイダホ、ワイオミング、ユタが州として承認されたのであり、ニューメキシコ、アリゾナ、オクラホマ、アラスカが準州となったことを想起するだけでは十分ではない。適切なかたちで問うならば、もしカリフォルニアがなかったら、わが国はこのうちいくつを持つべきだったのだろうか、ということである……。アメリカ合衆国は、狭い州の集まりでいることで事足れりとしていたが、そうしたときにカリフォルニアが、突然そして実験的に、未完だったわが国のちっぽけな版図を太平洋にまで広げ、国家にふさわしい規模となり、版図の大きさに十分みあう人口をもたらしていった。もしアンクル・サムが、カナダを頭にし、メキシコを踏み台として、プラット川あたりでイギリスという壁に背を向けて眠り続けていたら、その姿がどうなっていたかをまったく考えようともしない立派な御仁が今日にいたるまで数多いる。[16]

カリフォルニアは、金の発見とほとんど同時に征服されたが、金の発見によってカリフォルニアはすぐに現在のような姿へと変貌した。だが、世界史的にみれば「遅れて」到達したカリフォルニアの非常に生産性の高い経済は、依然としてアメリカの他の地域経済にとって一種の強力なポンプであり、エデンの園と田園的な理想郷というアメリカ的なテーマを現在まで生き長らえさせている理想でもある。カリフォルニアがもたらしたのは、純金、サンフランシスコという名の多言語市、鉄道、アメリカの地中海、巨大な機械で集積される琥珀色の大量の穀物、香りのよいオレンジやレモンの木々、果物の缶詰であった――いまやアメリカは、国の内外で特殊な遠隔地貿易をおこない、広く貿易を世界に拡大していった。だがもっとも優先されたのは、大陸を物理的に統合することであった。今も昔も、東西を海に囲まれた大陸をひとつの旗のもとに統一した国家は世界中どこにもない。

倒すべき怪物を求めて海外へ

半世紀後、まったく違う地域軸によって引き起こされた混乱である南北戦争によって、アメリカを取り巻く環境が一変するなかで、「明白な運命」は第二段階に入った。太平洋に向かう運動がなくなることはほとんどなかった。だが、それは民衆の動きであって、ワシントンやその他で起きる出来事とは関係がなかった。ゴールド・ラッシュによって、カリフォルニアには一夜にして人が集まるようになった。開拓者が西部の諸州をめざし続けたことで、太平洋岸に二つの新しい州が登場した。オレゴンとワシントンである。しかし、大陸は一八六〇年にほぼ二つに分裂し、本稿の関心とはほとんど関係がない南部という大きな問題に関心が集まった。それは西部の運命とは関わりがなかった。

米西戦争は、植民地に反対していたアメリカを帝国へと変えた。戦争は、一八九八年二月一五日、ハバナ湾における「メイン号」の沈没、二六六人の命を奪った大爆発で始まった——誰もがそれはスペインの仕業だと信じた。一八九五年から約三万人のキューバの武装勢力が、アメリカ人の支援に呼応してマドリッドに反乱を起こしていた。ウィリアム・マッキンリー大統領は、キューバで続いている散発的な争いを考慮して、アメリカ市民の避難が必要な場合に備え、ハバナに四門の一〇インチ砲を搭載した勇壮な戦艦を急派した。しかし、「メイン号」が爆発し、名立たる「扇情的メディア」が騒ぎ立てるまでは、アメリカとスペインの戦争は回避可能であった（ウィリアム・ハーストは、戦艦を爆破する「偽装爆破装置」を使った犯人を探し出すために五万ドルを提供した）。そして、それまで乗り気でなかった、不眠症で粗暴な性格のマッキンリーは、セオドア・ローズヴェルト、ヘンリー・ロッジ上院議員、ホワイトロー・リード外交官、そして友人たちが長らく待ち望んでいた攻撃を許可した。

陸軍は、一八九八年にはわずか二万七八六五人という兵力であったが、志願兵によってすぐに二〇万人以上にまで増え、エリュー・ルート陸軍長官によってまもなく近代的な戦闘部隊に再編された。しかし、新しく拡大された有能な海軍こそが、最初にもっとも激しい攻撃をおこなった。(17) ジョージ・デューイ提督によるマニラ艦隊への致命的な攻撃は、スペイン帝国をすぐにでも崩壊させる一撃であったし、多くのアメリカの愛国者にさらなる電光石火の勝利をもたらした。デューイ提督が優れていたにせよ、スペインが無能だったにせよ、スペインの旧式のものから配備していなかった新型のものまで含めて、大砲ではアメリカは二対一の比率でスペイン人に勝っていた。その後キューバでは、ばかげた事態が起こるが、ロバート・ダレックの言葉によれば、「キューバにおいては、軍事的な愚かさでは、弱体化したスペインのほうが、アメリカよりも上回っていたのである」。

米西戦争によって、アメリカは一足飛びにカリブ海に入り、太平洋を越えて大陸主義を終焉させ、はじめて大規模な植民地を獲得した。アメリカは、キューバとプエルト・リコを手に入れ、太平洋上に三つの戦略的要衝を確保した。マニラへ向かう航路沿いにあるグアムとウェーク島、それにフィリピンである。スペインは当時三流国で、すぐに倒された。キューバは一九〇一年に独立したが、アメリカ海軍がグアンタナモ湾に基地を確保するまで独立はかなわなかった。プラット修正条項のもと、ワシントン政府が「生命、財産、個人の自由」を保護するために「介入する権利」を維持したように、キューバは、一九五九年まで実際にはアメリカの保護国であり、アメリカ所有の砂糖プランテーション、ニッケル鉱山、カジノにとっての添え物のような存在であった。パナマも同じである。プエルト・リコは保護領であり、イギリスの植民地である香港をモデルとし、現在もそうした状況にある。非公式の保護国としてドミニカ共和国、ハイチ、ニカラグアも加わった[18]。

アメリカは、カリブ海に帝国をつくりあげた。真珠湾とマニラ、グアム島（日本の南、二二〇〇マイル）、ウェーク島（ハワイ諸島の西、二三〇〇マイル）、ミッドウェー島（日本の東、二二〇〇マイル）を、太平洋をまたぐ足掛かりとして、海洋帝国を築き上げた。

マニラとハバナにおける初戦の圧勝では、アメリカ人の犠牲は七七〇人にとどまったが、インディアン戦に通じている指揮官であったにもかかわらず、朝鮮半島、ヴェトナム、イラクの場合のように、初戦で圧勝しても何年にも及ぶ決着のつかない残虐な戦いとなった。ウェルター・I・ウィリアムズは、フィリピン人の反乱と戦った司令官の八七パーセントがインディアンとも戦っていたということを発見したが、もっとも華々しかったのはアーサー・マッカーサー准将であった。彼は一八歳のときに、南北戦争のミッショナリー・リッジ（Missionary Ridge）で頭角を現わし、のちにダグラス・マッカーサーの父となるが、五〇〇〇人の兵士を率いた。だが、その兵士たちはみな、フィリピン人のことを「まったく理解していなかった[19]」。

彼らがいかに無知であったかは、ほぼ三年続いた汚い戦争ですぐに行動となって現われた。男も女、子どもも虐殺された。捕らえられたゲリラたちは、なかでも「水攻めの矯正（水を喉に流し込む）」という拷問を受けた。つぎからつぎへと町が焼き討ちにされ、食糧の備蓄は破壊され（一九〇一年には、一〇〇万トンのコメと六〇〇〇戸の家屋がわずか一週間で破壊された）、最終的には多数のフィリピン人を「保護区域」に強制的に追い込んだ。ウィリアム・シャフター将軍は、「フィリピン人口の半分が現在の半未開国家が与えられるよりも高い生活水準へと向上するように、フィリピン人口の残り半分を殺害する」ことが必要かもしれないと考え、エリュー・ルート陸軍長官は、インディアンとの戦闘で成功したやり方を使うよう推奨した。

言うまでもないが、アメリカの兵士や将校がみな虐殺に加わったというわけではない。実際に見さかいのない残虐行為を非難した者も多かったが、世紀転換期には人種差別があちこちで横行していた。こうした出来事の後でも、エミリオ・アギナルドは当初から、「是が非でもアメリカと手を結ぶことを望み」、もちろん、彼とその支持者たちが一八九九年一月に建設したフィリピン共和国を承認するよう求めた。一カ月後には戦争が始まり、一九〇二年七月まで続いた。[20]

「用意ができたら、撃て」――マニラを領有する

戦艦「メイン号」がハバナ湾の海底でどのように発見されたのか、これまで誰も十分に説明しなかった。専門家は、船内の事故による爆発であったという。しかしすぐにスペインのせいだとされ、それによってアメリカ流ともいえる戦争のやり方が発動された。いわれなき攻撃に始まり、その後、憤慨した議員、新聞の評論家、その他デマゴーグたちの声高な怒りが続くことに注意してほしい。国民が騒ぎだし、世論の煽動が数週間続いた後、議会は一八九八年四月二五日、宣戦布告をし、マッキンリー大統領に対して五〇〇〇万ドルを拠出したが、大統領を最終的に行動へと追い込んだのはロッジ上院議員であった。一週間後、デューイ提督がスペイン艦隊に見事な朝駆けをしかけることで戦闘は幕を開けた。

デューイの艦隊はもともと日本に配置されていた。なぜか？　二月のとある金曜午後、そのとき上司は早々に帰宅しており、デューイが一時的に海軍「長官代行」をしていた。セオドア・ローズヴェルトは、スペインに宣戦する場合、攻撃を命じる秘密電報をデューイに送った。デューイがマニラで勝利してすぐにキューバとプエルト・リコで戦闘が起きると、スペインは降伏し、ほぼ四世紀に及ぶフィリピン支配に終止符を打った。戦場で三四五人が戦死し、二五六五人が病死したことが素晴らしいと呼べるのであれば、ジョン・ヘイのいうこの「小さな素晴らしい戦争」は、ほとんどカリフォルニアを奪うの

と同じくらいたやすいものであった[21]。

一八九九年一二月二一日、マッキンリー大統領は、アメリカがフィリピン全土の主権者であると宣言した。マッキンリーは、フィリピン諸島が自分のものになってもどうしたらよいのかわからなかったし、デューイが勝利を報告したときには、その島を地図で見つけることもできなかった。だが、スペインにフィリピン諸島を所有させておくのは間違いである、とマッキンリーは考えていた。したがって、マニラを確保することはこの目的に十分かなうであろう。しかし、首都を確保するにはルソン島すべてを領有する必要があり、さらに新たに共和国が独立を模索している、と軍は述べた――やがてマッキンリーは、フィリピン人には「自治能力がない」ことに気づいた。マッキンリーはひたすら神の導きを願い、フィリピン人を向上させ、文明化し、キリスト教徒にさせることだけが正しい使命であるということに気づいた――それが「善意による同化」として知られているものである。だが、真の実力者であり推進者は、セオドア・ローズヴェルト、ヘイ、ロッジ、リードであった。そしてアメリカは、マニラやこの群島一帯の他の小さな島々を占領する羽目になり、フィリピンはいまやアメリカの植民地であり争いの火種でもあった。はじめてというわけではないが、アメリカは個々の戦闘に勝ったものの、戦争に勝利したわけではなかった。

アメリカ海軍は雲行きがよくないとみるや方向転換した。しかし陸軍は危険な状況に足を踏み入れ、のめり込んでゆき、その一方で、政治家はアメリカ的理念の用語集と照らし合わせることになる。セオドア・ローズヴェルトの見方によれば、マッキンリーは「チョコレート・エクレア程度の気骨しかないのに」、帝国への道をよろよろと突き進んでいた。大統領はスペインとの戦争を避けたかったが、「メイン号」がきっかけとなってやむをえず戦争をおこなった。デューイは勝利後、マニラへの地上軍派遣の損得を算定し、ルソン島もアメリカが領有すべきであると決意した。その後、原住民には「統治能力がないようだ」（デューイの言葉）ということがわかり、マッキンリーは、最終的にフィリピン諸島をすべて植民地にすることを認めた。一八九八年一〇月、マッキンリーは次のように述べた。「アメリカがフィリピンについて何を望むにせよ、放ってはおけない状況にある、とわが国全体が感じている」(22)。

無関心な太平洋主義

結局、アメリカが旧世界の帝国主義に手を染めたことは、あまり重要な意義をもたなかった。セオドア・ローズヴェルトは一九〇九年までにフィリピンを放棄するつもりであったし、中国市場という夢も潰えてしまった。南部の綿花生産者のおかげで、中国への輸出は一八九五年から一九〇五年に三倍以上の三五〇〇万ドルとなったけれども、一九一二年にはアメリカの貿易全体の一パーセント以下である二四〇〇万ドルにまで低下した。

問題の根本は、輸出中心の南部は別として、大部分のアメリカの投資家が中国に関心を抱いていないということにあった。フィリピンにアメリカ軍の基地を置く話があったが、陸軍と海軍はそれについて協力しあうことはできなかった。一九〇九年には真珠湾を整備する計画があったにもかかわらず、さほど成果が上がったわけではない。対日戦争を想定した一九〇九年のオレンジ計画は、膨張主義の戦略よりもむしろ防御を強調したかたちで一九一三年に改定された。第一次世界大戦が起きると、植民地に駐留していた軍隊はすべて太平洋から引き揚げられ、ヨーロッパ戦域に再配備された——こうして、再出発することになった。ブライアン・リンによれば、太平洋から「アメリカの軍隊はほとんどいなくなった」のである。

一八五三年のペリー使節団から一九三〇年代後半まで、アメリカは実際には太平洋の大国ではなかった、というのが本当のところであった。たとえアメリカ海軍がフランクリン・ローズヴェルトのもとで力をつけたとしても、その軍事力では、太平洋地域の基地に関心がないということもあって、アメリカは、この地域ではイギリスや日本以下、ひょっとしたらフランスやドイツよりも劣る国家でしかなかったであろう。アメリカ人宣教師は中国を文明化できなかったし、ジョン・ヘイの「門戸開放」政策は、中国を分裂から救えず、アメリカは中国の特別な友人にもなれなかった。そして、義和団事件に列強が干渉したときのアメリカのフィリピンでの行動および多くの他の点で、アメリカは他の帝国主義列強とさほど違いはなかった。アメリカは、帝国主義的な友好国を手助けする存在だったと論じる者さえいる。つまり、日本に朝鮮半島での行動の自由を与えることになった日英同盟（一九〇二〜二二年）では、サイレント・パートナーのようなものであったし、ポーツマスでの日露戦争終結の交渉（これによってセオドア・ローズヴェルトはノーベル平和賞を受賞した）では、朝鮮を日本帝国主義に引き渡すのに一役買った。また、アメリカの実業界の利益を促進し、利権を求めるために帝国の特権を利用した——一八六六年にフィラデルフィアの銀行家に与えられた、中国が条約によって開いた港を結ぶ長距離電話網、鉄道、金鉱を整備する契約や、一八九〇年代後半に朝鮮王朝から奪った電力利権がそれである。(23)

ウッドロー・ウィルソンは、その戦略によって東アジアを揺るがした最初の大統領であった。しかし他方で、ウィルソンはV・I・レーニンというかなり異なる立場の人物とともに世界を震撼させた。二人とも、一切の戦争を終わらせるための戦争の後、世界に向けて新しい永続的でグローバルなビジョンを発表した。

この第二の「明白な運命」の到来によってもたらされたより大きな結果は、世界においてアメリカは孤立しているのでありヨーロッパとは違うのだ、という考えを終焉させたことであった。ヨーロッパと違うというのは、国家の初期の指導者たちによって共有された例外主義にもとづいたものである。その例外主義とは、アメリカが「新しい世界秩序」(Novus Ordo Seclarum)をつくり、大国の帝国主義に対する挑戦者となり、大国が抑圧した人々にとってのかがり火となることであり、アメリカの運命は、旧世界ではなく西に向かっているということだった。

しかし、ヘイ、ルート、ロッジ、セオドア・ローズヴェルトといった人々は、その旧世界と同じことをし、ロンドンの指導者がイギリスを凋落させない保険としてアメリカをパートナーに引きこもうとしたように、アメリカ流の理念にもとづいて旧世界を再構成しようとした。わずか数年のあいだに、ウィルソンは、さらに多くの海外の冒険と高尚な理念を結びつけようとしたが、彼も他のどの大統領も、一八二一年の有名な独立記念日演説でジョン・クインジー・アダムズが述べた信念と汚れなき誠実さでもって、アメリカの革命的な性質、その独立、その理念——それは同時に、他の国々にとっては望ましくない信条——についてふたたび語ることはできなかった。

「それは、市民による政府を唯一の正統な拠り所とする国家による最初の重大な宣言であった。それは、新しい組織の基礎であり、地球全体を覆う運命にあった。それは、征服によってつくられたあらゆる政府の合法性をたちまちつきくずした。それは、数世紀に及ぶひどい奴隷状態を一掃した」。アダムズは続けて、「アメリカが執着する諸原則をめぐる紛争であっても」、アメリカはつねに他国の独立を尊重し、他国の問題に介入することを控えてきたと述べた。それから、彼は、この永遠の約束について語った。「自由と独立の旗がこれまでどこに掲げられていようと、あるいは今後掲げられようとも」、アメリカはそれを歓迎するだろう、と。「だがアメリカは、倒すべき怪物を求めて海外へと出て行くことはない。アメリカはあらゆる人々の自由と独立を願っている。アメリカは自国の自由と独立だけを擁護し守ってゆく(24)」。

四　パール・ハーバーからイラク戦争へ

転換点

アメリカの第一次世界大戦への参戦は、一八九八年の米西戦争を再現するものであった。ドイツ人が「ルシタニア号」を沈没させると、アメリカではメディアが憤慨し、議会が大騒ぎし、国民が怒りをあらわにし、そうしてウィルソンはアメリカを戦争へと引きずり込んだ。イギリスに比べて二流であり、いまや非常に弱体化したドイツと対立して、アメリカは第一次世界大戦にむしろ遅れて参戦した。ヨーロッパの内戦が一九三九年にふたたび激化すると、またもやアメリカは二年以上待って、先の大戦と同じように弱体化したドイツに対して参戦した――しかし、疑問の余地のない攻撃によって生じた犠牲だったため、このときはアメリカ国民の怒りが完全に呼び起こされることになった。真珠湾攻撃は、アメリカを今日のような、世界最強の大国の地位へと決定的に押し上げた転換点であり、参戦にあたっては邪《よこしま》な意図や動機などはなかった。それはまた、アメリカの戦争のやり方についてのもっとも重要な例でもある。

太平洋艦隊に対する日本の攻撃が予想外であったとしても、それは、日米間の戦争に関する考えが最初にワシントンに現われてから数十年後、ワシントンが日本の首に引き結びをつけてから三年後、そしてフランクリン・ローズヴェルトによる屑鉄や石油の禁輸（一九四一年春、日本はまだアメリカの石油輸入に依存していた）の後の出来事であり、日本が太平洋のどこかでアメリカの利害に関わるものに対して攻撃することを予想してから数週間後のことであった。真珠湾の約一〇日前、スティムソン陸軍長官は、よく議論の対象となる有名な発言を日記に記した。つまり、フランクリン・ローズヴェルト大統領と会って、日本との衝突が迫りつつある証拠について議論したが、問題は「わが国にさほど大きな危険をもたらすことなく、どうやってまず敵に攻撃させるべきか」ということだった。スティムソンは後に議会の調査に対して、「敵が先手を取って優位に立つ」まで待つのは危険だと語った。にもかかわらず、彼は、「まず最初に日本人に攻撃をさせるにあたって、アメリカ国民の十分な支持を得るためには、誰が侵略者なのかということに関して誰の目からみても明らかにしておくことが望ましかった、と認識していた(25)」。

スティムソン（あるいはフランクリン・ローズヴェルト）が、日本（あるいはアメリカ）を「巧みに戦争へ引き込んだ」と主張することは、私の意図するところではない。だが、一八四六年以来ほとんどの戦争は、先に相手が攻撃してきてから始めたというのは事実である。消極防衛という戦略は、力を考慮に入れてないわけではない。力の勝る国は、しばしば力の劣る側にまず攻撃をさせることに利点を見いだす。ヒトラーがポーランドに侵攻し、大陸ヨーロッパを支配してから二年が経過しても、アメリカは依然としてこの世界戦争には加わらなかった——その結果、世界の勢力バランスは変わった。日本の根本的な間違いは、真珠湾への「奇襲」（奇襲については、そうしなければならない時にしただけである）なのではなく、世界一の工業国にかつてないほどの犠牲を払わせ、空前の生産力を発揮させることになった、言いようのないほどの分別のなさと自滅的な愚行であった。山本五十六はそれを立案した優れた海軍指導者であったが、真珠湾攻撃は「衝撃と恐怖」を与えるようおこなわれなければならないと考えた——「戦争継続の意志をくじくために、日本はアメリカに対して、初戦から大いに畏怖の念を抱かせる必要があった」[26]。その考えは、二〇〇三年三月のイラク攻撃同様うまくはゆかなかった。やがてミッドウェー島とガダルカナル島で、太平洋戦争の優劣は決定的となった。

太平洋戦争が終わると、トルーマン大統領は、一九四七年までに、大規模な常備軍を維持したり平時の徴兵をおこなうことはせず、すぐにも平時に戻すような古典的な動員解除を開始した。もちろん冷戦は始まっていたが、議会はグローバルな冷戦の取り組みに予算をつぎ込むつもりはまだなかった。防衛支出は一九五〇年にはわずか一三〇億ドルであった。そのとき朝鮮戦争が「勃発して」、防衛支出を三倍にしたいというアチソンの念願を「現実のものとした」[27]（それは、冷戦政策の概略を述べた一九五〇年の国家安全保障会議報告書、NSC六八で具体的に述べられていた要求である）。

アチソンはスティムソン流の考え方をよく受け継ぎ、そのときまでに古典的なアメリカの防衛ラインを設定していたが、そこには太平洋でもっとも危険な二つの場所である韓国と台湾が、曖昧かつ不安定な状況で安全を脅かされていた。一九四七年、アチソンはある上院の委員会で内密に、朝鮮にラインを引くと語り、一九四九年には、側近に――またも極秘で――「わが国は、台湾を中国本土の支配から切り離したいということを慎重に隠さなければならない」(強調は筆者)と語った。[28]一九五〇年初頭の中ソ友好同盟相互援助条約によって脅威が高まると、アチソンは頻繁に演壇に立って、中国内戦を収束させると述べ、一九五〇年一月にナショナル・プレス・クラブでおこなわれた「不後退防衛線演説」では、韓国は防衛されないだろうと言っているようにみえた。ボールが相手コートに投げられたのを受けて、一九五〇年六月に金日成は韓国に侵攻し、アメリカ軍が、一般の人々の拍手喝采のなか韓国へ介入し、第七艦隊が台湾海峡で境界線を引いた――それによって、われわれが現在なおも目にする東アジアの分断線がつくりだされたのである。[29]

またしても、アメリカの敵がアチソンの問題を解決してくれた。そしてアチソンとトルーマンは、体制転覆を狙って北朝鮮に侵攻する決定をし(当時「巻き返し」とよばれた)、二〇万人の中国軍が参戦すると、戦況は一九五一年春に始まった地点で膠着化したものの、二年以上終わらなかった。三万人以上のアメリカ人と数百万人を超える朝鮮人と中国人が命を落とした。トルーマンはあまりに不人気となったため、一九五二年に大統領選挙に出馬しないことを決め、現在でも三万人のアメリカ軍が朝鮮半島に駐留している。だが、惨憺たる結果に終わった朝鮮戦争は、一九四一年の転換点を固定化することになった。防衛予算は四倍に膨れ上がり、常備軍は以前の水準よりも巨大化して、大西洋と太平洋の各地に米軍基地がつくりだされた。

ヴェトナム戦争は朝鮮戦争の再来であった。トンキン湾事件(駆逐艦「マドックス」への第二回目の攻撃は実際はなかった）やマクジョージ・バンディのプレイク基地「路面電車」発言で、一九六四年には、議会はリンドン・ジョンソン大統領の背中を押すことになり、勝利は間近だという主張のなかで戦争をエスカレートさせ、やがて一九六八年には戦争が泥沼化し、ジョンソンは大統領選に出馬しないことを決めた。ヴェトナム戦争における違いは、一九五〇年の中国との衝突〔朝鮮戦争〕の経験から、ジョンソン大統領が北ヴェトナム侵攻を躊躇し、見通しが悪くて手に負えない西に広がるジャングルのせいで、南ヴェトナムそのものを封じ込めることも防衛することもできず、その結果、戦争は手詰まりというより敗北に終わったという点であった（そのとき南ヴェトナムが防衛できていたら、何万ものアメリカ軍がまだそこに駐留し続けていただろう）。

新たな転換点

そのアメリカ特有の性質が原因となって、アメリカ的な戦争のやり方というものが出てくるようになった。古いヨーロッパとその帝国的なやり方とははっきり異なり、アメリカは、新しい世界――次の世代のための新たな秩序――をつくりあげる新しい国家であった。アメリカは反植民地闘争のなかでつくられたのであり、それゆえ古いヨーロッパに抑圧されていた民衆の側に立たずにはいられなかった。国家理性を理由に侵略をしてくるというのが、古いヨーロッパの本質であったのに対し、アメリカはそうしたことには反対であった。古いヨーロッパのパワー・ポリティクスを回避するために、厄介な同盟に加わることもなかった。

アメリカは、束縛からの自由（freedom）と圧制からの自由（liberty）を支持してきた。しかしジョン・クインジー・アダムズによれば、アメリカはそれらの自由を他の国に強制的に押しつけるのではなく、模範を示すことによって導いていった。アメリカは古いヨーロッパに背を向け——だから西へと向かい、白人ではない他者に遭遇した。アメリカはデモクラシーの国であった——したがって、どの大統領も戦争を始めるには投票箱を相手にしなければならなかった。相手のほうが攻撃する側であったほうがよいし、その国が自国より弱ければもっと望ましい。つまり、相手国にまず攻撃させて、そうして国民を結集させ市民の軍隊をつくるのである。アメリカは特別な存在であるが、新たに勃興した大国でもあった。そして、建国の理念に拘束された新しい強国としての戦略があった。それが、まず相手に最初に攻撃をさせるもうひとつの理由である。

一九九一年の湾岸戦争は、アメリカの消極防衛が巧妙であることを示す最後の例である。イラクがクウェートに侵攻する前に、エイプリル・グラスピー駐イラク米大使とサダム・フセインが会談したことはもうひとつの適例であった。彼女がサダムのクウェート侵攻を誘導したのかどうか、われわれにはわからない。だがもっと重要なのは、現在のイラク戦争であり、それは、アメリカの行動が根本的に逸脱したものであったことを意味した。九・一一同時多発テロの一年後、ブッシュ（ジュニア）大統領は国家安全保障会議で、とくにイラク、イラン、北朝鮮（そしておそらくシリアも）を標的とする新たな先制攻撃のドクトリンを発表した。そして二〇〇三年三月のブッシュによるイラク攻撃は、このブッシュ・ドクトリンが予防戦争のドクトリンであることを示した。行き当たりばったりで、世界のことをわかってないこの人物は、結局九月一一日に、自らの人生に意味を見いだした。九月一一日の同時多発テロは二一世紀の真珠湾である、とブッシュ大統領は日記に書いたとされる。[30] そして九・一一と真珠湾を結びつけたことで、彼は、一九四一年一二月にアメリカが参戦したときにはすでに世界の勢力バランスを決定的に変えてしまっていた悪の枢軸（ナチス・ドイツ）と、できるだけ多くの異教徒を殺せばイスラムの新たな台頭が可能となると考えるテロリストたちとのあいだに、またもや驚くべき一致点をつくりだした。

ブッシュ大統領の歴史感覚のなさは、悲劇的な失敗というわけではないが（彼には悲劇的な失敗などというようなものはない）、よい結果をもたらさない道に政権を突き落とすことになった。事態がますます悪化しているのは、ブッシュ大統領が次のようなことを深く信じているからだ。神により選ばれた自らの役割（マッキンリー大統領がフィリピンを領有してからというもの、神と交信する回路を通じて侵略を正当化する大統領はいなかった）、間違った歴史のアナロジー、予測不可能な歴史の風向きのなかでワラをもつかもうとするような大統領の姿勢、チャーチル的なレトリックと厳粛さを結びつけようとするような彼のやり方、ディック・チェイニー副大統領のような百戦錬磨の黒幕からの助言――つまりは、車に貼るステッカーや広告板に書かれるような歴史である。九月一一日は、ブッシュ（ジュニア）大統領にとってのプレイクであったが、彼は間違った「路面電車」に乗り、間違った目的地に向かい、方向を誤り、そしてすぐに行き止まりになってしまったのである。

イラクの軍事占領はたちまち悪夢に変わり、結局長い目で見れば、韓国、日本、ドイツの占領よりもコストがかかり、困難を極めそうだ。朝鮮やヴェトナムのように、内戦が全面化し国家を分断させることになるかもしれない。朝鮮やヴェトナムと違って、イラクは世界中が石油に依存しているため、明らかに戦略的に重要な場所となっている。われわれは、イラク戦争をヴェトナム戦争以来最悪の危機と呼

法政大学出版局

sapientia

《サピエンティア》

刊行案内

2008.11

グローバル化のもとでの頻発する紛争，南北間に拡がる格差，社会的差別や貧困，環境，人権，平和，生命をめぐる問題など，私たちの生きる世界はますます混迷の度を深めています。

この新しい叢書の名前である*sapientia*《サピエンティア》は，ラテン語で《知恵》を意味することばです。現代世界の抱える難問《アポリア》を読み解いていくために，多角的な視点からさまざまな知恵をしぼって，ともに考えていきたいという思いを込めました。

叢書《サピエンティア》は，歴史学，思想や哲学，その他の分野の成果を踏まえ，あるいはそれらの領域を越境しつつ，翻訳・書き下ろしを含めて社会科学系のさまざまなテーマにアプローチしていきます。

その積み重ねのなかから，「世界リスクの時代」といわれる状況のもとで，たとえ問題の解決にいたらないまでも，その糸口を探ることをめざしていきたいと思います。

くために―― *sapientia*《サピエンティア》《知恵》

刊行第一弾　11月13日発売

01

アメリカの戦争と世界秩序

菅 英輝 編著

なぜアメリカは、リベラルな世界秩序を追求するため戦争という手段に訴えるのか。戦争とアメリカ社会および国際社会の相互関係を、多面的かつ歴史的な視野から論じる。

ISBN978-4-588-60301-3／四六判・４２６頁／定価３９９０円

【執筆陣】

●菅 英輝
●中嶋 啓雄
●大津留（北川）智恵子
●秋元 英一
●初瀬 龍平
●柄谷 利恵子
●土佐 弘之
●油井 大三郎
●B・カミングス
●A・J・ロッター
●野村 彰男
●藤本 博

02

ミッテラン社会党の転換

社会主義から欧州統合へ

吉田 徹 著

フランス社会党はなぜ社会主義の追求から欧州統合促進へ路線を変えたのか。膨大な資料とインタビューなどをもとに、ミッテラン大統領のリーダーシップを通して考察する。

ISBN978-4-588-60302-0／四六判・４１８頁／定価４２００円

【著者略歴】

一九七五年東京生まれ。東京大学総合文化研究科（国際社会科学）博士課程修了（学術博士）。慶應義塾大学法学部卒、日本貿易振興会（ジェトロ）、日本学術振興会特別研究員などを経て、現在は北海道大学法学研究科／公共政策大学院准教授（ヨーロッパ政治史）。

装幀：奥定泰之

郵便はがき

料金受取人払郵便

麹町支店承認

2225

差出有効期間
2010年11月
12日まで

102-8790

206

(受取人)
東京都千代田区九段北三—二—七
法政大学一口坂校舎内

法政大学出版局
営業部行

1028790206

15

通信欄

法政大学出版局 ——《サピエンティア》読者カード

■ご購入の本のタイトル

■ご購入の書店

1.一般書店　2.大学生協　3.無店舗型書店（インターネットオンライン書店など）
4.その他〔　　〕

■ご購入のきっかけ、参考にされた情報（複数選択可）

1.書店で実物を見て　2.広告・記事・書評〔媒体：　　〕
3.小局の案内・チラシ　4.小局のホームページ　5.他のインターネットサイト
6.大学出版部協会のメールマガジン　7.知人のすすめ　8.その他〔　　〕

■興味のある分野（複数選択可）

1.哲学・思想　2.宗教・倫理　3.心理　4.歴史　5.政治　6.法律
7.経済・経営　8.社会　9.教育　10.自然科学　11.文学・言語学　12.芸術
13.その他〔　　〕

■本書についてのご意見・ご感想

ご氏名《ふりがな》　（　　）歳	ご職業
ご住所　〒	
電話：　Eメール：	

＊ご記入いただきました個人情報は厳重に保管のうえ、ご注文書籍の発送と小局の新刊案内等をお送りするために使用し、目的以外での使用はいたしません
＊上のアンケート結果については、ホームページなどで匿名にて紹介させていただく場合がございます（諾・否）
＊小局からの新刊案内等を希望されますか（する・不要）

現代世界の抱える難問《アポリア》を読み解

11月28日発売

03 社会国家を生きる
20世紀ドイツにおける国家・共同性・個人

川越 修・辻 英史 編著

19世紀末から現在に続くドイツ型福祉国家である社会国家の発展を、社会保障の対象とされる人びととの包摂と排除という往復運動のなかに見いだしつつ、多角的に分析する。

ISBN 978-4-588-60303-7／四六判・360頁／定価3780円

04 パスポートの発明
監視・シティズンシップ・国家

ジョン・C・トーピー 著／藤川隆男 監訳

国家が国民の移動手段を合法的かつ独占的に掌握するのに、決定的な役割を果たしたのがパスポートであった。その国際的なシステムの確立過程と現代的な意味を問い直す。

ISBN978-4-588-60304-4／四六判・346頁／定価3360円

11月下旬発売

05 連帯経済の可能性
ラテンアメリカにおける草の根の経験

アルバート・O・ハーシュマン 著／矢野修一・宮田剛志・武井 泉 訳

開発経済論その他の分野で先駆的かつ独創的な業績を残している著者のラテンアメリカ見聞記から、今日のグローバル化のもとで苦闘する人びとによる共生のあり方を考える。

ISBN978-4-588-60305-1／四六判・216頁／定価2310円

12月中旬発売

06 アメリカの省察
トクヴィル・ウェーバー・アドルノ

クラウス・オッフェ 著／野口雅弘 訳

異なる時代にアメリカを旅し、いまなお多大な影響を及ぼし続ける西洋の思想家、トクヴィル、ウェーバー、アドルノは、その地でいったい何を見、体験し、考察したのか。

ISBN978-4-588-60306-8／四六判・200頁／定価2100円

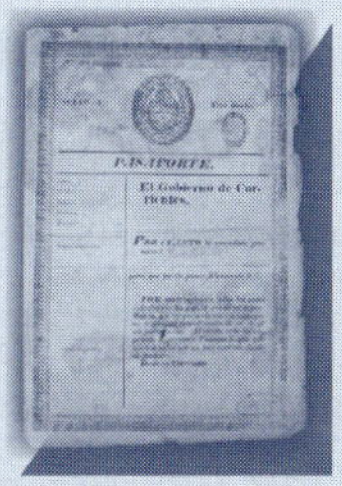

ぶかもしれないが、ヴェトナム戦争は、アメリカの国内戦線を動揺させはしたものの、アメリカの戦い方の筋書き本のなかのひとつの項目でしかなかった。

しかしイラク戦争は、アメリカの対外政策の諸原則を完全に踏みにじるものだ。伝統的な同盟諸国や多国間の協議や行動に対する蔑視、さらには実証済みの封じ込めと抑止のドクトリンの否定に始まり、伝統的な国際法にいう挑発がないのにイラクを攻撃したことで、国連憲章第二条に違反することになった。これによって、戦後の世界体制の立法者は法の違反者となり、こうして、トップダウン方式で世界をいわば弱肉強食の世界にし、数々の予想もできない事態が今日われわれに降りかかってくるようになった。だが、イラン、シリア、レバノンの問題、イスラエルとパレスチナの紛争、世界の石油体制に波及するがゆえに、イラクは、キューバ・ミサイル危機によって全地球の生命が危機にさらされて以来、経験したことがないほど多くの犠牲者や混乱状況を生み出す可能性が高い。そして、現在の混乱をこれ以上悪化させせない方法がないことは明らかである。

五　おわりに

イラク戦争以前からアメリカの戦争には、アメリカの指導者が相手国に「先に攻撃させる」よう仕向けてきた長い歴史があった。この「消極防衛」という戦略は、アメリカが戦争を始める方法となったが、少なくとも米墨戦争にまでさかのぼる。これによってアメリカは、道義的・法律的な正当性を維持したのだが、それは民主的な政治体制においてはとくに重要な条件であった。イラク戦争は、こうしたアメリカのやり方とはまったく違った。それはヴェトナム戦争以来、最悪の危機だったかもしれない。しかしあの戦争は、アメリカの参戦方法の筋書きのなかではまったく異質なものであった。イラク戦争は、アメリカの長きにわたる対外政策の実践と矛盾するだけでなく、ヴェトナム戦争よりもはるかにひどい国際秩序の混乱を招く恐れがある。こうした大失敗によって、大統領は今後、「倒すべき怪物を求めて海外に出て行ってはならない」という、ジョン・クインジー・アダムズの予言ともいえる言葉に耳を傾けるようになるのかもしれない。

註　記

（1） Lawrence Kaplan, "Bush Doctrine Must Survive the Iraq War," *The Financial Times*, October 24, 2006, p. 15.

（2） John Lewis Gaddis, *Surprise, Security, and the American Experience*（Cambridge, Mass.: Harvard University Press, 2004）, Chap. 4（赤木完爾訳『アメリカ外交の大戦略――先制・単独行動・覇権』慶應義塾大学出版会、二〇〇六年）.

（3） Bruce Cumings, *The Origins of the Korean War, II: The Roaring of the Cataract, 1947–1950*（Princeton, N. J.: Princeton University Press, 1990）, Chap. 13 を参照。

（4） David J. Weber in Clyde A. Milner, II, Carol A. O'Connor, and Martha A. Sandweiss, eds., *The Oxford History of the American West*（New York: Oxford University Press, 1994）, p. 59.

（5） D. W. Meinig, *Imperial Texas: An Interpretive Essay in Cultural Geography*（Austin, Texas: University of Texas Press, 1969）, p. 151; Norman Graebner, *Empire on the Pacific: A Study in American Continental Expansion*, 2nd edition（Claremont, Calif.: Regina Books, ［1955］ 1989）, pp. 153–54; David M. Pletcher, *The Diplomacy of Annexation: Texas, Oregon, and the Mexican War* (Columbia, Missouri: University of Missouri Press, 1973), pp. 374–77, 384–86.

(6) Paul Horgan, *Great River: The Rio Grande in North American History* (Hanover, N. H.: Wesleyan University Press, 1984), pp. 605–07, 661–65, 670–71, 705; Robert V. Hine and John Mack Faragher, *The American West: A New Interpretive History* (New Haven, Conn.: Yale University Press, 2000). 同書は、命を落としたアメリカ人の数を一万三〇〇〇人としている (p. 206)。

(7) ヒッチコックとソローは以下で引用されている。Bernard DeVoto, *The Year of Decision* 1846 (New York: Truman Talley Books, [1942] 2000), pp. 110, 213; Thomas R. Hietala, *Manifest Design: Anxious Aggrandizement in Late Jacksonian America* (Ithaca: Cornell University Press, 1985), pp. 156–57, 172; グラントの引用は、Faragher, *The American West*, p. 205 より。

(8) William H. Goetzmann and William N. Goetzmann, *The West of the Imagination* (New York: W. W. Norton & Company, 1986), pp. 168–73.

(9) DeVoto, *The Year of Decision*, pp. 199–200, 223–25, 229–30, 471. 北緯四九度の境界線は、一八四六年六月にブキャナンとパケンハムが結んだオレゴン条約で決まった。

(10) ケネス・ポメランツは、イギリスとヨーロッパでの大西洋貿易の影響を叙述するためにこの言葉を用いている。Kenneth Pomeranz, *The Great Divergence: China, Europe, and the Making of the Modern World Economy* (Princeton, N. J.: Princeton University Press, 2000), p. 23.

(11) Samuel W. Bryant, *The Sea and the States: A Maritime History of the American People* (New York: Thomas Y. Crowell Company, 1947), pp. 277–79; Commodore M. C. Perry, *Narrative of the Expedition to the China Seas and Japan, 1852–1854*, Francis L. Hawks, ed. (Washington, D. C.: Congress of the United States, 1856; Dover Publications Reprint, 2000), pp. 235, 238; Michael Adas, *Dominance by Design: Technological Imperatives and America's Civilizing Mission* (Cambridge, Mass.: Harvard University Press, 2006), pp. 2–5. Hiroshi Mitani, *Escape from Impasse: The Decision to Open Japan* (translated by David Noble; edited by Nihon Rekishi Gakkai, Tokyo: International House of Japan, 2006) (原著は、

三谷博『ペリー来航』新装版、吉川弘文館、二〇〇三年）は、戦争になる恐れを含めて、ペリーが日本側からどのように見えていたのかを示している。

（12） Adas, *Dominance by Design*, pp. 90–91; Arthur Powell Dudden, *The American Pacific: From the Old China Trade to the Present*（New York: Oxford University Press, 1992）, p. 24. シュワードの引用は p. 61 より。

（13） ソローとホイットマンの引用は、Kris Fresonke, *West of Emerson: The Design of Manifest Destiny*（Berkeley, Calif.: University of California Press, 2003）, pp. 128, 134, 154 より。メルヴィルとホイットマンの引用は、DeVoto, *The Year of Decision*, pp. 26, 38 より。

（14） DeVoto, *The Year of Decision*, p. 214.

（15） Henry Nash Smith, *Virgin Land: The American West as Symbol and Myth*（Cambridge, Mass.: Harvard University Press, 1950）, pp. 186–87. ヴァジニア大学のアメリカ研究グループが作成した、インターネット上で入手できる電子テキストである。

（16） Charles F. Lummis, "The Right Hand of the Continent," *Out West*（June 1902–July 1903）は、Dudley Gordon, *Charles F. Lummis: Crusader in Corduroy*（Los Angeles: Cultural Assets Press, 1972）, pp. 195–96 で引用されている。

（17） Ivan Musicant, *Empire by Default: The Spanish–American War and the Dawn of the American Century*（New York: Henry Holt and Company, 1998）, pp. 117, 125, 137–40, 144; Russell F. Weigley, *History of the United States Army*（New York: Macmillan Company, 1967）, pp. 173, 290–91, 568.

（18） Anders Stephanson, *Manifest Destiny: American Expansionism and the Empire of Right*（New York: Hill and Wang, 1995）, pp. 75–78; Musicant, *Empire by Default*, pp. 210, 250–51; David F. Trask, *The War with Spain in 1898*（Lincoln, Neb.: University of Nebraska Press,［1981］1996）, pp. xii–xiii; Fred Anderson and Andrew Cayton, *The Dominion of War: Empire and Liberty in North America, 1500–2000*（New York: Viking, 2005）, pp. 318, 327–37; Lewis L. Gould, *The Spanish–American War and the Presidency of William McKinley*（Lawrence, Kan.: University Press of Kansas, 1980）, pp. 20, 35, 110.

（19） ウィリアムズの引用は、Walter LaFeber, *The American Age: United States Foreign Policy at Home and Abroad since 1750*（New York: W. W. Norton & Company, 1989）, p. 161（久保文明ほか訳『アメリカの時代――戦後史のなかのアメリカ政治と外交』部分訳、芦書房、一九九二年）。

（20） シャフターの引用は、Anderson and Cayton, *The Dominion of War*, p. 336 より。ルートの引用は、Brian McAllister Linn, *The U. S. Army and Counterinsurgency in the Philippine War, 1899–1902*（Chapel Hill, N. C.: University of North Carolina Press, 1989）, p. 23 より。リンは、反政府分子が「テロ行為」をおこなっていたということをなんとか示そうとし、これによってアメリカの残虐な対抗措置を正当化しようとしているように思われるが、それは一世紀を経た今日の議論と似た響きをもっている。*Ibid.*, pp. 18–19, 161.

（21） Gerald F. Linderman, *The Mirror of War: American Society and the Spanish–American War*（Ann Arbor, Mich.: University of Michigan Press, 1974）, p. 34; Trask, *The War with Spain*, pp. 99–101; Gould, *The Spanish-American War and President McKinley*, pp. 1, 12–14, 60–61; Howard Beale, *Theodore Roosevelt and the Rise of America to World Power*（Baltimore, Md.: Johns Hopkins University Press, 1956）, p. 6; Musicant, *Empire by Default*, pp. 220–21, 226.

（22） David Healy, *U. S. Expansionism: The Imperialist Urge in the 1890s*（Madison, Wis.: University of Wisconsin Press, 1970）, pp. 62–65. セオドア・ローズヴェルトの引用は、LaFeber, *The American Age*, p. 190 より。

（23） Marilyn Blatt Young, "American Expansion, 1870–1900: The Far East," in Barton Bernstein, ed., *Towards a New Past: Dissenting Essays in American History*（New York: Vintage Books, 1967）, pp. 180–81, 187; LaFeber, *The Clash*, pp. 76–77; Thomas J. McCormick, *China Market: America's Quest for Informal Empire, 1893–1901*（Chicago: Quadrangle Books, 1967）, pp. 193–94.

（24） Walter LaFeber, *John Quincy Adams and American Continental Empire: Letters, Papers and Speeches*（Chicago: Quadrangle Books, 1965）, pp. 42–46. 強調は原文のまま。

（25） 引用は、Charles Beard, *President Roosevelt and the Coming of the War, 1941: A Study in Appearances and Realities*（New Haven, Conn.: Yale University Press, 1948）, pp. 244–45, 418, 519, 526–27 より。フランクリン・ローズヴェルト

は、日本との全面戦争を望んでいなかったし予想もしていなかったが、宣戦布告なき戦争によって、アメリカはさらに動員できることになると判断したといえるかもしれない、とシェリーは結論づけている。Michael S. Sherry, *The Rise of American Air Power: The Creation of Armageddon*（New Haven, Conn.: Yale University Press, 1987）, p. 114.「引き結び」（slipknot）という絶妙なメタファーについては、LaFeber, *The Clash*, pp. 182–90を参照。

（26）Terence McComas, *Pearl Harbor Fact and Reference Book*（Honolulu: Mutual, 1991）, p. 107.

（27）Princeton Seminar, July 8–9, 1953, Acheson Papers, Harry S. Truman Library. 引用は、Walter LaFeber, *America, Russia, and the Cold War, 1945–2002*, updated 9th edition（New York: McGraw Hill, 2002）, p. 103より。

（28）Truman Library. NSC file, Box 205, NSC 37/5 deliberations, Mar. 3, 1949.

（29）このあらましについては、Cumings, *The Origins of the Korean War, II*, Chapters 12–13で論じている。

（30）Dan Balz and Bob Woodward, "America's Chaotic Road to War: Bush's Global Strategy Began To Take Shape in First Frantic Hours After Attack," *Washington Post*, January 27, 2002.

第3章　ローズヴェルト系論の対外政策

カリブ地域における軍事介入

中嶋　啓雄

一　はじめに――ブッシュ（ジュニア）外交との比較

イラク戦争開始直前の二〇〇三年三月一七日、ジョージ・W・ブッシュ大統領はフセイン大統領に対して、四八時間以内のイラクからの亡命が戦争回避の残された唯一の手段だ、とテレビを通じて「最後通告」した。当日の夜、アメリカの公共放送協会（PBS）は、看板のニュース番組にアメリカ政治外交史研究の重鎮ロバート・ダレク、『民衆のアメリカ史』（一九八〇年）の著者として知られるハワード・ジンらをコメンテーターとして招いた。司会者からアメリカ史上、このような「最後通告」の例が存在したか問われたダレクはやや回答に苦しみ、ジンは「アメリカ史における恥辱の時」（a shameful moment . . . in American history）と答えた。しかしながら、著名な外交史家ダイアン・クンズは、ブッシュ大統領を「ウィルソン主義的諸原則」（Wilsonian principles）に則っているとして擁護した[1]。

九・一一以降、先制攻撃戦略を掲げたブッシュ大統領を第一次世界大戦参戦に際して、「世界は民主主義のために安全にされなければならない」と主張したウッドロー・ウィルソン大統領になぞらえるのは奇異にも思える。だが、そのことに理由がないわけではない。イラク戦争開戦の一カ月あまり前の二月末、ブッシュ大統領は、イラクの民主化をきわめて楽観視する演説をしていたからである。ちなみに演説の場は保守系のシンクタンク、アメリカン・エンタープライズ研究所が新設した新保守主義者(neoconservative)、いわゆるネオコンの「父」的存在であるアーヴィング・クリストルの名を冠した賞の授賞式を兼ねた晩餐会であった。この演説は、全米三大ネットワークのひとつＡＢＣなどの夕方のニュースでも生中継された。(2)

また、ブッシュ大統領が二〇世紀初めに大統領を務め、武力行使も辞さないいわゆる「棍棒外交」(big stick diplomacy)で知られたセオドア・ローズヴェルトの伝記を愛読し、彼を尊敬していることはたびたび報じられてきた。すでに前任のビル・クリントン大統領の国家安全保障担当補佐官サンディ・バーガーも、「現在のアメリカは、いかなる尺度で見ても他を寄せつけない圧倒的な軍事・経済パワーであり、セオドア・ローズヴェルト大統領の時代以来初めて、平時において世界に影響力を広げつつある」と述べていた。(3)

こうしたなかでアメリカでは、ブッシュ(ジュニア)政権の対外政策をアメリカ外交史上、どのように位置づけるのか、とくにローズヴェルト、ウィルソン両政権の対外政策との比較をめぐり、学界の内外で議論が盛んである。たとえば、ネオコンとみなされる『ウォールストリート・ジャーナル』紙の元論説委員マックス・ブートは、「ジョージ・ウィルソン・ブッシュ」と題した論説を発表し、ブッシュ外交を「硬いウィルソン主義」(hard Wilsonianism: 武力行使をともなうウィルソン主義)と形容している。[4] 代表的冷戦史家ジョン・ギャディスも近著『驚愕、安全保障、そしてアメリカの経験』において、ローズヴェルト、ウィルソンはもちろん、一八二三年、モンロー・ドクトリン、すなわち南北アメリカとヨーロッパの相互不干渉を表明したモンロー政権の国務長官を務めたジョン・クインジー・アダムズ——しばしば「もっとも偉大な国務長官」と形容される——の対外政策との類似性さえ指摘して、ブッシュ外交を擁護すると同時に、それが決してアメリカ外交の伝統からの逸脱ではないことを強調している。ギャディスは先制（preemption）、単独主義（unilateralism）、覇権（hegemony）は一九世紀以来、アメリカ外交の三原則だと主張するのである。[5]

他方、ラテンアメリカ史家のグレグ・グランディンは近著『帝国の仕事場』において、ローズヴェルト、ウィルソン両政権の対外政策もブッシュ（ジュニア）政権の対外政策もともに帝国主義的だとして、否定的な意味で双方の継続性を主張する。[6] また、「ジョージ・W・ブッシュがセオドア・ローズヴェルトとウッドロー・ウィルソンから学びうること」との副題がつけられたジョン・B・ジュディス『帝国の愚かさ』は、国際法の遵守や条約の尊重といった二〇世紀初めのアメリカ外交の特色がブッシュ外交には決定的に欠けていることを厳しく批判している。[7] アメリカ外交史学会のニューズレター『パスポート』も、前述のギャディスの著書に関する特集を組んで、アンドリュー・ロッターやリチャード・イマーマンといった冷戦史家たちが問題点を指摘している。[8] さらにウィルソン外交研究で知られるロイド・アンブローシウスは、アメリカ外交史学会の『外交史』誌にウィルソン外交とブッシュ外交を比較する論文を発表している。彼によれば、ジュディスがウィルソン外交の多国間主義的側面を理想化しているのは事実だが、ブッシュ（ジュニア）外交はウィルソン外交に顕著な「思慮」（prudence）を欠いている。[9] 東西冷戦の終焉に際して、自由民主主義を擁護した「歴史の終焉」の議論で知られ、従来、ネオコンのひとりとみなされてきたフランシス・フクヤマも最近、「現実主義的ウィルソン主義」を主張するようになった。[10]

本稿は、いわゆるモンロー・ドクトリンのローズヴェルト系論によって正当化された、広くカリブ地域（the Caribbean Basin）（カリブ海島嶼、中央アメリカおよびメキシコ湾岸）におけるたび重なるアメリカの軍事介入＝「バナナ戦争」——世紀転換期以来、ユナイテッド・フルーツ社などがこの地域に広く展開したバナナ栽培にちなむ——を概観したうえで、それを今日のアメリカ外交と比較し、二一世紀におけるアメリカの戦争と世界秩序形成の試みに対して、何らかのインプリケーションを導き出すことを目的としている。主に扱う時代は、米西戦争（一八九八年）からフランクリン・ローズヴェルト大統領によるラテンアメリカに対する善隣外交（Good Neighbor Policy）の始まり（一九三〇年代前半）までである。付言すれば、いわゆる「テロとの戦い」（War on Terror）のなかで、テロの容疑をかけられた者が明確な法的根拠もなく収容されているキューバのグアンタナモ基地——米西戦争の結果、獲得したアメリカ史上、初の海外基地——は、アメリカ文化史家エイミー・カプランが主張するように、本稿が扱う時代と現在との交錯をまさに象徴する場だといえよう。[11]

なお、二〇世紀初めと今日のアメリカ外交を比較する際、本稿では四つの要素を考慮する。①民主化（セオドア・ローズヴェルトの表現では「文明（civilization）」化）の推進＝自由主義的国際主義、②（民族人種的・宗教的偏見にもとづく）武力行使、③国際秩序の尊重（パワー・バランスの考慮、国際法の遵守、条約の尊重、多国間主義〔multilateralism〕）、④経済的利益の追求がそれである。

二　米西戦争と「棍棒外交」

中南米における初めての本格的な軍事介入である米西戦争に関しては、一〇〇周年に前後していくつかの新しい研究が現われた。そのなかには、クリスティン・L・ホーガンソン『アメリカの男らしさのための戦い』のようにジェンダー（社会的に意味づけられた男らしさ・女らしさ）の概念を用いて、国内において婦人参政権運動に直面するようになった男性が、社会的優位を保つために戦争を始めたという斬新な解釈を提示しているものもある。[12] 米西戦争の原因については、著名なアメリカ史家リチャード・ホーフスタッターの著作[13]をはじめとして、いくつかの古典的な研究があるが、ここでは触れない。本稿で指摘すべきことは、この戦争におけるアメリカ政府の当初の目的と実際の帰結とのあいだの大きな矛盾であろう。

一八九八年四月二〇日、連邦議会の宣戦決議はアメリカがキューバに対して、「いかなる主権、司法権ないし影響力を行使する傾向あるいは意図を否定する」としていた。その直前の四月一一日、ウィリアム・マッキンリー大統領はスペインの圧政からのキューバ解放という「人道の名のもとに、文明の名のもとに」宣戦すると演説していた。〝斜陽の帝国〟スペインとの戦闘がわずか四カ月足らずで終了し──国務長官ジョン・ヘイは「素晴らしい小戦争」（Splendid Little War）と呼んだ──、一二月にパリ講和条約が調印されてから一年後にも、マッキンリー大統領は「新しいキューバ、自由なキューバ」への期待を表明していた。しかしながら、パリ講和条約にもとづきキューバ人の人権や財産を守る「国際的義務」は、アメリカのキューバに対する内政干渉にしだいにつながっていった。

キューバ占領にあたって強い影響力を行使したのは、陸軍長官エルフ・ルートと第二代軍事総督レオナード・ウッドであった。一九〇一年二月、ルートはウッドに宛てて、以下のような内容の訓令を送った。①モンロー・ドクトリンの一系論である非譲渡（no-transfer）の原則のキューバへの適用（「合衆国はいかなる状況のもとでも、スペイン以外のいかなる外国もキューバ島を領有することを認めない」）、②キューバ人の劣等性（「かの国〔＝アメリカ〕がキューバに保証した独立」、キューバ人の「非常な不能」、「キューバ独立の保護者」としてのアメリカ、アメリカとキューバとの「特別な関係」への言及）、③キューバ憲法制定会議への介入（「合衆国は介入権を保留、保持する」、「合衆国は、海軍駐留のために土地の所有権を得ることができる」）。[14]

これに対して、黄熱病対策など、キューバの衛生状態の改善に力を注いだウッドは、次のように返信した。彼によれば、キューバ人の衛生問題への対処は「完全で完璧な仕方ではまったくない」。「この政府は短命に終わり、続いて何らかのかたちで〔アメリカに〕併合されるであろう」というのであった。[15]そして、ウッドは米軍駐留の存続を脅しに使って、アメリカによるキューバ介入の権限を規定した陸軍予算案のプラット修正（Platt Amendment）（一九〇一年三月）を憲法に挿入することを、過半数ぎりぎり（一票差）で彼が議長を務めた制定会議に認めさせた。[16]こうして一九〇二年、キューバは事実上、アメリカの保護国として独立し、さらに翌一九〇三年には同国の保護国化がアメリカとのあいだの条約でも定められ、また、アメリカはこの条約でグアンタナモ基地を獲得することとなった。その後、キューバ経済はその主柱の砂糖産業をはじめとして、アメリカ資本によって独占的に支配されることになる。また、一九〇六年、一九一二年、一九一七年と三度、政情不安を理由にアメリカはキューバに軍事介入した。

さて、一九〇一年九月のウィリアム・マッキンリー暗殺後、副大統領から史上最年少（四二歳）で大統領に昇任したローズヴェルトは、第二次ベネズエラ危機（一九〇二～〇三年）に際して、はじめてその「棍棒」を用いた。当時のベネズエラは対外債務の不履行に陥っており、一九〇二年、ドイツ、イギリス、イタリア（二次的な役割しか果たさなかった）が、債務取り立てのために軍艦で押し寄せ実力行使に出る「砲艦外交」(gunboat diplomacy) を展開した。その際、アメリカの艦隊が沿岸で演習をおこない、独英伊三国は、この案件を仲裁裁判に付すことに同意した。[17]

すでに一八九五年、ベネズエラ－英領ギアナ間の国境紛争に際して、時の国務長官リチャード・オルニーは「合衆国は事実上、この大陸における主権者である」とイギリスに警告していた[18]（モンロー・ドクトリンのオルニー系論《コロラリー》）。そのイギリスは、今回も譲歩せざるをえなかった。一九〇二年一二月、クランボーン卿は、外務省を代表して下院で次のように述べた。アメリカが「そのドクトリン（＝モンロー・ドクトリン）を維持するのを助けることを、イギリス以上に切望する国は世界にありませんでした」[19]。さらに、翌一九〇三年の二月には、アーサー・ジェームズ・バルフォア首相が、「この国にモンロー・ドクトリンの敵はおりません……モンロー・ドクトリンは……まったく問題とはなっておりません」と宣言した[20]。他方、ドイツは仲裁を受け入れたものの、より強硬であった。ドイツには、モンロー・ドクトリンは「アメリカの傲慢さの特別な現われ」（『ハンブルガー・ナハリヒテン』紙（一八九六年二月九日[21]）との見解が存在したからである。

時を同じくして、ローズヴェルト政権はパナマ地峡の租借をめぐって、運河建設反対派のコロンビア大統領ホセ・マロクインと交渉中であった。ようやくパナマ地峡を租借する条約の調印にこぎつけたのもつかの間、一九〇三年八月、コロンビア議会上院が全会一致でその批准を拒否すると、ローズヴェルトは武力に訴えることとなる。「千日戦争」（一八九九〜一九〇二年）と呼ばれるコロンビアの内戦の後も、パナマ地方では自由主義派が勢力を維持し、たしかに住民の多くが運河建設を望んでいた。そうしたなかで、同年一一月三日、アメリカの軍艦が地峡の大西洋岸に入港した翌日、パナマに「革命」が起こり、ローズヴェルト政権は即座にパナマのコロンビアから独立を承認した。一一月一八日には、パナマとのあいだにフランス人投機家フィリップ・ビュノー゠ヴァリラを介してヘイ・ビュノー゠ヴァリラ条約が締結され、パナマ地峡の永久租借が約束された[22]。ビュノー゠ヴァリラは、スエズ運河を開削したフェルディナン・ド・レセップスを中心に運河建設を試みて破産したパナマ運河会社にかつて勤務し、当時、新パナマ運河会社に多大な影響を及ぼしていた人物であった。

一九一一年三月、『ニューヨーク・タイムズ』紙が、ローズヴェルトはカリフォルニア大学バークレー校における演説で「私は運河地帯を獲得した」（I took the Canal Zone）と豪語したと報じて[23]、この言葉は一躍有名になった。だが、演説の最終原稿によれば、彼は実際には、「私は〔パナマ〕地峡に出かけて、運河を始めた」と述べただけであった[24]。しかしながら、ローズヴェルトの強引な手法は、南北アメリカにおけるアメリカの覇権を内外に強く印象づけたのである。ローズヴェルトの演説から三年あまりたった一九一四年八月、大西洋と太平洋を結ぶパナマ運河はついに完成した[25]。

ところで、ローズヴェルトは一九〇四年一二月の年次教書でドミニカ共和国の対外債務の不履行を念頭に、中南米諸国の「慢性の悪行」に対して「文明国」、すなわちアメリカが「国際警察権」（international police force）を行使すべきことを主張した。オルニー系論《コロラリー》にその原型を見いだすことができるこうした主張は、翌年の年次教書でもふたたび説かれて、モンロー・ドクトリンのローズヴェルト系論《コロラリー》と呼ばれるようになる。[26] 実際に一九〇六年、大統領選挙に続く政情不安に際して、ローズヴェルトはキューバに海兵隊を派遣し、チャールズ・マグーン総督を長とする暫定政府を組織して、一九〇九年までの三年間、同国をアメリカが直接統治した。

近年、リチャード・S・コリンのようなローズヴェルト外交研究者は、二〇世紀初めのアメリカの対外関係を従来用いられてきた「覇権」に代えて、「共生」（symbiosis）という概念を用いて説明しようとしている。たしかに「棍棒外交」の典型と見なされるパナマ運河の建設ひとつとっても、そこには千日戦争やその後のマロクインのアメリカに対する不可解な外交、ビュノー＝ヴァリラの介在など、アメリカの介入という要素以外にも考慮すべき問題は多く存在する。その点、コリンが主張するとおり、そうした歴史的文脈を無視して、アメリカ外交を一方的に非難する姿勢には無理がある。[27] アメリカ外交史家フランク・ニンコヴィッチが指摘するように、ローズヴェルトがアメリカの国益からだけではなく、「文明」化をも理由に軍事介入を正当化したのもまた真実であろう。[28] しかしながら、本節でみてきたように、米西戦争から第一次世界大戦参戦まで、カリブ地域に対するアメリカの軍事介入を正面からとりあげたデイヴィッド・ヒーリー『覇権への猛進』[29]でも用いられる覇権概念は、カリブ地域に対するアメリカの政策を考察するうえで、いまなお一定程度の有効性をもっていよう。[30]

三　タフト、ウィルソン両政権による介入

周知のように、ウィリアム・タフト大統領の対外政策は「ドル外交」（dollar diplomacy）と形容される。前政権と異なり、タフト政権は経済的利益の追求に重きをおく（タフト自身の言葉を借りれば、「弾丸に代えるにドルをもってする」）のであった。その「ドル外交」の原型ともいうべきものが、一九〇五年に行政協定として成立し、二年後には条約化されたドミニカ共和国の税関管理である。[31] このことによって、欧米諸国に対して債務不履行に陥っていたドミニカ共和国の経済的主権の重要部分――関税収入はドミニカの主要な財源であった――は事実上、アメリカに委譲されるとともに、同国の金融機関から借款が供与されて、その経済的影響力は著しく増大した。

だが、「ドル外交」はニカラグアの内戦（一九〇九～一二年）に際して功を奏さず、結局、一九一二年八月に海兵隊が派遣されて、その後、一九二五年まで一〇〇人規模ではあったが、アメリカ公使館警備を名目に首都マナグアに駐屯することとなった。こうしたなかで、ニカラグア政府はアメリカの金融機関から借款を供与され、その担保としてそれらの金融機関は国有鉄道を保有し、また、国立銀行の株式の半数以上を取得した。[32] ニカラグア介入の三カ月前の一九一二年五月には、キューバにおけるアフリカ系（黒人）政党による反乱に際しても、海兵隊が派遣されていた。

共和党のローズヴェルト、タフトに続いて、大統領に就任したのは前任の二人とともに革新主義的大

統領として知られ、理想主義者のイメージが強い民主党のウィルソンであった。ウィルソンの対外政策は「宣教師外交」(missionary diplomacy: 代表的ウィルソン研究者アーサー・リンクの言[33])と形容されるが、三者の政権のなかでもっとも頻繁にカリブ地域に軍事介入したのは彼の政権であった[34]。その主要な目的はウィルソンの言葉を借りれば、「南米人に善人を選挙で選ぶことを教える[35]」ことであった。

ウィルソンはまずメキシコ革命(一九一〇〜一七年)勃発後、フランシスコ・マデロ大統領を暗殺したビクトリアーノ・ウェルタ軍事政権を承認せず、イギリスにも働きかけて同政権の承認を撤回させた。一九一三年四月には、石油で潤う町タンピコでアメリカの水兵たちが一時的に拘束される事件が発生して、米墨関係は緊張する。そして一年後の一九一四年四月、独裁者ポーフィリオ・ディアスが亡命したドイツ船「イピランガ号」——間もなくウェルタ自身もこの船で亡命する——が武器・弾薬を積んでメキシコ湾岸のベラクルス港に接近すると、ウィルソン政権は同港を占領した[36]。「ドイツの手先が間違いなくメキシコで動いてきた」(国務長官ロバート・ランシングの一九一五年七月付けメモ[37])ことを危惧するゆえの介入であった。

ウェルタ政権は三カ月後、文民政治家ベナスティアーノ・カランサによって打倒された。しかし、翌一九一五年一一月、ウィルソン政権がカランサ政権を事実上承認すると、それに怒った盗賊出身のカランサの政敵パンチョ・ヴィリャに率いられた一団は一九一六年三月、ニューメキシコ州コロンバスを襲撃して、一七人のアメリカ人を殺害した[38]。ヴィリャ懲罰のために、すぐにジョン・パーシング将軍に率いられた部隊が、国境を越えてメキシコ領内に入った。だが、翌四月、パーシングは上官に対して次のように打電していた。「ヴィリャ捕捉には、小規模の縦隊と組織的諜報機関による何カ月にも及ぶ困難な仕事が必要であろうことが、いまや明らかです」[39]。

コロンバスを襲撃した四八五名のうち、最終的にパーシング部隊により一九名が捕捉、二七三名が殺害され、また一〇八名が負傷した。なお、メキシコ政府によって、恩赦を与えられた者も一六八名にのぼった。しかしながら、一九一七年一月、同部隊はヴィリャを含む二五名を捕捉・殺害できずにメキシコを後にした[40]。南北戦争後、アパッチ族やスー族と戦うことで軍人としてのキャリアを形成し、米西戦争後、アメリカ領となったフィリピンではモロ族鎮圧にあたり、第一次世界大戦でヨーロッパ遠征軍の司令官を務めることになるパーシングをもってしても、ウィルソン政権はヴィリャ懲罰に失敗してしまったのである[41]。

メキシコの次にウィルソン政権が軍事介入することになったのは、イスパニョーラ島に並んで位置するハイチとドミニカ共和国であった。一九一一年以来、両国では政情不安や政変が絶えなかった。そうしたなかでアメリカは、たとえばハイチについては、ドイツのプレゼンスに対抗して、旧宗主国フランスの首都パリに本部を置く国立銀行（Banque）への影響力の拡大を図った[42]。第一次世界大戦勃発後は、ドイツの脅威がとくに強く感じられるようになった。ランシング国務長官は、「ドイツ人は……ハイチとサン・ドミンゴ〔ドミニカ共和国の旧称〕で活動しているように思われる」[43]と、先に引用したメモで述べていた。

一九一五年七月、ハイチに海兵隊が派遣され、同国は米軍占領下の保護国になった。それは翌一九一六年のアメリカとハイチとのあいだの条約によって、国際法上も正式のものになった。ただし、この条約は海兵隊の伝説によれば、米西戦争以来、ニカラグア内戦に対する干渉やベクルス占領に参加し、すでにカリブ地域に対するアメリカの軍事介入を象徴する人物となっていた海兵隊員スメドリー・バトラーが、官邸の化粧室に隠れたフィリップ・スードル・ダルティギュナーヴ大統領に無理やり署名させたものだという[44]。ランシング国務長官はウィルソン大統領に宛てて、次のように記している。

われわれの海兵隊がハイチの首都を警備している状況下、この交渉の方法は高圧的だと思います。これは私の国家主権の認識に合致しませんし、多かれ少なかれ力の行使であり、ハイチ独立の侵害であります[45]。

そのハイチにおいて、海兵隊はもっとも長く駐屯し、ようやく一九三四年に同国から撤退した。二〇世紀前半のカリブ地域で、最後までアメリカ軍が駐屯したのがハイチだったのである。同国の財政は、実に戦後の一九四七年までアメリカによって統制された。それだけに、ハイチはハンス・シュミットが指摘したように、テクノクラシー的・物質主義的側面をもっていた革新主義運動の実験場として、さらにいえば、メアリー・レンダの近著が強調するアメリカの諸外国に対する家父長主義《パターナリズム》の好例として注目に値する[46]。事実、アメリカ軍はハイチにおいて行政改革や公衆衛生改善、インフラ整備に努め、サーヴィス・テクニーク（Service Technique）と名づけられた工業や農業のための専門学校を創設した。

また、ハイチに海兵隊が派遣された一年後の一九一六年七月、ドミニカ共和国の首都サンチャゴは海兵隊に占領され、同国は一九二四年まで占領下に置かれた（一九一六年一一月から一九二二年一〇月までは軍政が敷かれた）。そして、財政の健全化やインフラ整備が推進された。ウィルソン政権は一九一七年、大統領選挙の結果を不服とする自由党の反乱に際して、キューバにも海兵隊を派遣した。

四　カリブ地域からの〝出口戦略〟と介入の負の遺産[47]

前節にみたとおり、ウィルソン政権は続けざまにメキシコ、ハイチ、ドミニカ共和国、キューバに軍事介入した。だが、第一次世界大戦後、「平常への復帰」(Back to Normalcy) が唱えられ、さらに、一九二九年、大恐慌がアメリカ経済を壊滅的な状況に陥れると、アメリカはカリブ地域からの撤退を本格的に模索するようになった。第一次世界大戦後、南北アメリカに対するドイツの脅威が大幅に減退したことも、撤退論に拍車をかけた。そうしたなかで、アメリカ政府がカリブ地域に残そうとしたものは、治安維持を目的とした国家警備隊と民主主義、すなわち〝自由選挙〟であった。

まず、ドミニカ共和国の事例からみてみたい。ドミニカでは一九一七年、ペンシルヴェニア州騎馬警察をモデルとして、国家警備隊 (Guardia Nacional) が創設された。また、一九二一年には、ハイナ軍事アカデミー (Haina Military Academy) も開校した。こうした試みは、同国の警察・軍隊組織を整備したと同時に下層階級の人々に新たな機会を提供して、社会的流動性を一定程度増大させた。しかしながら、ハイナ軍事アカデミーの開校当初の卒業生には、後の独裁者レオニダス・トルヒーヨがおり、国家警備隊は一九三〇年のトルヒーヨの大統領就任後、息子のラファエルの代まで三〇年以上続く独裁の道具になってしまった[48]。ようやく一九六一年、トルヒーヨ独裁が終焉し、非トルヒーヨ化 (de-

Trujilloization）が始まるが、一九六五年の政情不安に際し、こんどは国際共産主義の脅威が強調されて、リンドン・ジョンソン政権下、ふたたびアメリカはドミニカに軍事介入することになるのであった。

つぎにニカラグアの事例をみてみると、すでに触れたように、一九二五年にいったん海兵隊はニカラグアから撤退していた。だが、その直後から革命軍の蜂起により国内は内戦状態になり、翌一九二六年、ふたたびアメリカ軍が介入することとなった。これに対して、アウグスト・サンディーノ率いる一団は、ゲリラ戦法で徹底的に抵抗した（サンディーノ戦争）。また、同時期、中南米のなかでもとくにメキシコが左傾化するなかで、ニカラグアに対するコミンテルン（第三インターナショナル）の影響も、クーリッジ政権とそれに続くフーヴァー政権を悩ませた(49)。

そうしたなかでも一九二七年、国家警備隊が創設され、一九二八年と一九三二年には米軍監視下で選挙が実施された。ただし、選挙監視団は、いつ終わるとも知れないサンディーノ戦争に忙殺される海兵隊ではなく、陸軍を中心に組織された。これらの選挙は、政党マシーンを利用したボス政治の弊害が根強く残っていた、同時代のアメリカ国内の大都市の選挙よりも透明性が高かったともいわれる。事実、一九二八年の大統領選挙に勝利したハーバート・フーヴァーは、ニカラグアの選挙規定が採用されれば、ニューヨーク市政はましになるかもしれないと漏らしていた(50)。選挙監視に尽力したのは、タフト政権で陸軍長官を務め、まもなくフィリピン総督、さらにはフーヴァー次期政権の国務長官に就任するヘンリー・スティムソンであった。彼はアメリカ軍の介入が始まった翌年の一九二七年、内戦終結を目的とした使節団の長として早くもニカラグアを訪れていた。このようにアメリカ政府は、ニカラグアに民主主義を根づかせ、国家警備隊が海兵隊に代わり治安維持に当たるかたちでニカラグアからの撤退を模索した。ニカラグア人将校養成のために、ハイチ同様の軍事学校も創立された。ニカラグアを「小さな合衆国」にするのが、「アメリカの夢」だったのである。[51]

しかし、フーヴァー政権末期の一九三三年一月、サンディーノ捕捉に成功することなく、アメリカ軍は撤収を余儀なくされることになった。サンディーノ戦争が「ジャズ・エイジのヴェトナム戦争」、「最初の第三世界の泥沼」[52]と呼ばれる所以である。その際、国家警備隊司令官に任命されたのが、アナスタシオ・ソモサ・ガルシアであった。彼は、スティムソンがニカラグアを訪問した際に通訳を務めた、米軍介入の〝協力者（collaborator）〟のひとりであった。スティムソンは、ソモサの印象を「とても率直」で「好ましい」と述べている。[53]ソモサは一九三六年に大統領に「選出」されて独裁体制を敷き、それは息子のデバイルに継承された。「ソモサ王朝」は一九七九年に倒れるが、その後、政権を奪取したのは、その名をサンディーノに由来するサンディニスタ民族解放戦線（ＦＳＬＮ）であった。だが、周知のように一九八〇年代、レーガン政権はサンディニスタ政権打倒を目的として、ホンジュラスに亡命したニカラグア人の武装組織コントラを支援することとなる。さらに、コントラ支援に携わった者たちの一部は、後にイラク戦争にも関わる。[54]

最後に、アメリカの正式な保護国となり、カリブ地域における政治・社会改革の試みの典型的な例であったハイチについて述べておきたい。結論から述べれば、それは結局、失敗に終わったといえよう。元来、改革の背景にアフリカ系（黒人）やムラートから構成されるハイチ国民に対する人種的偏見があったうえ、最終的に行政・軍事・警察各機構の「ハイチ化」（Haitianization）も思うようには進まなかった。もちろん、改革の成果がまったく上がらなかったわけではない。社会的流動性は増大し、ムラートのエリート主義にアフリカ系（黒人）が対抗することが可能となった。旧来のナポレオン法典に縛られていた女性の法的立場も改善された。そうしたなかで、ハイチは第二次世界大戦後、しばらくのあいだアメリカとの関係が比較的良好な数少ないカリブ地域の国々のひとつであった。しかしながら、三〇年近くに及んだ米軍占領期の改革はしだいに時代遅れになってしまう。一九五七年、「パパ・ドク」・デュバリエ大統領の独裁が始まると、他のカリブ地域の国々同様、創設された警備隊（Guarde、米軍占領中は Gendarmerie と呼称された）は、やはり、その支配の道具になってしまった。[55]この独裁体制は、息子の「ベビー・ドク」・デュバリエに引き継がれ、一九八六年の民衆蜂起まで続いた。

その後も政情不安は続くが、一九九〇年、国連監視下の選挙でジャン＝ベルトラン・アリスティドが大統領に選ばれた。彼は翌年、軍事クーデターにより亡命を余儀なくされるが、一九九四年、クリントン政権は「民主主義擁立作戦」（Operation Uphold Democracy）の名のもと、ハイチにアメリカ軍を派遣した。

五　おわりに——今日のアメリカ外交へのインプリケーション

これまでみてきたように、世紀転換期から一九三〇年代にかけて、アメリカによるカリブ地域への軍事介入は一時的に成果を上げたものの、中・長期的には失敗に終わったといえよう。政治学者であったウィルソン自身、プリンストン大学学長を務めていた一九〇八年、自著『合衆国における憲政』のなかで次のように記していた。

私たちは彼らに自治を与えることはできません。自治は、いかなる国民にも「与えられる」ものではありません。なぜならば、それは国民性の一形態であり、憲政の一形態ではないからです。[56]

一九二〇年代から国務省のラテンアメリカ専門家として活躍し、後に学者に転じたダナ・G・ムンローも、米軍介入を扱った自著を「安定した民主的政府は、忠告や外部の圧力によって押しつけることはできない」と結んでいる。[57] 実際、一九三〇年代以降、時には「選挙」を通じて、カリブ地域に独裁政権が誕生し、アメリカ軍が治安維持のために創設した国家警備隊は、その支配の道具になってしまったのである。

ローズヴェルトやウィルソンは、彼らのカリブ地域に対する政策にも見られるように、たしかに民主化の推進をめざしていた。二〇世紀において、時には軍事力を行使しながらもアメリカは一貫して民主主義を擁護してきたと先のニンコヴィッチは解釈し、政治学者トニー・スミスは一歩進んで、アメリカは世界各地で民主化を推進しようとしてきたと主張する。[58] その意味でも、二一世紀初頭において、ブッシュ（ジュニア）外交がローズヴェルト／ウィルソン外交を模倣しているとの見方は、あながち誤りとはいえない。ブッシュ（ジュニア）政権同様、ローズヴェルト政権はもちろん、ウィルソン政権でさえしばしば武力に訴えたことも事実である。両者の背景に共通して存在するのは、他の民族・人種に対する偏見であろう。アメリカ文化史家リチャード・ドリノンは、植民地時代以来の先住民の殺戮からヴェトナム戦争まで一貫する民族・人種的偏見を指摘した自著の新版の序文において、「アメリカのカウボーイたちは、その『インディアン地方』で楽しんでいた」と湾岸戦争を評している[59]。

ただし、国際秩序の尊重という点では、ローズヴェルトやウィルソンとブッシュ（ジュニア）のあいだにはかなりの相違がある。まず、ローズヴェルト、ウィルソン両政権によるカリブ地域への軍事介入は単独主義的であるとはいえ、ドイツの脅威に対抗したものであったのに対して、イラク戦争開始の際、ブッシュ政権によるイラクと国際テロ組織アルカイダとのつながりの示唆にもかかわらず、明確な脅威は存在しなかったように思われる。また、ウィルソン大統領は第一次世界大戦期、南北アメリカの諸共和国が互いに領土保全・独立を保障することを掲げた、すなわち単独主義的なモンロー・ドクトリンをいわば多国間主義化した汎米条約を構想し、また国際連盟の創設に尽力した[60]。元来、帝国主義者的側面をもっていたローズヴェルト大統領も、とくに政権の二期目には日露戦争の講和のためにポーツマス条約を斡旋し、モロッコでの権益をめぐるフランスとドイツの対立をアルヘシラス会議（一九〇六年）の開催により解決させた。それに対して、ブッシュ政権の内外には、イラクに対する先制攻撃が従来の国際法で認められないのであれば、それを改変すればよいとの議論が存在した。

ところで、ローズヴェルト／ウィルソン外交とブッシュ（ジュニア）外交を比較するために最初に提示した四つ目の要素である経済的利益の追求については、どうであろうか。一九三一年、自らが率先して先導したアメリカのカリブ地域に対する軍事介入を批判するようになって引退したバトラーは、次のように述べている。

私は三三年間、大企業、ウォール街、そして銀行家のための地位の高い用心棒として過ごした。つまり、私は資本主義のためのテキ屋であった。……ウォール街の利益のために、半ダースの中米共和国の強奪を私は支援した。[61]

国務省でカリブ地域に対する政策を主導したムンローは、アメリカの「政策をもたらした要因は、基本的に経済的というより政治的であった」と述べている。[62] これは元外交官の見解として理解できるが、イラク戦争の背景に石油をめぐる利権が存在したのと同様、二〇世紀前半のカリブ地域に対する介入の背景にキューバ、ニカラグア、ドミニカ共和国の砂糖産業に対する投資、メキシコの石油利権、アメリカの金融機関による各国政府への借款供与や各国の国立銀行に対する影響力の拡大といった経済的利害が存在したのは確かである。

このように民主化の推進、人種的偏見にもとづく武力行使、経済的利益の追求に関しては、ローズヴェルト政権やウィルソン政権の対外政策は、ブッシュ（ジュニア）政権の対外政策の先例といえるものであった。付言すれば、ドイツのプレゼンスの増大という脅威の存在、それにウィルソン外交の多国間主義的アプローチやローズヴェルト外交における勢力均衡の考慮にもかかわらず、アメリカがカリブ地域に望ましい地域秩序を軍事介入により形成できなかったことに鑑みて、イラクの大量破壊兵器保有問題について、国連や国際原子力機関（ＩＡＥＡ）といった国際機関を通じた多国間主義的アプローチを重んじなかったブッシュ政権の、戦闘終結後のイラクにおける苦境はよく理解できよう。アメリカが、こうした「歴史の『教訓』（アーネスト・メイ[63]）から学ぶときは、果たして将来くるのであろうか。

註　記

（1）　アメリカ滞在中に筆者が視聴。番組の書写（transcript）を http://www.pbs.org/newshour/bb/white_house/jan-june 03/historians_3–17.html<access: March 30, 2007> で読むことができる。

（2）　ＡＢＣニュースは、アメリカ滞在中に筆者が視聴。演説の全文は http://www.aei.org/publications/pubID.16197,filter.all/pub_detail.asp<access: March 30, 2007> を参照。

（3）　『朝日新聞』二〇〇一年一月三日付け朝刊。

（4）　Max Boot, "George Wilson Bush," *Wall Street Journal*, July 1, 2002; do., "What the Heck is a 'Neocon'?" *Wall Street Journal*, December 30, 2002.

（5）　ジョン・ルイス・ギャディス（赤木完爾訳）『アメリカ外交の大戦略――先制・単独行動・覇権』（慶應義塾大学出版会、二〇〇六年）（John Lewis Gaddis, *Surprise, Security and the American Experience*［Cambridge, Mass.: Harvard University Press, 2004］）。

（6）　グレッグ・グランディン（松下冽監訳／山根健至・小林操史・水野賢二訳）『アメリカ帝国のワークショップ――米国のラテンアメリカ・中東政策と新自由主義の深層』（明石書店、二〇〇八年）（Greg Grandin, *Empire's Workshop: Latin America, the United States, and the Rise of the New Imperialism*［New York: Henry Holt, 2006］）。

（7）　John B. Judis, *The Folly of Empire: What George W. Bush Could Learn from Theodore Roosevelt and Woodrow Wilson*（New York: Charles Scribner's Sons, 2004）.

（8）　Andrew J. Rotter, Mary Ann Heiss, Richard Immerman, Regina Gramer, and John Lewis Gaddis, "John Gaddis's *Surprise, Security and the American Experience*: A Round Critique," *Passport: The Newsletter for the Society for Historians of American Foreign Relations*, Vol. 36, No. 2（August 2005）, pp. 4–16.

（9）　Lloyd E. Ambrosius, "Woodrow Wilson and George W. Bush: Historical Comparisons of Ends and Means in Their Foreign Policies," *Diplomatic History*, Vol. 30, No. 3（June 2006）, pp. 509–43.

（10）　フランシス・フクヤマ（会田弘継訳）『アメリカの終わり』（講談社、二〇〇六年）、第一章（Francis Fukuyama,

America at the Crossroads: Democracy, Power, and the Neoconservative Legacy［New Haven, Conn.: Yale University Press, 2006］, Chap. 1）。

(11) Amy Kaplan, “Where is Guantánamo?” *American Quarterly*, Vol. 57, No. 3（September 2005）, pp. 831–58.

(12) Kristin L. Hoganson, *Fighting for American Manhood: How Gender Politics Provoked the Spanish-American and Philippine-American Wars*（New Haven, Conn.: Yale University Press, 1998）参照。

(13) Richard Hofstadter, “Cuba, the Philippines, and Manifest Destiny,” in do., *The Paranoid Style in American Politics and Other Essays*（New York: Alfred A. Knopf, 1965）.

(14) Elihu Root to Leonard Wood, February 9, 1901, Elihu Root Papers, Manuscript Division, Library of Congress（以下、LCと略記）, Box 168. 同書簡に前の段落で一部言及した宣戦決議、マッキンリーの演説ならびにパリ講和条約の要点が引用されている。

(15) Wood to Root, February 19, March 23, 1901, *ibid*.

(16) Lester D. Langley, *The Banana Wars: United States Intervention in the Caribbean, 1898–1934*（Lexington, Ken.: University Press of Kentucky, 1983）, p. 12; Richard S. Collin, *Theodore Roosevelt's Caribbean: The Panama Canal, the Monroe Doctrine, and the Latin American Context*（Baton Rouge, La.: Louisiana State University Press, 1990）, p. 519.

(17) Nancy Mitchell, “The Height of the German Challenge: The Venezuelan Blockade, 1902–3,” *Diplomatic History*, Vol. 20, No. 2（Spring 1996）, pp. 185–209 参照。

(18) Richard D. Heffner, *A Documentary History of the United States*, expanded and updated 7th edition（New York: New American Library, 2002）, pp. 259–61.

(19) *Hansard*, December 15, 1902, col. 1263.

(20) *Times*, February 14, 1903, p. 9.

(21) Mitchell, “Height of German Challenge,” p. 185 に引用されている。

(22) Collin, *Roosevelt's Caribbean*, Chaps. 9–10.

(23) *New York Times*, March 24, 1911, p. 1.

(24) “Charter Day Address at the University of California,” March 23, 1911, Theodore Roosevelt Papers, LC（マイクロフィルム、国立国会図書館所蔵）, reel 421. James F. Vivian, “The ‘Taking’of the Panama Canal Zone: Myth and Reality,” *Diplomatic History*, Vol. 4, No. 1（Winter 1980）, pp. 95–100 も参照。

(25) パナマ運河の歴史についての概説として、Walter LaFeber, *The Panama Canal: The Crisis in Historical Perspective*（New York: Oxford University Press, 1978）を参照。

(26) Heffner, *Documentary History*, pp. 259–61; Dexter Perkins, *A History of the Monroe Doctrine*（Boston: Little, Brown, 1955）, Chap. 7 も参照。

(27) リチャード・H・コリン「『共生』対『覇権』――セオドア・ローズヴェルトとウィリアム・ハワード・タフトの対外関係研究の新たな方向性」マイケル・J・ホーガン編（林義勝訳）『アメリカ大国への道――学説史から見た対外政策』（彩流社、二〇〇五年所収）（Richard H. Collin, “Symbiosis verses Hegemony: New Directions in the Foreign Relations Historiography of Theodore Roosevelt and William Howard Taft,” in Michael J. Hogan, ed., *Paths to Power: The Historiography of American Foreign Relations to 1941*［New York: Cambridge University Press, 2000］）; Collin, *Roosevelt's Caribbean* 参照。

(28) Frank Ninkovich, “Theodore Roosevelt: Civilization as Ideology,” *Diplomatic Hisotry*, Vol. 10, No. 3（Summer 1986）, pp. 221–45.

(29) David Healy, *Drive to Hegemony: The United States in the Caribbean, 1898–1917*（Madison, Wis.: University of Wisconsin Press, 1988）参照。同書の前史にあたるが、覇権史観ないし帝国史観を採る古典的研究として、Walter LaFeber, *The New Empire: An Interpretation of American Expansion, 1860–1898*（Ithaca, N. Y.: Cornell University Press, 1963）がある。

(30) 覇権か共生かといった二者択一的な分析視角を乗り越えようとする文化研究的考察として、Gilbert M. Joseph, Catherine C. LeGrand, and Ricardo D. Salvatore, eds., *Close Encounters of Empire: Writing the Cultural History of U. S.-*

Latin American Relations (Durham, N. C.: Duke University Press, 1998) が興味深い。

(31) Dana G. Munro, *Intervention and Dollar Diplomacy in the Caribbean, 1900–1921* (Princeton, N. J.: Princeton University Press, 1964), p. 125.

(32) Langley, *Banana Wars*, pp. 70, 175; Munro, *Intervention*, pp. 201–02.

(33) Arthur S. Link, *Woodrow Wilson and the Progressive Era, 1910–1917* (New York: Harper and Brothers, 1954), Chap. 4.

(34) Frederick S. Calhoun, *Power and Principle: Armed Intervention in Wilsonian Foreign Policy* (Kent, Oh.: Kent State University Press, 1986) 参照。

(35) 引用は、イギリス人外交官との会見におけるウィルソンの発言。Burton J. Hendrick, *The Life and Letters of Walter H. Page*, 3 vols. (New York: Doubleday, 1922–25), I, pp. 204–05.

(36) Langley, *Banana Wars*, Chaps. 7–8.

(37) "Consideration and Outline of Policies," July 11, 1915, Robert Lansing Papers, Manuscript Division., LC, Box 64.

(38) Friedrich Katz, *The Secret War in Mexico: Europe, the United States, and the Mexican Revolution* (Chicago: University of Chicago Press, 1981), p. 303.

(39) John J. Pershing to Frederick Funston, April 14, 1916; Donald Smythe, *Guerrilla Warrior: The Early Life of John J. Pershing* (New York: Charles Scribner's Sons, 1973), p. 239 に引用されている。

(40) *Ibid*., p. 272.

(41) *Ibid*.

(42) Langley, *Banana Wars*, pp. 118–19.

(43) "Consideration . . .," July 11, 1915, Lansing Papers.

(44) Langley, *Banana Wars*, p. 129. Cf. Max Boot, *The Savage Wars of Peace: Small Wars and the Rise of American Power* (New York: Basic Books, 2002).

(45) Robert Lansing to Woodrow Wilson, August 13, 1915, *Papers Relating to the Foreign Relations of the United States: The Lansing Papers, 1914–1920*, 2 vols.（Washington, D. C.: Government Printing Office, 1939–40）, II, p. 526.

(46) Hans Schmidt, *The United States Occupation of Haiti, 1915–1934*（New Brunswick, N. J.: Rutgers University Press, 1971）; Mary A. Renda, *Taking Haiti: Military Occupation and the Culture of U. S. Imperialism, 1915–1940*（Chapel Hill, N. C.: University of North Carolina Press, 2001）参照。

(47) 本節全般については、Dana G. Munro, *The United States and the Caribbean Republics, 1921–1933*（Princeton, N. J.: Princeton University Press, 1974）を参照。

(48) ドミニカ占領については、Bruce J. Calder, *The Impact of Intervention: The Dominican Republic during the U. S. Occupation of 1916–1924*（Austin, Tex.: University of Texas Press, 1984）が標準的な研究である。

(49) サンディーノ戦争全般については、Neil Macaulay, *The Sandino Affair*（Chicago: Quadrangle Books, 1971）、サンディーノとコミンテルンの関係については、*ibid*., pp. 112–14, 225–26を参照。

(50) Langley, *Banana Wars*, p. 196.

(51) Michel Gobat, *Confronting the American Dream: Nicaragua under U. S. Imperial Rule*（Durham, N. C.: Duke University Press, 2005）, p. 3.

(52) 高橋均『サンディーノ戦記――ジャズ・エイジのヴェトナム戦争』（弘文堂、一九八九年）、グランディン『アメリカ帝国』、五一頁（Grandin, *Empire's Workshop*, p. 31）参照。

(53) Langley, *Banana Wars*, pp. 185, 214.

(54) グランディン『アメリカ帝国』、「結論」参照。

(55) Schmidt, *Haiti*, Chap. 12.

(56) Woodrow Wilson, *The Constitutional Government in the United States*, in *The Papers of Woodrow Wilson*, ed. Arthur S. Link *et al*., 30 vols.（Princeton, N. J.: Princeton University Press, 1966–94）, XVIII: 104; Derek Heater, *National Self-Determination: Woodrow Wilson and His Legacy*（New York: St. Martins Press, 1994）も参照。

(57) Munro, *Intervention*, p. 546.

(58) Frank Ninkovich, *The Wilsonian Century: U. S. Foreign Policy since 1900* (Chicago: University of Chicago Press, 1999); Tony Smith, *America's Mission: The United States and the Worldwide Struggle for Democracy in the Twentieth Century* (Princeton, N. J.: Princeton University Press, 1994).

(59) Richard Drinnon, *Facing West: The Metaphysics of Indian-Hating and Empire-Building* (Norman, Okla.: University of Oklahoma Press, 1997), p. x.

(60) 西崎文子「モンロー・ドクトリンの普遍化——その試みと挫折」『アメリカ研究』二〇号（一九八六年）、一八四～二〇三頁参照。

(61) Langley, *Banana Wars*, p. 213.

(62) Munro, *Intervention*, p. 531.

(63) アーネスト・メイ（進藤榮一訳）『歴史の教訓——アメリカ外交はどうつくられたか』（岩波現代文庫、二〇〇四年）（Ernest R. May, *"Lessons" of the Past: The Use and Misuse of History in American Foreign Policy* [New York: Oxford University Press, 1973]）。

第4章　湾岸戦争からイラク戦争へ

菅　英輝

一　はじめに

冷戦終結後のアメリカはソ連という敵が消滅したことから、外交目標を再定義しなければならないという新たな挑戦に遭遇した。明確な敵が存在しない状況のもとで外交目標を定義し、優先順位を明確にすることがいかに困難であるかは、ソ連崩壊後のアメリカ外交が、少なくとも九・一一テロまでは、漂流感を漂わせてきたという事実から明らかであろう。

このため、アメリカ国内では外交エスタブリッシュメントのあいだで、冷戦後の外交目標を模索する検討が続けられた。そのひとつの成果は、「アメリカ国益検討委員会」が一九九六年に出した報告書であろう。同報告書は次のように述べている。「冷戦が終わって、アメリカ国民の外交への関心は急激に低下し、政治指導者たちは当面の国内問題に関心を払わざるをえなくなっている。ソ連共産主義の膨張を封じ込めるということを四〇年にもわたって、脇見もふらずに、異常なまでに追求してきた後、われわれわれは過去五年間、場当たり的な対応をしてきた。このような漂流状態が続けば、われわれの価値、われわれの運命、そしてわれわれの生活そのものが脅かされることになるだろう[1]」。

この報告は、冷戦後のアメリカが、外交目標をいまだ確立できていない現状に対する危機感を反映している。この報告書の作成には、ハーヴァード大学の科学・国際安全保障センター、平和と自由のためのニクソン・センター、ランド研究所が協力し、同委員会の構成メンバーには、ブッシュ（シニア）政権期の安全保障補佐官を務めたブレント・スコークロフト、ブッシュ（ジュニア）政権の国務長官コンドリーザ・ライス、同じく、ブッシュ政権第一期目の国務副長官リチャード・アーミテージが含まれている。共和党色が強いが、彼らが外交エスタブリッシュメントを代表するメンバーであることには違いない。

アメリカの外交目標の優先順位をめぐる合意の不在は、世論調査結果にも現われていた。一九九〇年代半ばの時点で圧倒的な外交上の関心事は存在せず、アメリカ人は国内の諸問題に関心の焦点を向けていることがうかがえる。アメリカの直面する諸問題を外交・内政も含めて問うた場合、一般世論レベルでは、国内の経済・社会問題が全体中の七七パーセントを占め、指導者層の場合でも、六八パーセントを記録した。アメリカ社会の内向き傾向が顕著であり、この調査を実施したシカゴ外交問題評議会の結論は、外交問題では、いかなる争点もアジェンダとして他の争点を圧倒するまでにはいたっていない、と総括している[2]。

本稿では、冷戦終結後にアメリカが直面した外交目標に関する合意の欠如という状況を踏まえて、国際社会におけるアメリカの役割意識（使命感）と「他者性」の生産／再生産という観点から、冷戦後の世界秩序形成においてアメリカの戦争がもつ意味を考察し、さらに九・一一テロ後のブッシュの対テロ戦争や対イラク戦争が、アメリカ人のアイデンティティや世界秩序形成に及ぼす影響を考察する。

二　ポスト冷戦の世界とアメリカ外交の使命

冷戦の終焉とアイデンティティ・クライシス

アメリカは「理念の共和国」だといわれる。この国は多民族社会であるがゆえに、多種多様な人種、言語、文化が、移民というかたちをとって流入してくる社会をいかにして統合してゆくかは、ワシントンの指導者にとっての最重要課題であった。アメリカ社会のありようからすれば、国民統合の基盤を民族や人種に求めることはできない。したがって、アメリカは統合の基盤を理念や価値観の共有に求めてきた。自由、平等、民主主義といった普遍的価値に対する忠誠を誓う者をアメリカ人だと定義してきた。自由、平等、民主主義といった価値観にアメリカ人が自己のアイデンティティを求めてきたために、冷戦の終焉は、国民のアイデンティティに危機をもたらすことになった。米ソ冷戦は「自由主義」対「全体主義」（共産主義）の闘いとして受け止められてきたが、冷戦の終結がソ連の崩壊をともなったことから、それは、共産主義に対するリベラリズムの勝利だという認識をアメリカ国民のあいだに生み出し、逆説的に、アメリカ自身がこれまで追求してきた理念や目標が実現してしまったかのような印象をつくりだしてしまった。その結果、アメリカ国民は国際社会における目標喪失の状況に陥った。

フランシス・フクヤマが「歴史の終焉」論を展開したのは、まさにリベラリズムの勝利によって、冷戦後の世界は、主要なイデオロギー対立がなくなった世界として捉えたからにほかならない。サミュエル・ハンチントンが一九九三年に「文明の衝突」の可能性を指摘したとき、世界中で多くの論争を巻き起こした理由の一端もまた、冷戦後の世界が不透明感を漂わせ、目標喪失感が広まっていたことを示している。つまり、「文明の衝突」論は、共産主義対自由主義の対立図式が消滅した後の目標喪失感を埋める意味をもっていた。「文明の衝突」の可能性を指摘することによって、ハンチントンは冷戦後のアメリカ外交に新たな目標を付与するかのような印象を与えたのである。しかも、興味深いことに、当のハンチントンは、「文明の衝突」論を発表した四年後の論文のなかで、目標の喪失に苦しむアメリカ外交の原因を分析し、国益の定義は国家のアイデンティティと密接な関係がある、と洞察した。[3] 彼は、アメリカ人のアイデンティティを「信条にもとづくアイデンティティ」(creedal identity) と定義し、「伝統的なアメリカのアイデンティティの構成要素」をアメリカ的信条に求めたうえで、現在、「伝統的なアメリカのアイデンティティの構成要素の正当性と妥当性に疑問が投げかけられるようになっている」と指摘した。

アメリカ史の文脈のなかで考察すると、冷戦の終焉が、なぜ国民のあいだにアイデンティティの危機をつくりだしているのかも明らかだろう。アメリカは植民地時代から、ヨーロッパとの対比において、「アメリカ的特性」を創造してきたことを想起する必要がある。西部開拓時代には、西部をインディアンの住む未開の地として位置づけ、「明白な運命」のイデオロギーのもとに、「自由の帝国」を拡大するというかたちで、「アメリカ的なもの」を形成し、正当化してきた。一九三〇年代には、ナチズムの脅威がアメリカ国民のアイデンティティの形成と維持に役立ってきたし、アメリカの外交目標もドイツ・ナチズムの打倒という明確な優先順位を獲得することになった。ソ連と共産主義の脅威が消滅し、それに代わる敵や他者の存在が明確でないという状況が出現したことは、アメリカ人のアイデンティティの希薄化をもたらし、冷戦後に新たな「敵」を発見する必要性をワシントンの指導者たちに痛感させた。

マイケル・クレアは、ペンタゴンが、「脅威の空白」を埋めるために、一九九〇年ごろから新たな敵の発見を模索し、冷戦期と同じ規模の軍備の温存を正当化する戦略の青写真を作成しはじめたことを明らかにしている。その検討の過程で、ソ連の脅威に相当する敵を見いだすことはできず、冷戦期のレベルの軍事力を維持するためには、二つの敵が必要だとされた。その結果、二正面対応能力戦略が採用されるようになった、とクレアは述べている。[4] そのときの潜在的敵国として、イラクと朝鮮民主主義人民共和国（北朝鮮）が想定されていたことは、よく知られていることである。

イラク、イラン、北朝鮮の三国が「ならず者」国家に指定されたことは、「ならず者」国家という他者性を通して、アメリカ国民のアイデンティティを再確認する意味をもっていた。また、これらの国を「ならず者」と規定することによって、アメリカは「ならず者」を取り締まる警察官として振る舞うことが可能である。しかも、北朝鮮の「核開発疑惑」問題に端を発した朝鮮半島の危機は、「ならず者」国家が危険な存在であることを際だたせるのに効果的であった。アメリカ国民のアイデンティティを意識させ、アメリカの国際社会における新たな目標を形成してゆくためには、他者性はたえまなく再生産される必要があり、一九九三年から九四年にかけて発生した朝鮮半島危機は、そうした「敵」の発見の模索の過程における「つくられた危機」の側面をもっていた。[5]

アメリカ外交における使命感とアメリカ例外主義

「アメリカの理想主義はいままで同様、いやおそらくそれ以上に欠くことのできないものとなるであろう。……その理想主義の役割は、新しい世界秩序のなかにおける不完全な世界にあって、種々のあいまいな選択肢の中でアメリカが生き抜いてゆく自信を与えることにある」。ヘンリー・キッシンジャーは一九九四年、このように述べている[6]。リアリストであるキッシンジャーが、冷戦後の世界秩序の構築への取り組みに際して、これまで軽蔑してきたアメリカの理想主義をもちださざるをえなくなっていることは、何を意味するのだろうか。

キッシンジャーの指摘は、ソ連という宿敵の存在がなくなり、リアリズムの国際政治理論では、アメリカ社会の統合を実現することができないことを告白しているようにもみえる。リアリズムの国際政治理論は、外部からの脅威（外部の敵）の存在を前提にして成り立つものである。すなわち、外部の脅威があってはじめて、自国の安全の確保という外交目標を国民の前に提示し、そのために軍事力や同盟の必要性が正当化されることになるからである。ところが、ソ連の脅威の消滅によって、アメリカ本土に対する脅威はほぼ考えられなくなったという認識が国内に浸透した結果、冷戦後のアメリカは目標喪失感に悩まされ、リアリズムの政治理論からは、国際政治におけるアメリカの目標を国民に説得的に提示することができないという状況が出現した。キッシンジャーにおける理想主義の役割の再評価は、アメリカ建国の理念に戻ることによって、冷戦後のアメリカの国際社会における目標を見いだそうとする試みの反映であると捉えることもできる。

それでは、アメリカはどのような目標を掲げ、国際社会における使命をどのように定義してきたのであろうか。ワシントンの多くの指導者の演説に認められるように、建国以来のアメリカ人の意識とは、独立革命の理念を世界に普及させることであった。アメリカ革命が世界における「最後で、最善の希望である」という信念と、「アメリカは拡大する自由の中心にある」とする信念は、表裏一体の関係にあり、ワシントンの政治指導者たちはそうした理念を国際秩序に反映させることを使命と考えてきた。(7)

こうした認識は冷戦後のアメリカに継承されてきている。ロナルド・レーガンは、一九八四年の共和党大会での大統領候補受諾演説において、「われわれは、淡いやわらかなパステル・カラーではなく、大胆なカラーの旗を掲げた。われわれは、丘の上の輝ける町であるというアメリカの夢を宣言した」と述べた。「丘の上の町」という表現は、一六三〇年にジョン・ウィンスロップが、イギリスから約一〇〇〇名からなるピューリタンの一団を率いて新大陸に移住してきたときに、太平洋を航行する「アーベラ号」の船上でおこなった説教のなかで言及したもので、アメリカで建設しようとする新しい社会を「丘の上の町」に喩えたことに由来している。(8)

それ以来、この表現は、ワシントンの指導者の演説などで幾度となく繰り返し使われることになった。一九八九年一一月、大統領に就任することになったジョージ・H・W・ブッシュもまた、ホワイトハウスに別れを告げようとするレーガン大統領とナンシー夫人を前に、「私は、大統領がしばしば口にされたように、『丘の上のあの輝ける町』の上にさらなる建設を重ね、アメリカを守ってゆきたい、と心底から思っています」と述べた。さらに、一九九〇年一月の議会宛教書において、ブッシュ大統領は、「アメリカは拡大する自由の円の中心に位置している――今日も、明日も、そして新世紀においても……この国、すなわちアメリカという理念の国は、いつも新世界であったし、これからもそうであるだろう――われわれの新世界であり続けるであろう」と宣言した[9]。

アメリカ人の使命感を支えているのは、アメリカ例外主義の観念である。アメリカ例外主義とは、トレヴォール・マクリスケンによれば、「アメリカ合衆国は人類史において果たすべき特別な役割を付与された例外国家であり、ユニークであるだけでなく、諸国家のなかでもより優れた国家である」と定義される[10]。アメリカ人は神によって選ばれた民であり、ニューイングランドの地に「神の国」を建設することは、アメリカ人に与えられた使命であるという信念は、冷戦後のアメリカ外交にも継承されている。

このような観念は、アメリカの対外行動においては、「模範国家」または「使命感国家」というかたちをとる。前者は「丘の上の町」、同盟の拒否、反帝国主義、孤立主義という言葉で語られる対外行動である。他方、後者は、「明白な運命」、帝国主義、国際主義、自由世界の指導者といった言葉に象徴される。二〇世紀に入って、アメリカが大国への道を歩むにつれて、「模範国家」としてのアメリカは後退し、「使命感国家」としてのアメリカが現実の対外行動に反映されるようになった。

三　ブッシュ（シニア）の戦争と「新世界秩序」建設の夢

湾岸戦争と冷戦後の秩序のモデル

ブッシュ（シニア）は大統領に就任すると、アメリカ例外主義の立場を再確認すると同時に、自信に満ちた口調で、アメリカの理念がいまや世界の期待を集めていると演説した。湾岸戦争はそうしたアメリカの夢を実現し、新しい国際秩序を構築するまたとない機会を提供するものと受け止められた。ブッシュ大統領が「新世界秩序」建設を湾岸戦争の目的のひとつであると明言したのは、一九九〇年九月一一日であった。『ワシントン・ポスト』紙記者ドン・オーバードーファーは、一九九〇年夏から九一年三月までの期間に、ブッシュ大統領は、「新世界秩序」に少なくとも四六回言及したと述べている。(11)

ブッシュは、フセインのクウェート侵攻を新世界秩序に対する挑戦であると受け止めた。湾岸戦争時の国防長官で、現ブッシュ（ジュニア）政権の副大統領を務めるディック・チェイニーもまた、一九九〇年一二月三〇日、米上院軍事委員会の席上、イラクの軍事侵攻を阻止しなければならない理由について、より率直に次のように証言している。大統領の政策の背後にある第一の理由は、さらなる侵略の可能性である。第二の理由は、グローバルな石油供給に対するイラクの支配である。第三の理由は、「新世界秩序」という観念である。(12)大統領をはじめブッシュ政権首脳にとって、湾岸戦争は世界秩序建設のモデルケースと位置づけられていた。

ブッシュ大統領の考える「新世界秩序」は三つの原則から構成されていた。第一は、侵略の阻止である。これは、ブッシュ政権の「新世界秩序」構想の第一原則であった。この原則はアメリカ国民の歴史意識に支えられていた。ブッシュ大統領は一九九〇年八月八日のテレビ演説のなかで、「もし歴史が何らかの教訓になるとすれば、それは、われわれは侵略には抵抗しなければならないということである。さもなければ、われわれの自由は破壊されるであろう」と述べた。こうした歴史認識は、ドイツ・ナチズムに対する宥和政策の失敗、第二次世界大戦の教訓にもとづいていた。(13)

ブッシュ政権首脳の判断と行動は過去の歴史体験に支えられていただけでなく、冷戦後の世界秩序形成という未来志向にも支えられていた。フセインのクウェート侵攻を見過ごせば、それは冷戦後の秩序形成に悪い先例を残し、冷戦後の世界はさらに不安定化するだろうとの危機感があった[14]。この点に関して、ブッシュ政権の国務長官を務めたジェイムズ・ベイカーは回顧録のなかで、湾岸戦争は冷戦後はじめての、真の危機であったとしたうえで、次のように記している。「われわれがこの危機をどのように処理するかということのなかから、新たな世界秩序が重要なやり方で進展してくる〔と信じた〕[15]」。同様に、近東・南アジア問題担当特別補佐官であったリチャード・ハースは後に、あるインタビューのなかで、次のように証言している。「世界秩序というより大きな問題が検討課題となっていたし、われわれは、多くの人々がわれわれの行動の例にならうだろうことを知っていた。冷戦の終焉を迎えた状況のもとで、われわれは新たなパラダイムをつくりだそうとしていたし、それは、われわれがとる行動のすべてがさまざまな帰結を生み出すことを意味していた[16]」。このように、ブッシュ政権首脳のあいだでは、侵略の阻止は冷戦後の新たな世界秩序形成の重要な原則とみなされていたのである。

ブッシュ政権の世界秩序構想の第二の原則は、国連の枠組みを基礎とした共同行動であった。共同行動をとる理由は、四つあったといえる。第一は、コストの分担である。第二は、国連の活用により、アメリカがごり押しをしているという印象を回避することであった。第三は、議会および世論の支持を獲得しやすくするためであった[17]。ベイカー国務長官は、「議会の支持を取りつけるのは、反サダム・フセインで同盟諸国を結集させるのと同じくらい、大変な仕事だった」と述べている[18]。第四は、多国間の枠組みの形成で、そのような枠組みを形成できるか否かは、「将来に向けた先例と行動パターン」の確立、すなわち「軍事力の行使のためのモデル」の確立にかかわる、と考えられた[19]。ブッシュ大統領は、湾岸戦争が終結した後の勝利演説（一九九一年三月六日）のなかでもこの点を確認している。[20]ブッシュ大統領の勝利演説からは、国連を活用したマルチの枠組みのもとで、冷戦後の最初の試練であった湾岸危機において成功を収めた、という抑揚感を看て取ることができる。

もっとも、国連の枠組みの活用という点は、ワシントンにとって望ましい方式であったが、このことはアメリカの単独行動の否定ではなかった。ブッシュ政権の基準はアメリカの国益に沿う限りにおいて、国連の場を活用するというものであり、国連安保理で中国やソ連の支持を得ることができなかった場合は、アメリカ単独でもイラクをクウェートから武力排除する覚悟であった。ブッシュ大統領やスコークロフト補佐官、それにチェイニー国防長官らは、単独でも武力を行使するという方向に傾きがちであった。多国間協調による事態の解決に重要な役割を果たしたのはベイカー国務長官であった。[21]

新たな世界秩序が視野に入ってきたことを宣言したこの勝利演説の基礎には、ブッシュ政権の「新世界秩序」構想の第三の原則があった。それは、大国間協調、とりわけ、ソ連との協調による秩序維持への期待であった。米ソ間の協調が可能となったのは、以下のような条件が存在していたからである。第一に、米ソ間の交渉と対話の主要ルートはベイカー国務長官とエドゥアルド・シェワルナゼ外相であった。両者は、湾岸危機が発生するころまでには良好な関係を築き上げていた。ベイカーによると、二人は、一九九〇年八月だけでも一一回の電話と五通の書簡を交わしていた。これほどの協議レベルは、「わずか一年前には想像もできなかった」とベイカーは述べている。第二に、ソ連はこの時期、アメリカとの積極的な関係に関心をもっており、イラクと同盟関係にあったにもかかわらず、イラク・カードを活用することを避けた。それでも、ソ連書記長ミハイル・ゴルバチョフは、当初、イラクに対する軍事力の行使には反対を唱えていた。イラクへの軍事力行使に傾斜しがちであったチェイニー国防長官らを説得して、ソ連との交渉を辛抱強く進めたのはベイカー国務長官であった。その際、ソ連が西側の経済・技術援助を必要としていたことが大きかった。ソ連はペレストロイカのもとで、ソ連経済の立て直しに取り組んでいたが、大きな困難に直面していた。このため、ソ連は西側の技術援助や経済支援をひどく必要としていた。こうしたゴルバチョフの要請に応えて、アメリカはサウジアラビアに働きかけ、同年冬にかけて四〇億ドルの信用供与を仲介した。この仲介は、「国連での武力行使決議案に対するソ連の支持を固め、危機のあいだじゅう、ソ連を連合（coalition）にしっかりととどめておくのに役立った」、とベイカーは述べている。[22] 第三に、イラクによる露骨な侵略行為のゆえに、ソ連としても反対せざるをえず、このこともまた、国連安保理でソ連の支持を得ることを容易にした。

以上みてきたように、ブッシュ政権の「新世界秩序」構想は、冷戦後の秩序のモデル形成という目的をもっていた。しかも、秩序形成はアメリカの戦争というかたちをとったことも注目される。

九・一一テロ後のブッシュ（ジュニア）政権との比較で留意すべきは、第一に、ブッシュ（シニア）政権の秩序構想は侵略行為の峻拒、国連を活用した多国間アプローチ、大国間協調という三つの原則に立脚していたことである。第二に、ブッシュ（シニア）にあっては、侵略行為は認めないが、フセイン体制の転覆による新たな国内秩序の形成までをめざしたものではなかった。フセイン体制の転覆をめざした場合には、ソ連、フランス、中国、その他多くのアラブ諸国の反対に遭い、大国間協調や多国間協調は崩壊した可能性がある。また、米国内世論の支持を得られたかどうかも定かではなかった。[23]

「新介入主義者」と「正義の戦争」論の復活

国際関係のルール化の過程において、侵略と戦争の違法化、武力行使の禁止、内政不干渉、主権の尊重といった原則の確立に向けた努力がおこなわれてきた。その結果、戦争や武力行使は、自衛権の行使として以外は認められないというのが一般的であった。しかし、湾岸戦争を契機に「正義の戦争」という考えが再登場するようになったことが注目される。

冷戦後の「正義の戦争」論は、望ましい秩序と平和を維持するための軍事力の有効性を是認し、道義にもとづく軍事力の行使の正当性を容認するという点で、それまでの戦争違法化の流れとは異なる。そこでは、「敵」は日常的な警察行動の対象として陳腐化され、かつ倫理的秩序に対する脅威として絶対化される。この場合、警察力の行使は普遍的諸価値によって正当化される。また、それが警察行動であるとされるがゆえに、行動の対象は理論的には国内秩序の維持に向けられることになる。さらには、この警察行動は、いかにしばしば発動されようとも、秩序の攪乱者に対する例外措置として正当化される(24)。

アメリカでは湾岸戦争を契機に、「新介入主義者」と称されるイデオローグが新たな外交ドクトリンを唱えはじめた。ジョンズ・ホプキンス大学のスティーヴン・ステッドマンは、その特徴として、内戦は国際安全保障の正当な関心事であるという認識と、十字軍的なリベラル国際主義の感情が結びついたものである、と指摘している(25)。

元来、ウィルソン主義的リベラルは、自決権の尊重という観点から他国の内政に介入することには反対であるか、消極的な立場をとっていた。しかし、冷戦が開始される過程で、リベラルは社会派リベラルと冷戦派リベラルとに分裂した。そして、冷戦期を通して、冷戦派リベラルが優勢であった。彼らは反共主義を優先し、他国の内政に干渉することを正当化してきた(26)。したがって、自決権を尊重すべきだという立場のリベラルと、反共主義を優先して内政干渉を正当化してきた冷戦派レベラルとのあいだには、対立や緊張があった。だが、冷戦後は、こうしたリベラル内部の矛盾や緊張は、主権と民族自決権とを切り離し、さらに自決権の基礎を民族から人権に置き換えることによって、緩和されることになった。そのような経過を経て、「新介入主義者」たちは、主権は国家に属するのではなく、国家内の個人に属すると主張することによって、人権の侵害を論拠に他国の内政への干渉を正当化するようになった。[27]

もっとも、すでに指摘したように、湾岸戦争時には、このような考えは適用されなかった。「新介入主義者」たちは、湾岸戦争は国際協調と国際的合意にもとづき、国連の枠組みのもとで他国の内政に介入するテストケースだと期待した。しかし、湾岸戦争でのブッシュ（シニア）政権の目的は限定的なものであった。すわなち、フセイン政権の打倒ではなく、イラク軍のクウェートからの撤退による現状回復であり、国家主権の擁護であった。

したがって、ブッシュ政権の限定的な目的に対しては、新介入主義の立場から批判が起こった。クリントン政権のもとでロシア担当特使や国務副長官を務めることになったストローブ・タルボットは、国連による他国の内政への介入は、「新世界秩序」というスローガンに実質的意味を付与するものであったが、ブッシュ大統領は、国家間関係の安定を重視したために、こうした新しい理念をそれ以上追求することはしなかった。その結果、孤立主義者とウィルソン的国際主義者の双方から批判を被ることになったと述べて、ブッシュ政権の湾岸戦争への対応を批判した。[28]

四　アメリカ例外主義の伝統とブッシュ・ドクトリン

ブッシュ政権の世界支配戦略と「唯一の超大国」アメリカ

ブッシュ（ジュニア）政権の覇権戦略の基礎となる考えは、ソ連の解体が始まった一九九一年秋にまとめられた。ペンタゴンの新戦略の立案は、ブッシュ（シニア）政権の国防長官であったチェイニーが主宰し、ポール・ウォルフォウィッツ国防次官（当時）の事務室で作成された。ウォルフォウィッツは、彼の補佐役で国防次官代理を務めていたルイス・リビーに作業を委ね、実際には、部下のザルメイ・カリルザードが起草した。リビーはその後、ブッシュ（ジュニア）政権下でチェイニー副大統領の首席補佐官を務めることになる。

この文書の特徴は以下の点にある。第一に、「世界秩序は、つまるところ、アメリカによって支えられる」というビジョンを描き、冷戦後に「世界唯一の超大国」となったアメリカの政治的・軍事的な役割を維持することとした。そのために、西ヨーロッパ、アジア、旧ソ連で、アメリカと競合しうるいかなる大国の台頭をも阻止する、とされた。第二に、「日本とドイツをアメリカ主導の集団安全保障体制に統合し、民主的な『平和の区域を設けるのに成功した』こと」を、「冷戦の隠された勝利」と位置づけ、アメリカが北朝鮮、旧ソ連、イラクの核拡散防止のため軍事力を行使することもやむをえない、と述べている。第三に、アメリカが世界に対処する際には、永続的な公式の同盟関係との協力は減り、湾岸戦争で見られたような「連合」(coalition)や、「臨機応変な結集」を通しておこなわれる対応が増えるとし、国連中心の集団安全保障体制には疑問を投げかけている。第四に、核兵器、化学兵器あるいは生物兵器による差し迫った攻撃には、先手を打って阻止する必要がある、とした。先制攻撃論である。[29]

米欧関係については、在欧米軍の引き続く駐留が必要だとしながらも、米欧間に競争的関係が生じるのを防ぐためには、「NATOの基礎を掘り崩すような、ヨーロッパ独自の安全保障の取り決めの出現を阻止するように努めなければならない」、と述べている。修正後の公表された文書におけるこの部分の表現は、「西ヨーロッパの防衛と安全の第一義的手段としてNATOを維持することはもっとも根本的な重要性をもっている」、となっている。[30] いずれの場合も、NATOを通してヨーロッパに対するアメリカの覇権を維持する必要があることを明確にしたものである。この文書はまた、中・東欧の新興国家をEUに加盟させ、彼らをロシアの攻撃から防御する新たな安全保障の確約をアメリカが与えるという考えを示していた。この考えは、その後クリントン政権が、二期目に入って着手したNATOの東方拡大に継承されていった。

この文書の中東に関する記述はウォルフォウィッツの考えを反映していた。中東と南西アジアについて、「この地域の重要な石油資源」へのアクセスを守ることを重要な目的だとしたうえで、「イラクやイランが十年後にはペルシャ湾地域と石油資源を支配する」動きとなって現われる可能性があるので、「われわれの死活的利益がふたたび脅かされた場合には、砂漠の盾作戦や砂漠の嵐作戦でおこなったように、中東・ペルシャ湾地域において決定的な行動を起こす備えをしておかなければならない」、と述べている。また、アメリカはイスラエルの安全にコミットしており、「イスラエルの安全にとって死活的に重要な軍事技術の優位を維持する」としている(31)。

東アジアおよび太平洋地域に関しては、この地域は「アメリカとその同盟諸国にとって戦略的・経済的にとてつもない重要性を有している」と述べ、「いかなる敵対勢力も支配することがないように予防する」こととされた(32)。

草案の起草者ハリルザードはマイケル・マンがおこなった会見のなかで、チェイニー国防長官もこの文書を読み、これを賞賛したと証言している。事実、ペンタゴンの国防計画の指針は、アメリカの戦略に関する総論部分と、ペンタゴンが開発しなければならない軍事能力などを扱った部分の二部構成になっているが、この総論部分は、ブッシュ（シニア）政権の任期終了直前の一九九三年一月に公表された。アメリカに挑戦する気を起こさせないような軍事的優位を維持すべきだと主張するペンタゴンの世界覇権戦略は、チェイニーの名で発表された(33)。

ペンタゴン文書は、「世界秩序は、つまるところ、アメリカによって支えられる」というビジョンを掲げ、アメリカの世界覇権の維持をめざすものである。そのために、「アメリカの利益にとって死活的に重要な地域を支配する、いかなる敵対的国家による試みもこれを阻止する」とし、これらの地域のなかに、ヨーロッパ、東アジア、中東、ラテンアメリカが含まれるとした。以下に述べるように、中東・ペルシャ湾岸地域の石油資源の戦略的重要性をアメリカの覇権戦略の文脈に位置づけてみれば、中東の石油資源を支配することができれば、アメリカはヨーロッパと東アジアにおいて覇権を維持することができるとの考えが示されているといえよう。こうした考えは、基本的にブッシュ（ジュニア）政権の戦略に反映されることになる。

ブッシュの対イラク戦争は二〇〇三年三月二〇日に開始されたが、以上の文脈のなかで理解することが必要である。ペルシャ湾の石油資源に対する支配はアメリカの覇権のゆくえに重大な影響を与えるとみなされた。ウォルフォウィッツ国防副長官は、一九九〇年夏のイラクのクウェート侵攻は、サウジアラビアとの関係を強化し、ヨーロッパからアメリカへのパワーの転換を完成させるための恒久的な軍事プレゼンスを確保する機会を提供する、と考えた。湾岸戦争以来のアメリカの中東戦略の文脈のなかで考察したとき、イラク戦争は、アメリカの対ヨーロッパ（EU）・ヘゲモニー回復戦争の一環だった。中東の石油が日本や中国にとってもつ重要性を考慮したとき、ブッシュの対イラク戦争は、アメリカのグローバル・ヘゲモニーを維持するための戦争であったということもできる(34)。

だが、ブッシュ政権の思惑とは裏腹に、いまやイラク情勢は泥沼化し、ワシントンの覇権戦略は深刻な打撃を被ることになった。

使命感国家のドクトリン

対イラク戦争はアメリカのグローバル・ヘゲモニー戦略の一環として戦われたが、注目されるのは、ブッシュ大統領が九・一一テロ後にブッシュ・ドクトリンを発表し、新たな介入主義の論理をもちだしたことだ。ブッシュ政権の国務省政策企画室長を務めたハースは、ブッシュ政権の外交原則として新たな考えが出現しつつあると指摘し、ある種の制限主権論を展開した。彼は、国家の主権は絶対的なものではなく、一定の条件のもとで、制約を受けると主張する。

主権は義務をともなう。自国民を虐殺するなかれ。いかなる意味でもテロを支援するなかれ。かりに政府がこれらの義務を履行できないのであれば、政府は主権の保持にともなう通常の利点のいくつかを喪失することになる。その利点のなかには、国家の領域内の出来事には干渉すべきではないという権利も含まれる。アメリカ政府も含めた他の政府は、介入する権利を獲得する。テロの事例に関しては、このような介入の権利は予防的ないしは理由不要の自衛権の獲得につながる。攻撃を受けるかどうかではなく、攻撃を受けるのが時間の問題であると考える根拠がある場合には、本来的に、そのことを予期して行動を起こすことができるのである[35]。

ブッシュ・ドクトリンはテロを悪の世界として描き、それを支援する国家も同罪であると断罪し、アメリカが「テロ支援国家」とみなす国の内政への介入を正当化する論拠を提供するものである。そして、このような考え方の延長線上で、先制攻撃が明確に主張されるようになった。ブッシュ大統領は二〇〇二年七月一九日、ニューヨーク州のフォートドラム陸軍基地で演説し、「ならず者国家」への対処にあたっては、先制攻撃を辞さない姿勢を示したのに続いて、二〇〇二年度米国防省報告もまた、こうした方針を明記した[36]。

ブッシュ・ドクトリンは、湾岸戦争を契機として米国内で広まった「正義の戦争」論の延長線上に位置づけることができる。このドクトリンには、アメリカ対外政策に伝統的に認められる二つの特徴が典型的に現われている。単独主義的行動と、善悪二元論的世界認識である。冷戦期のアメリカは共産主義の脅威に対抗する自由主義世界のリーダーを自任しただけでなく、この間、「自由主義」対「全体主義」

（共産主義）という二元論的な世界認識を強調してきた[37]。そこでは、アメリカは平和、自由、希望を象徴し、アメリカに敵対する国は、戦争、抑圧、恐怖を象徴するものとして描かれた。ブッシュのアメリカも同様である。米国同時多発テロが発生した一〇日後の議会演説のなかで、ブッシュ大統領は、それが自由に対する攻撃である、と受け止めた[38]。九・一一テロ直後に発表された四年ごとの「米国防指針の見直し」報告もまた、テロリストを「悪魔的なテロ勢力」と呼び、対テロ戦争は「自由そのものに対する戦争」であると位置づけている[39]。このような二元論的世界描写において、アメリカがどちらの側に立っているとみなされているかは明白であろう。

ブッシュ・ドクトリンはまた、例外国家のドクトリンである。それはアメリカ例外主義の観念に支えられている。アメリカは他の国とは異なるユニークな国家で、人類史において特別の使命を与えられているというアメリカ例外主義の観念は、アメリカ人が自己や自国の価値観を相対化する基準をもたないことを意味する。アメリカの民主主義や自由はすなわちグローバル・スタンダードであると考えるがゆえに、アメリカ人は自分たちのしていることは、自分たちだけのためでなく、世界にとっても福利をもたらすと信じる。アメリカ人にとって、アメリカの民主主義はすなわち世界の民主主義、アメリカの自由はすなわち世界の自由なのである。

『白鯨』の著者として有名なアメリカの作家ハーマン・メルヴィルの次の言葉は、そうしたアメリカ人の選民思想と自己認識を見事に表現している。「われわれアメリカ国民は特別な選ばれた民である。現代のイスラエルなのである。われわれは世界の自由の契約のひつぎを担っているのだ。……つねに忘れないようにしよう。われわれにおいて世界の歴史上ほとんど初めて、国家的利己心が無限の博愛に通ずるようになったことを。なぜなら、アメリカにとってよいことをすれば、必ず世界によい施しをすることになるのだから[40]」。アメリカはつねに拡大する自由の中心をなしており、アメリカの自由の拡大は、世界の自由の拡大でもあるのだ。

ブッシュ大統領は、アメリカ例外主義の伝統の継承者として振る舞っている。彼は〇一年一月の大統領就任演説のなかで、次のように国民に訴えた。「過去一世紀の多くを通して、アメリカの自由と民主主義に対する信念は荒海に立つ岩のような存在であった。いまや、それは風にのって舞う種子となって、多くの国に根づきつつある。……アメリカにとっての利害は決して小さなものではなかった。もしわが国が自由の大義を導くということをしないのであれば、他の国が導いてくれるということはないであろう[41]」。ここでは、アメリカは自由と民主主義の牙城であり、自由の大義を世界に普及させる歴史的使命を与えられたユニークな国であると意識されている。

九・一一テロを経験したアメリカ人の多くが、なぜわれわれが憎まれるのかわからないと受け止めたことが報道されているが、このような受け止め方がなされるのは、自分たちは世界の人々のためになることをしているという意識が強いからである。

対テロ戦争と「他者性」の再生産

アントニオ・ネグリとマイケル・ハートは『帝国』という著書のなかで、ヨーロッパ世界が非ヨーロッパ世界に拡大してゆく過程で、植民地世界はヨーロッパ人のアイデンティティ形成のメカニズムとして機能した、と指摘している[42]。すでに述べてきたように、アメリカ人もまた、自己のアイデンティティを形成する過程において、「他者性」の創造に大きく依存してきた。その結果、アメリカ人は外部世界を異質なもの、敵として捉える傾向が強い。大統領演説に頻繁に現われる善と悪との二元論的世界描写は、アメリカ人のアイデンティティを創造する意識的努力の過程であるとみることができる。アメリカ例外主義の観念の根底にもまた、このようなアメリカ人の意識の働きがあった。

すでに指摘したように、アメリカ史のなかでは、アメリカ人のアイデンティティを形成し、多民族社会の統合を維持するために、アメリカ例外主義の観念を創造する力がつねに働いてきた。しかし、アメリカ国民がアメリカ例外主義の観念を克服する機会がなかったわけではない。

ヴェトナム戦争はアメリカ例外主義に大きなショックを与えた出来事であった。アメリカがヴェトナムから撤退し、敗北を認めた一九七五年に、社会学者ダニエル・ベルは「アメリカ例外主義の終焉」と題する論文を発表し、次のように論じた。「今日、アメリカ例外主義の信念は帝国の終焉、パワーの弱体化、この国の未来に対する信頼の喪失とともに消え失せた」。ヴェトナム戦争での体験と挫折によって、アメリカ人は「われわれは他のすべての国と同じなのだ」ということに気づくことになった、と。(43) ヴェトナム戦争におけるアメリカの敗北は、アメリカ国民がアメリカ例外主義を克服する重要な契機になると期待された。

しかし、ベルの指摘とは裏腹に、アメリカ政府や保守派は「ヴェトナム症候群」の克服に力をいれた。「ヴェトナム症候群」は、ヴェトナム戦争の体験を通して、アメリカ国民が自信喪失に陥り、世界の地域紛争に介入することに拒絶反応を示すようになった国民心理を示す言葉として使用される。このことはまた、アメリカ人のあいだに、アメリカが「普通の国」になったという認識の広がり、すなわちアメリカの価値観や役割をユニークなものとみなす例外主義の観念が希薄化したことを意味した。

そこで、ワシントンの指導者や保守派たちは、アメリカ国民に自信を取り戻させ、世界においてアメリカが果たす責任があるのだということを示すために内向きの国民心理の克服をめざす意識的な努力を開始した。レーガン大統領は「強いアメリカ」をスローガンに掲げ、大規模な軍事力増強に乗り出し、一九八三年には戦略防衛構想（ＳＤＩ）を発表した。同時に、レーガンはソ連を「悪の帝国」と呼び、ソ連の脅威をアメリカ国民に意識させ、悪と戦うアメリカのイメージを復活させようとした。また、レーガンは、アメリカ国民に楽観的な言葉を振りまき、自信を取り戻させようとしたばかりでなく、「ヴェトナム症候群」を克服するために、一九八三年グレナダに侵攻、エルサルバドルにも介入した。レーガンの後を引き継いだブッシュ大統領は、ビジョンを語ることは苦手であったが、それでも湾岸戦争を戦うなかで「新世界秩序」構想を打ち出した。ブッシュはまた、湾岸戦争を通して、「ヴェトナム症候群」を克服することをめざし、湾岸戦争で勝利したことによって、「ヴェトナム症候群は永久に葬り去られた(44)」と宣言した。

こうした指導者レベルの努力と並行して、ヴェトナム戦争「見直し」論が保守派知識人や学者のあいだに台頭した。ヴェトナム戦争の敗北をめぐる論争において、「修正主義者」と称される保守派のあいだからは、ヴェトナム戦争での敗北は、戦争の戦い方に過ちがあったのであって、アメリカの近代的兵器を駆使して一挙に決着をつける方法をとれば勝利することができたのだ、という主張が現われた。また、ヴェトナム戦争でアメリカが闘った目的は正しかったのである、とも主張された。アメリカがヴェトナム戦争で共産主義から民主主義や自由を守るために闘ったのはなんら恥じるべきことではない、との論調が支持を広めていった。「修正主義者」によるヴェトナム戦争の再解釈は、アメリカ例外主義の復活を意図したものであった。

ロバート・マクナマラ元国防長官は、回顧録執筆の動機について、「私は非常に多くの人々がわが国の政治制度や指導者たちをシニシズムと軽蔑の目でみるようになったのを目撃して煩悶するようになった。……ヴェトナム戦争はアメリカに恐るべきダメージを与えた。このことについて私は疑念の余地がない」、と述べている。[45] マクナマラは、こうしたシニシズムが続く限り、アメリカ国民は国内および海外において、われわれが直面し解決しなければならない諸問題で、指導者たちのとる行動を支持したがらないという現状に危機感を抱いたのである。このような危機感が、マクナマラをして、ヴェトナム戦争を反省し、教訓を学び取らなければならないという、強い思いに駆り立てることになった。

それでは、マクナマラはどのような反省をしたのであろうか。興味深いことに、彼は「判断と能力」の点で過ちを犯したと認めたものの、原則、アメリカ的価値観、信念に誤りがあったとは考えていないことである。マクナマラはヴェトナム戦争の教訓を一一項目列挙している。[46] そのうち一〇項目は、まさに「判断や能力」の誤りである。唯一評価できるのは八項目の教訓である。その教訓とは、アメリカは全能ではないのであり、アメリカのイメージや好みにしたがって他国を作り変えることはできない、という点であった。マクナマラの反省に見られる重要な事実は、彼もまた、ワシントンの外交エスタブリッシュメントや保守派と同様に、アメリカ例外主義を克服できていない、ということである。

しかし、アメリカ政府や保守派による「ヴェトナム症候群」克服の執拗な努力にもかかわらず、すでに述べてきたように、ソ連の消滅によるアイデンティティ・クライシスからの脱却は容易なものではなかった。冷戦後のアメリカ外交の目標喪失感が九・一一テロまで続いたことは、「他者性」の再生産過程が効果的に機能していなかったことを意味する。マクナマラの苦悩はそのようなアメリカ社会の現実を示すものであった。

それゆえ、「敵」の発見や「他者性」の生産に向けた努力はその後も続けられた。湾岸戦争では、フセイン大統領はヒトラーに相当する悪人として描かれた。また、北朝鮮、イラク、イラン、シリアなどは、「ならず者国家」として扱われてきたし、その過程で、北朝鮮による「核開発疑惑」やイラクによる大量破壊兵器の生産がもたらす脅威が強調され、国際的緊張や危機が発生した。アメリカは湾岸戦争終結後も、イラクに対する攻撃を繰り返し、「敵」や「脅威」の存在をアメリカ国民に印象づけようとした。九・一一テロ後もそうした努力は継続されている。アルカイダやオサマ・ビンラディンは悪魔として描かれ、アメリカは自由の守護神として、アルカイダの組織や彼らに棲家を提供しているタリバンを軍事攻撃する論拠としてきた。ブッシュ大統領が、イラク、イラン、北朝鮮を「悪の枢軸」と名指しして、攻撃の対象とみなしていることもまた、こうした「他者性」の生産という文脈で理解することができる。

五　おわりに——他者理解の欠如とアメリカ例外主義の克服

アメリカ人が抱く自己認識は厄介なことに、しばしば、他者理解の欠如というかたちをとって現われる。この点に関して注目すべき指摘は、アリエル・ドルフマンの指摘である。ドルフマンは、現在はアメリカのデューク大学教授であるが、元来はアルゼンチン生まれで、チリのアジェンデ社会主義政権の文化顧問を務めた。彼はチリのアジェンデ政権に対する軍のクーデターでアメリカに亡命を余儀なくされた。彼はもうひとつの「九月一一日」に触れ、アジェンデ政権に対するクーデターが起きたのが、二八年前（一九七三年）の「同じ日、同じ火曜日」だと述べている。教授は、自分自身も含めて多くのチリの民衆もまた、九・一一テロで死んだ多くの人と遺族や家族や恋人たちがいだく悲しみと怒りを経験したことに言及し、「自分たちの苦しみは唯一無二のものでもなければ自分たちの独占物でもない」ことを認識すべきである、と語っている。(47)

ドルフマンの指摘がいっそうの重みをもってわれわれに迫るのは、実は、アジェンデ政権打倒のクーデターには、アメリカが深く関与していたことが明らかになっているからである。一九七〇年にアジェンデが民主的な選挙で大統領に選出されると、ニクソン大統領は社会主義政権を打倒するために米中央情報局（ＣＩＡ）に軍事クーデターをそそのかすよう命じた。ＣＩＡはチリ軍部の将校と共謀して、クーデターを画策し、七〇年から七三年までに、少なくとも八〇〇万ドルを支出したとされる。アジェンデ政権は、一九七三年九月一一日、ピノチェト将軍の率いる軍部のクーデターで打倒され、アジェンデ大統領は自殺した。

アメリカ政府は軍部クーデターの成功を「歓喜して熱烈に」歓迎し、ニクソンとキッシンジャー安全保障担当大統領補佐官は、「歓喜で有頂天になった」という。しかし、クーデター後のピノチェト軍事政権下では、厳しい弾圧が開始され、アジェンデ政権の閣僚は逮捕・拘留された。左翼だとみなされた何千人もの市民が拘留・尋問・拷問された。七六年にはワシントンDCの路上で、アジェンデ政権の外相で軍事政権批判を続けていたオルランド・レテリアがピノチェトのエージェントによって暗殺された。少なくとも三〇〇〇人のチリ市民が殺されるか、行方不明になっている。この犠牲者の数は、九・一一テロの犠牲者数にほぼ匹敵する(48)。

われわれは「数多くの九・一一」の存在を確認することができる。にもかかわらず、ブッシュのアメリカはふたたび、アフガニスタンへの軍事攻撃は、九・一一テロに対する自衛のための戦争だとして、軍事攻撃を開始し、戦闘はいまもなお続いている。

しかも、ブッシュ大統領はアフガニスタン空爆宣言の際に、「われわれは平和主義国家だ」と発言したことから、インドの作家アルンダティ・ロイは皮肉を込めて、「これでわかった。豚は馬。少女は少年。戦争は平和(49)」と書いた。政治家の言葉がレトリックとして現実からはてしなく遊離してゆく状況を痛烈に皮肉ったのである。彼女はまた、アフガニスタン空爆で殺されている人々も、九・一一テロの犠牲者と同じ立場にある、と鋭い指摘もおこなっている。

しかし、このような声に耳を傾ける余裕などほとんどないという状況がアメリカ社会で続いた。そうした状況が変化しはじめたのは、ブッシュの対イラク戦争戦闘終結宣言後にイラク情勢が泥沼化し、アメリカ兵の犠牲者数が増大するようになってからである。この事実自体、アメリカ兵の犠牲者には神経質になるが、他国の民衆の犠牲には鈍感であることを示しており、他者理解の欠如を物語る。

アメリカ人の他者理解の欠如は明らかである。ドルフマン教授は先の小論のなかで、九・一一テロという「この黙示録的犯罪」は、「改心と自己認識の機会となりはしないか」、と一抹の希望をアメリカ国民に寄せた。九・一一テロが起こり、自分たちは他の国の人たちとは異なり、このような事件はアメリカでは起こりえないという神話が打ち砕かれたいま、この九・一一テロがアメリカ例外主義の終焉となることを期待したのである。しかし、同時に、ドルフマンは、「あまりにも希望しか知らないこの国の人たちが、人類の他の構成員に向けて同じ共感を抱けるまでの能力を持ち合わせているのかどうか、結論を下すにはまだ早い」、と小論を締めくくっている。

アメリカが世界秩序形成に果たす役割は大きい。しかし、アメリカのめざす世界秩序が世界の人々から支持を得ているとはいえない。二〇〇一年一一月中旬から一二月中旬にかけて実施されたある世論調査によると、回答者の実に七〇パーセントが、「脆弱であるということがどのようなものであるかをアメリカ人が知ることはよいことだ[50]」、と答えている。国際的に名前が知られている人権活動家で「プラザ・デ・マヨの母たち」協会会長でもあるへべ・デ・ボナフィミは、「この攻撃が起きたとき、……私は幸福に感じた」と述べた。「プラザ・デ・マヨの母たち」協会は、独裁政権下のアルゼンチンで「行方不明」になった市民の母親たちが結成した組織である。フランスでは、『ルモンド・ディプロマティーク』の編集者は、九・一一テロに対する世界の反応を以下のように要約した。「アメリカ人に今起きていることは不幸なことだが、自業自得だ[51]」。

以上の事実は、アメリカ国民への他者理解を求める世界の声を表わしてはいないか、ということである。アメリカの世界秩序への貢献を語る前に、アメリカ国民や政府が、アメリカ例外主義を克服し、他者理解を深めることができるかどうかがまず先決であろう。アメリカの多文化主義はアメリカ社会内においては、統合イデオロギーとして一定の役割を果たしているが、多文化主義の考えがアメリカニズムを克服して、国境を越えることができるか否か、世界において多民族共生の思想として現実に機能しうるか否かが問われている。

註記

（1） The Commission on America's National Interests, *America's National Interests*, Report from the Commission on America's National Interests, 1996, p. 1.

（2） John E. Rielly, "The Public Mood at Mid-Decade," *Foreign Policy*, No. 98 (Spring 1995), pp. 76–90.

（3） Samuel P. Huntington, "The Erosion of American National Interests," *Foreign Affairs*, Vol. 76, No. 5 (September/October 1997), p. 29.

（4） マイケル・クレア（南雲和夫・中村雄二訳）『冷戦後の米軍事戦略――新たな敵を求めて』（かや書房、一九九八年）、第1章（Michael Klare, *Rogue States and Nuclear Outlaws: America's Search for a New Foreign Policy* [New York: Hill and Wang, 1995]）。

（5） 菅英輝「『脆弱な国家』と日米安保体制」峯陽一・畑中幸子編著『憎悪から和解へ――地域紛争を考える』（京都大学学術出版会、二〇〇〇年）、三〇二～三〇五頁。安全保障、他者性、脅威として定義される外交政策がアメリカ人のアイデンティティ形成にとって有する重要性に着目した研究としては、以下を参照されたい。David Campbell, *Writing Security: United States Foreign Policy and the Politics of Idenitity* (Minnesota: University of Minnesota Press, 1992).

（6） Henry A. Kissinger, *Diplomacy* (New York: Touchstone Book, 1994), p. 836（岡崎久彦監訳『外交』上・下、日本経済新聞社、一九九六年）.

（7） Lloyd C. Gardner, "Angel in the Whirlwind: The Search for Independence in American Foreign Policy," in Proceedings of the Kyoto American Studies Seminar, July 26–July 28, 2001, Center for American Studies, Ritsumeikan University,

Kyoto, pp. 1–21.

(8) *Public Papers of the Presidents of the United States, Ronald Reagan, 1984, II* (Washington D. C.: USGPO, 1987), p. 1180. 以下、*Public Papers* と略記する。

(9) *Public Papers, Bush, 1989, II*, p. 1524; *Public Papers, Bush, 1990, I*, p. 130.

(10) Trevor B. McCrisken, *American Exceptionalism and the Legacy of Vietnam* (New York: Palgrave/Macmillan, 2003), pp. 1–2.

(11) *Public Papers, Bush, 1991, I*, p. 368; *Public Papers, Bush, 1990, II*, p. 1219; Don Oberdorfer, "Bush's Talk of a 'New World Order'," *The Washington Post*, May 26, 1991.

(12) *Public Papers, Bush, 1991, I*, p. 581; Statement by Richard Cheney, Concerning Operation Desert Shield before the Committee on Armed Services, US Senate, December 3, 1990, pp. 655–58.

(13) *Public Papers, Bush, 1990, II*, p. 1108. また以下も参照。*Ibid*., pp. 1148, 1400; George W. Bush and Brent Scowcroft, *A World Transformed* (New York: Vintage Books, [1998] 1999), pp. 340–41.

(14) Bush and Scowcroft, *A World Transformed*, pp. 370–71.

(15) James A. Baker, III, with Thomas M. Defrank, *The Politics of Diplomacy* (New York: Putnam, 1995), p. 297 (仙名紀訳『シャトル外交激動の四年』上・下、新潮社、一九九七年).

(16) Eric A. Miller and Steve A. Yetiv, "The New World Order in Theory and Practice: The Bush Administration's World-view in Transition", *Presidential Studies Quarterly*, Vol. 31, No. 1 (March 2001), p. 63.

(17) Bush and Scowcroft, *A World Transformed*, p. 491.

(18) Baker, *The Politics of Diplomacy*, pp. 331–32.

(19) Bush and Scowcroft, *A World Transformed*, p. 491.

(20) *Ibid*., p. 370. また以下も参照。*Public Papers, Bush, 1991, I*, p. 221.

(21) Baker, *The Politics of Diplomacy*, p. 279; Bush and Scowcroft, *A World Transformed*, p. 354.

(22) Baker, *The Politics of Diplomacy*, pp. 281, 294–95.

(23) Bush and Scowcroft, *A World Transformed*, pp. 371–72.

(24) Michael Hardt and Antonio Negri, *Empire* (Cambridge, Mass.: Harvard University Press, 2000), pp. 12–13, 38（水嶋一憲ほか訳『帝国――グローバル化の世界秩序とマルチチュードの可能性』以文社、二〇〇三年）.

(25) Stephen John Stedman, "The New Interventionists," *Foreign Affairs*, Vol. 72, No. 1 (1992/1993), pp. 4–5.

(26) Kenneth N. Waltz, "The Emerging Structure of International Politics," *International Security* (Fall 1993), pp. 48–49.

(27) この経緯については、菅英輝『米ソ冷戦とアメリカのアジア政策』ミネルヴァ書房、一九九二年、第一章、とくに二九～四四頁を参照されたい。

(28) Strobe Talbott, "Post-Victory Blues," *Foreign Affairs*, Vol. 71, No. 1 (1991/1992), pp. 419–22, 425.

(29) *New York Times*, March 8, 1992, p. 11.

(30) *Defense Strategy for the 1990s: The Regional Defense Strategy*, Pentagon document, January 1993. ただし、リークされた内容に比べて、本報告は表現が薄められている。

(31) *Ibid*.

(32) *Ibid*. ブッシュ政権の対アジア政策については、菅英輝「W・ブッシュ米政権の対外政策――その理念とアプローチ」『国際問題』五五〇号（二〇〇六年四月）、一六～二八頁を参照されたい。

(33) *Ibid*. ジェームズ・マン（渡辺昭夫監訳）『ウルカヌスの群像――ブッシュ政権とイラク戦争』（共同通信社、二〇〇四年、三〇〇～〇七頁）（James Mann, *Rise of the Vulcans: The History of Bush's War Cabinet* [New York: Viking, 2004]）。

(34) イラク戦争にいたるブッシュ政権首脳の描く戦略とその狙いの詳細な分析は、菅英輝「冷戦後の米国のヘゲモニー戦略と世界秩序」『国際政治』一五〇号（二〇〇七年一一月）、二五～三〇頁を参照されたい。

(35) Nicholas Lemann, "The Next World Order," *The New Yorker*, April 1, 2002.

(36) こうしたアメリカ政治思想の特質を明らかにしたのが、Louis Hartz, *The Liberal Tradition in America* (New York:

Harcourt Brace & Co., 1955)（有賀貞訳『アメリカ自由主義の伝統——独立革命以来のアメリカ政治思想の一解釈』講談社、一九九四年）である。

(37) *Public Papers, John F. Kennedy, 1961*, p. 1.

(38) President Bush's Address to a Joint Session to Congress and the American People, September 20, 2001.

(39) Department of Defense, *Quadrennial Defense Review Report*, September 30, 2001, p. iii.

(40) Ernest Lee Tuveson, *Redeemer Nation*（Chicago: University of Chicago Press, 1968）, pp. 156–57. ロバート・N・ベラー（松本滋・中川徹子訳）『破られた契約——アメリカ宗教思想の伝統と試練』（未來社、一九八三年）、八六～八七頁（Robert N. Bellah, *The Broken Covenant: American Civil Religion in Time of Trial*, New York: Seabury Press, 1975）。

(41) President George W. Bush's Inaugural Address, January 20, 2001.

(42) Negri and Hardt, *Empire*, pp. 124–26.

(43) Daniel Bell, "The End of American Exceptionalism," *The Public Interest*, No. 41（Fall 1975）, pp. 197, 222.

(44) Robert Tucker and David C. Hendrickson, *The Imperial Temptation: The New World Order and American Purpose*（New York: Council on Foreign Relations Press, 1992）, p. 152.

(45) Robert McNamara, *In Retrospect: The Tragedy and Lessons of Vietnam*（New York: Times Book, 1995）, p. xvi（仲晃訳『マクナマラ回顧録——ベトナムの悲劇と教訓』共同通信社、一九九七年）.

(46) *Ibid.*, pp. 321–23.

(47) アリエル・ドルフマン「九月十一日は米国の独占物ではない」『世界』二〇〇一年一一月号、一一二頁。

(48) Peter H. Smith, *Talons of the Eagle*（Oxford: Oxford University Press, 1996）, pp. 171–76.

(49) アルンダティ・ロイ「戦争は平和」『世界』二〇〇二年一月号、一一五～一一七頁。

(50) *International Herald Tribune*, December 20, 2001, p. 6.

(51)「戦争は平和」、一一五～一一七頁。

第5章　UNHCRとアメリカ

国際的難民保護レジームとアメリカの外交戦略

柄谷利恵子

一　はじめに

本稿の目的は、第二次世界大戦後に国連難民高等弁務官事務所（UNHCR）を中心として確立された国際的難民保護レジームに対して、アメリカ政府がどのような関係にあるのかを、UNHCRに対する拠出金額および拠出先の変遷を通して考察することである。[1] たしかに、UNHCRに対する拠出金は、アメリカの難民政策関連予算のほんの一部にすぎない。しかしUNHCRからみれば、アメリカ政府からの拠出金は年間予算の四分の一程度を占める（後掲図2）。したがってアメリカ政府は拠出金支払いを通じて、国際的難民保護レジームに対して促進、懐柔、介入、支配といった多種多様な関わり方をすることが可能だった。

UNHCRの財源のなかで、国連の通常予算から支払われる資金はほんのわずかである。[2] これだけでは、「UNHCR事務所規約」（以下、UNHCR規約）に書かれている職務――難民の国際的保護、具体的には難民の諸権利を守り、促進すること――を遂行するにも十分ではない。つまり最初から、UNHCRは活動資金の大半を各国政府および民間からの自発的な拠出金に依存しなければならない組織だった。しかも設立以降、UNHCRの活動は事業内容と地理的範囲の両方で飛躍的に拡大してゆく。したがって、一九五五年にはじめてUNHCRに拠出金を提供して以降、大口の資金提供国であるアメリカ政府とUNHCRのあいだで駆け引きが始まることになる。UNHCRおよびその代表である国連難民高等弁務官（以下、弁務官）は、拠出金提供者による一方的な介入や支配を回避しようと、一九七〇年代半ばと一九九〇年代後半の二度にわたり、予算方法の改革を断行する。予算の透明性を高めドナーに対する説明責任を明確にすることで、拠出金のさらなる獲得と獲得先の多様化を進めることがその大きな目的だった。

本稿では、予算方法が確立した一九七〇年代半ばから現在までの時期をとりあげる。従来から議論されてきたように、戦後アメリカの難民受け入れ政策の主眼は、対ソを基軸とした冷戦対策におかれていた(3)。本稿はその点に異議を唱えるものではない。しかしアメリカ政府にとってUNHCRは、ある時期は自国の外交戦略の手が届きにくい地域で活動する「代理人」や「協力者」だったかもしれない。また別の時期は、UNHCRの活動自体の重要性は無視できないものの、アメリカ政府の外交政策に影響を及ぼさないように、活動を限定しておかなくてはいけない「邪魔者」と見ていたかもしれない。レジームと超大国をめぐる研究においては、超大国の存在と国際公共財としてのレジームに創設の起源を読み解こうとするものや、レジーム維持のコストが超大国に過度の負担を強いることを指摘する議論などがある(4)。また、レジームの中核を担う国際組織を構成国の総意にすぎないとみるのか、独立した主体となりうるのかを議論する研究もある(5)。一方的にアメリカ政府が、UNHCRの活動を支配したり介入したりできたわけではないが、アメリカ政府からの拠出金がなければ、UNHCRのその後の発展はもちろん、存続すら困難だったのは事実である。

以下、次節においてUNHCRの財源・予算編成について述べる。第二節から第四節では、UNHCR設立から現在までを、予算体制の第一次改革(一九七〇年半ば)以前、改革以後(一九七七年から二〇〇〇年まで)、第二次改革(二〇〇一年)後の三つの時期に分けて議論する。そのうえで、設立当初の「無視」から現在の「選択的積極利用」にいたるアメリカ政府とUNHCRの関係の変遷をたどる。最後に現在の予算体制の問題点を指摘し、本稿の締めくくりとしたい。

二 UNHCRの予算体系

UNHCRは一九四九年の国連総会決議(319(IV))を受けて創設が決定される。UNHCRの事業内容を規定する「UNHCR事務所規定」は、翌一九五〇年の総会決議(428(V))にもとづいて作成された。当初、UNHCRは時限つきの機関にすぎず、その活動も難民の法的権利の保護に限定され、「難民」に対する物質的援助はUNHCRの活動に含められていなかった。またUNHCRはUNの下部機構として設立されたため、国連総会や安全保障理事会の指示を拒否することが原則として不可能である。その結果、突発的な要請に応えないといけないうえに、活動の内容を自由に拡大することは許されない。くわえて、当時から国際労働機関（ＩＬＯ）を含め、ＵＮＨＣＲ以外にも人の国際的移動の分野で活動をおこなう国際機関が存在していた。複数の多国間組織が並存する状態では、この分野に提供される少ない資金をめぐって、資金の獲得競争が繰り広げられることになる。絶えず組織の存在意義を示してゆかなければその存続があやうくなるため、組織間の協力関係を構築するのは困難である。さらに、設立当初のＵＮＨＣＲはアメリカ政府からの支援を望めず、他の国際機関に比べて非常に弱い立場に立たされていた(6)。

後で述べるように、ＵＮＨＣＲの活動の実施および拡大に対する最大の阻害要因となったのが予算制度である。元来、ＵＮＨＣＲの活動はＵＮＨＣＲ事務所規約に従い、難民の法的保護と条約の批准促進に限定されていた。その後、総会および事務総長の要請に応じて活動内容が拡大してゆくことになる。そこで問題となるのが資金調達だった。ＵＮＨＣＲに対しては国連通常予算から経費が支給される。しかしそれはＵＮＨＣＲの年間予算の数パーセントにすぎず、事業活動のためには自発的拠出金を毎年獲得してこなければならない（図１）。設立当初は、事業活動のための拠出金集めをするには国連総会の許可が必要だった。現在でもＵＮＨＣＲの活動の大半が、各国政府や民間からの自発的拠出金でまかなわれている。にもかかわらず、民間団体や各国政府からの拠出金にもとづく事業が、予算体系のなかに明確に組み込まれたのは一九七〇年代半ばになってからのことだった。

各国政府および民間団体から拠出金を集めるためには、弁務官のもつ道徳的権威や個性、さらには弁務官と各国政府の関係が大きな力を発揮することになる。ただし、弁務官が単独で政策を作成したり決定したりするわけではない。一九五九年には執行理事会（Executive Commitee）が結成され、弁務官が

図1　UNHCR年間支出

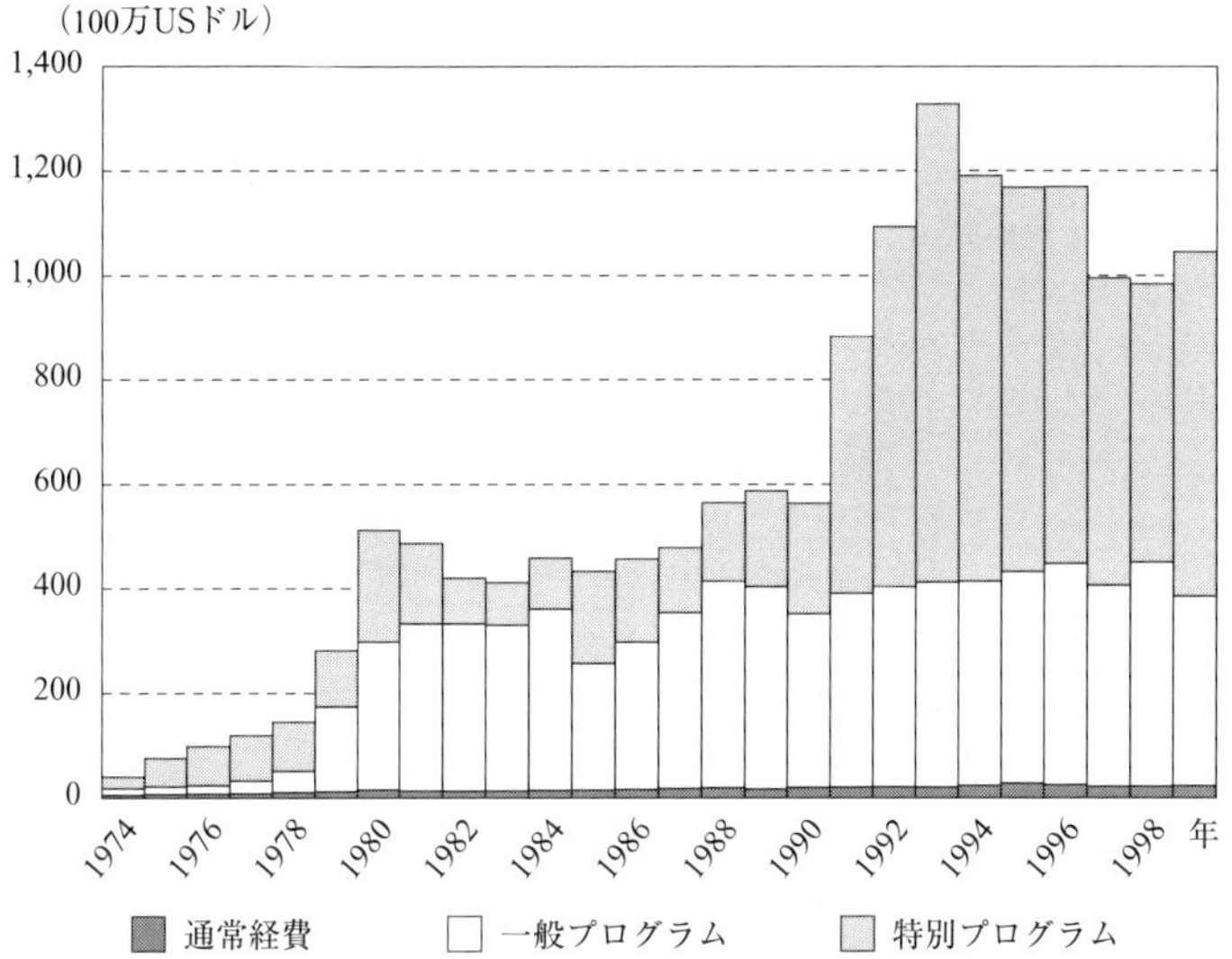

出所：UNHCR, A/AC. 96/516, 526, 537, 553, 564, 577, 594, 610, 621, 646, 664, 677, 696, 709, 729, 753, 775, 798, 813, 824, 845, 865, 884, 900, 915, 932 にもとづき筆者作成。

実施する難民支援プログラムを承認し、少なくとも年一回は実行計画および予算の検証をおこなっている。(7) 当初、執行理事会の構成員は二五カ国だったが、難民問題の地理的拡大とＵＮＨＣＲの活動内容の多様化を受けてその後六八カ国に増加した。(8)

ＵＮＨＣＲにとって予算編成上でもっとも重要なのが拠出金獲得である。ここで注意すべき点は、予算編成の際に算出されるのは予算額ではなく、予算目標（Target）の決定にすぎないことである。というのも先述のとおり、ＵＮＨＣＲの予算はその大半を自発的拠出金に依存している。また難民問題の性格上、突発的な危機を予測することは不可能である。そこで予算編成過程で重要なのは、拠出を求める際の目標額の算出根拠を案出することである。それにもとづいて各国政府や民間団体からの拠出金を募ることになる。ドナーとの密接な関係を維持するという重大任務は、対外総局（Division of External Relations）内にあるドナー関係および資金調達課（Donor Relations and Resource Mobilization Service）が担っている。[9] ドナーにとっては、自分の拠出金が適切に使われ、成果をあげているかどうかを知ることは重要である。そこで担当者はドナーと定期的に面会し、UNHCRの活動の説明をおこなう。継続した拠出金の獲得にはドナーからの信頼が必要であり、そのため中間報告、年次報告書の作成はもとより、担当官による大口の拠出国政府への訪問および面談は欠かせない。

UNHCRはまた、先述の執行理事会の年次大会（年に一回、一〇月にジュネーヴで開催）に加えて、非公式会議を一年に二回開催している。さらに年次大会にはメンバーだけでなく、非メンバーもオブザーバー資格で出席することが認められている。会議は一般に公開されており、オブザーバーも発言することは可能である。これらの機会を通じてUNHCRは、拠出金の使用方法を含めた事業活動の透明性を示し、ドナーに対するアカウンタビリティを確保しようとする。その結果がさらなる拠出金の獲得と新たなドナーの開拓につながることを望んでいるからである。次節以降で述べるように、UNHCRに対する拠出金には、ドナーが資金の使い道を限定している場合とUNHCRが自由に使途を決める場合の二種類がある。UNHCRからすれば、事業内容への理解が深まることで、ドナー自身が使途を指定するのではなく、自分たちで拠出先を決定できるかたちの拠出金の獲得が好ましい。というのもドナーが考える使途の優先順位は、各国の個別利益にもとづいており、UNHCRが国際的視点から考える優先順位と異なる場合が多いからである。したがって、ドナーからの縛りのない拠出金獲得をできるだけ

図2　UNHCR年間支出とアメリカ政府拠出金

出所：UNHCR, A/AC. 96/516, 526, 537, 553, 564, 577, 594, 610, 621, 646, 664, 677, 696, 709, 729, 753, 775, 798, 813, 824, 845, 865, 884, 900, 915, 932および A/AC. 96/514, 528, 537, 552, 565, 576, 591, 604, 618, 637, 656, 678, 692, 707, 755, 779, 796, 811, 829, 848, 866, 883, 899, 917, 931にもとづき筆者作成。

推進するような予算制度が望まれてきた[10]。

現在、アメリカ政府はUNHCRへの最大のドナー国である。しかし設立当初からUNHCRに対して積極的に資金提供をおこなってきたわけではない。一九五五年になってやっと、アメリカ政府もUNHCRに対して小額ながら拠出金の提供を始める。図2からわかるように、その額はUNHCR予算の拡大にともない増加し続け、全体の二割強から三割を占めるようになっている。しかしUNHCRからみて、アメリカ政府からの拠出金は不可欠だが、その影響力が強くなりすぎることは望ましくない。そのため絶えずドナーの多様化に努めてきた。以下、UNHCRの予算制度の変更にともない、

ＵＮＨＣＲ設立から現在までの時期を三つ――①創設期（一九七〇年代半ば）、②プログラム別予算調達期（一九七七年から一九九九年まで）、③統合年次予算調達期（二〇〇〇年から現在まで）――に分けて、ＵＮＨＣＲの予算とアメリカ政府からの拠出金・拠出方法の変遷をたどる。ただし、ＵＮＨＣＲに対する拠出金が本格的に予算体系化されるのは一九七七年以降であることと、第三期の予算体制に関する研究蓄積がまだ少ないことから、分析の中心は第二期とする。

三　ＵＮＨＣＲ創設とアメリカ政府の対応――無視・敵対（第一期）

第二次世界大戦中からアメリカ政府は国際的難民保護体制に関心をはらっていた。現在の国際移住機構（ＩＯＭ）の前身となる暫定的政府間委員会は、アメリカ政府からの全面的な支援を受けて一九五一年一二月に創設が決定される。翌年には「欧州移民に関する政府間委員会」（ＩＣＥＭ）と名前を代え、初代事務総長はアメリカ出身のヒュー・ギブソンが選出される。第二次大戦直後に設立された国際難民機構（ＩＲＯ）が解体され、その輸送設備・ノウハウを引き継いだＩＣＥＭは、五二年にはさっそく、アメリカ避難民プログラム（ＵＳＥＰ）のもとで活動を開始する。(11)

一方ＩＲＯ解体後、難民の権利保護の役割を受け継いだのがＵＮＨＣＲである。しかし設立当初からＵＮＨＣＲは、物質的支援（material assistance）への活動範囲の拡大とそのための拠出金獲得をめざしていた。(12)ＩＣＥＭの例でも明らかなように、国際機関の事務総長にアメリカ出身者を据えることは、アメリカ政府がその機関に対する影響力を確保する手段のひとつだった。UNHCRの場合、アメリカ政府の反対にもかかわらずオランダ出身のゲリット・J・ヴァン・ハーベン・グートハートが初代弁務官に着任したことで両者の亀裂が決定的になってしまう。国際的難民保護の分野ではすでに十分協力していると主張するアメリカ政府は、ICEMには多額の資金を提供する一方で、UNHCRへの拠出金を拒み続けた。アメリカ政府のこのような態度は、当然他の加盟国がUNHCRに財政的支援をおこなうことを躊躇させた。

各国のUNHCRへの対応が変化するきっかけとなったのが、一九五四年のノーベル平和賞の受賞である。これ以降、国際的難民保護の分野におけるUNHCRの道徳的権威が徐々に認識されるようになっていった。同じ年には、戦後約一〇年が経過した後も欧州の難民キャンプにとどまっている難民に対し、恒久的な定住を可能にするための「国連難民基金」(UNREF)が四年計画として創設される[13]。この基金を使って、難民が欧州以外の地域に移住できるように職業訓練などの支援をおこなうことがめざされた。それまでUNHCRの活動には「無視」の態度を決め込んでいたアメリカ政府も、条件付きながらもついにUNREFに対する拠出金の提供を決める[14]。

UNREFの開始二年後の一九五七年には、国連総会が弁務官に助言をおこない、弁務官による救援プログラムを審査する目的で先述の執行理事会の設立が決定される(UNGA Res. 1166(XII))。一九五九年に第一回会合を開催した執行理事会に参加することで、アメリカ政府は財政面だけでなく制度的にもUNHCRに影響を行使できることになった。アメリカ政府の態度の変化の背景には、UNHCRに対する国際的評価の高まりがあったことは確かである。また執行理事会にソ連・東欧諸国が参加していないことも、アメリカ政府にとっては好都合だった。

一九六〇年代に入り、難民問題の中心が西欧諸国から、いわゆる発展途上国と呼ばれるアフリカやアジアで難民化する人々の救済へと移行する。にもかかわらず、一九五一年に制定された難民条約は、西欧諸国で発生した難民救済に特化したものだった。そこで国連総会は、一九六七年に難民議定書が制定されるまでのあいだ、UNHCR弁務官に「斡旋(good offices)」機能を認めることで西欧以外の地域の難民問題に対応するしかなかった(UNGA Res. 1388 (XIV), 1959)。そのような対処療法的対応しかとれないにもかかわらず、リンツ(一九五六〜六〇年)、シュニーデル(一九六一〜六五年)、サドルディン・アガ・カーン(一九六五〜七七年)と弁務官職が引き継がれるにつれて、とくにアフリカ諸国におけるUNHCRへの活動要請が増えてゆく。活動の中身自体も、UNHCR規約に明記されている難民の権利の法的保護活動から緊急物質援助へと拡大していった。

ただし、UNHCRだけでなくICEMもまた、一九六〇年代には活動の中心をヨーロッパ以外の地域へと移行していた[15]。当然UNHCRとしては、旧来からのドナーの拠出額を増やし、新たなドナーを開拓し続ける必要が生じる。そこで既存のドナーに対しては説明責任を果たし、さらに潜在的ドナーには活動内容を紹介し賛同してもらわなければならない。その際問題となったのが、拡大を続けるUNHCR予算の記載方法だった。一九七三年には「国別プログラム形式」(country programming)が、「それぞれの国におけるUNHCRの活動を明示化するシステム」[16]として導入される。このシステムのもとでは、まずそれぞれのプログラムにおける実行方法の明記、予算の数量化、目的達成に向けた時期設定が計画される。つぎにこの計画の枠内で、一年ごとの行動プログラムが作成される。これが最終的に執行理事会へ提出され、UNHCRの年次プログラムに含まれるかどうかが決定する。さらに翌一九七四年から、UNHCR規約にもとづく活動を超えた活動——「特別人道活動」(special humanitarian operations)——の報告方法の検討も始められた。

三年におよぶ検討過程のなかで、特別人道活動についても適切な制度的枠組みの下に置かれるべきであり、執行理事会に活動報告をおこなうように弁務官自身が提案するにいたった。こうしたUNHCRの活動報告をめぐる改革の流れが、一九七七年以降に一般プログラム(General Programmes, 以下、GP)と特別プログラム(Special Programmes、以下、SP)の区分へとつながってゆくことになる。

四 UNHCRとアメリカ政府の攻防——プログラム別予算調達制度(第二期)

この時期に弁務官を務めたのは、ポール・ハートリング(一九七八〜八五年)、ジャン゠ピエール・オッケ(一九八六〜八九年)、トールヴァル・ストルテンベルグ(一九九〇年)、緒方貞子(一九九〇〜二〇〇〇年)の四人である。

予算改革の試みは一九七七年の第二八回執行理事会において、UNHCRの活動をGPとSPの二つに分けて予算を作成する体制が確立されることで決着する。[17] 先述のとおり、一九七七年の改革の背景としては、七三年の国別プログラムとそれにともなう予算方法の導入がある。ただしこれらは、プログラム執行の利便性および効率の向上が目的だった。しかしながら一九七七年以降実施された、GPとSP

から構成されるプログラム別予算調達制度は、UNHCR規約に由来する活動を取り扱う予算枠組みのなかで、国連事務総長や総会、経済社会理事会の要請を受けて「本来の機能に加えて」おこなわれている活動を、どのように予算報告書に記載するのかという現実的な問題に対する解決案として誕生する。つまり一九七七年改革の起源は、予算をいかに効率的に使い最善の結果を出してゆくかだったが、改革の産物であるGPおよびSPの分割は、予算報告書を作成する際に問題となる、それぞれの活動の資金源の形態にもとづいている。

まずSPは、先述の特別人道活動とトラスト・ファンドによって実施されるプログラムの二つによって構成されている。「本来の機能に加えて」おこなわれる特別人道活動が急速に拡大するなか、それを実行するための資金を集めなければならないUNHCRとしては、予算制度のなかでその額や使用方法を明記し、説明責任を確保する必要があった。そこで特別人道活動を、弁務官によって運用されている他のトラスト・ファンドと同様に報告することが決定される。つまりSPとは、個別のトラスト・ファンドによって資金提供されるといった、独自の資金運営によって実施される一連のプログラムということになる。これらをすべてSPというひとつのグループにまとめることによって、既存の予算に規則性がもたらされた。それに対してGPに分類されたのは、UNHCR規則にもとづく難民の権利保護にかかわる活動をおこなう年間プログラム（Annual Programme）と、一九五二年設立の緊急基金の二つである。つまり大まかにいって、ドナーが何か特別の活動をUNHCRに依頼したいので、そのために特別に拠出金を提供した場合はSPの活動となる。それに対し、ドナーが拠出先を指定せずに資金を提供する場合は、その資金を使ってGPが実施される。

プログラム別予算の導入によって、予算の出自と活動の内容の明確性が確保されたはずだった。しかしながら、UNHCRの新しい活動の数や規模が拡大するにつれて、二つのカテゴリーの区別がふたたび曖昧になってゆく。たとえば緊急基金は、急激に難民が発生するような事態が生じた際でもUNHCRが難民保護をおこなうことを可能にするために設立された。本来このような活動は、UNHCR規則に由来する活動としてGPに含められるはずである。しかし難民の突発的発生に対する緊急援助には巨額の資金が必要となる場合が多い。その結果、緊急基金だけで完全にまかなうことができない場合もでてくる。その際、UNHCRは各国政府や民間団体に対して、緊急に支援を要請し、さらなる資金を獲得しなければならない。このように緊急アピールの結果獲得した資金は、「ある特別目的のために拠出された資金」として特別トラスト・ファンドを形成することになる。したがって予算上、その活動はSPに分類されることになってしまう。これはつまり、UNHCRの本来の活動としてGPに含められるべきものが、実際はSPとして処理されることを意味する。支出のほぼ全部を自発的拠出金によってまかなっている体制では、GPとして活動するための資金は、予想できる収入のある一定レベルにとどめておく必要がある。そうでなければGPとしての活動の継続性が確保できなくなる。絶えず拠出金獲得額に不安を抱いているUNHCRとしては、本来はGPのもとで長期的におこなわれるべき活動の多くをSPの活動に分類し、拠出金を募るという手段をとらざるをえない。しかしSPのもとで活動をおこなうということは、その活動の継続がドナーの意思に依存することになってしまう。

この時期、アメリカ政府とUNHCRのあいだにどのような関係が見られたのだろうか？　一九七八年に弁務官に就任したハートリングのもとで、UNHCRは一九八一年に二度目のノーベル平和賞を受賞する。UNHCRに対する国際的評価が高まるなかで、着実に増加していたアメリカからの拠出金額が一九八一年を境に頭打ちになる。ハートリング着任直後の四年間は、アメリカの拠出金は増加を続けていた。しかもその前の弁務官だったサドルディンのときとは異なり、増加していたのはGPに対する拠出金だった（図3）。それが一九八一年以降、九〇年に緒方が弁務官に着任するまでのあいだは一億ドルラインで推移し続けることになる（前掲図2）。GPへの拠出金はUNHCRの活動一般の拡大に寄与し、SPへの拠出金は各国政府独自の外交目的の延長・拡大に直結することを考えれば、一九八一年以降のアメリカ政府による拠出金の動向はどう解釈することが可能か。

UNHCRの予算をよく見ると、ハートリングの初期にはアメリカからだけでなく、各国からの拠出金も急増していたことがわかる（前掲図1）。潤沢な資金を基にして、UNHCRはこの時期、インドシナ、アフリカの角地域や中央アメリカで大規模な救援活動を展開していった。アメリカ政府も一九七七年のカーター政権誕生後、外交目的として「人権」概念が大きくクローズアップされていた。そのこともあり、対ソ連・東側政権からの脱出者だけでなく、「抑圧からの被害者」全般を「難民」として受け入れてゆこうという姿勢が見られるようになる。一九八〇年に制定された「アメリカ難民法」においては、従来の「共産主義国出身者」という条件が廃止され、アメリカにおける難民の定義も、法律上は難民条約および議定書での定義に順ずることになった。ただし、実際にアメリカで受け入れられた難民の大半は、キューバやインドシナ半島の出身者であった。しかしこの時期に、アメリカ政府のUNHCRへの信認が一時的でも高まったのは確かだろう。

では、ハートリング後期（一九八一年以降）にアメリカの拠出金額が頭打ちしたことはどのように説

図3　アメリカ政府拠出金内訳

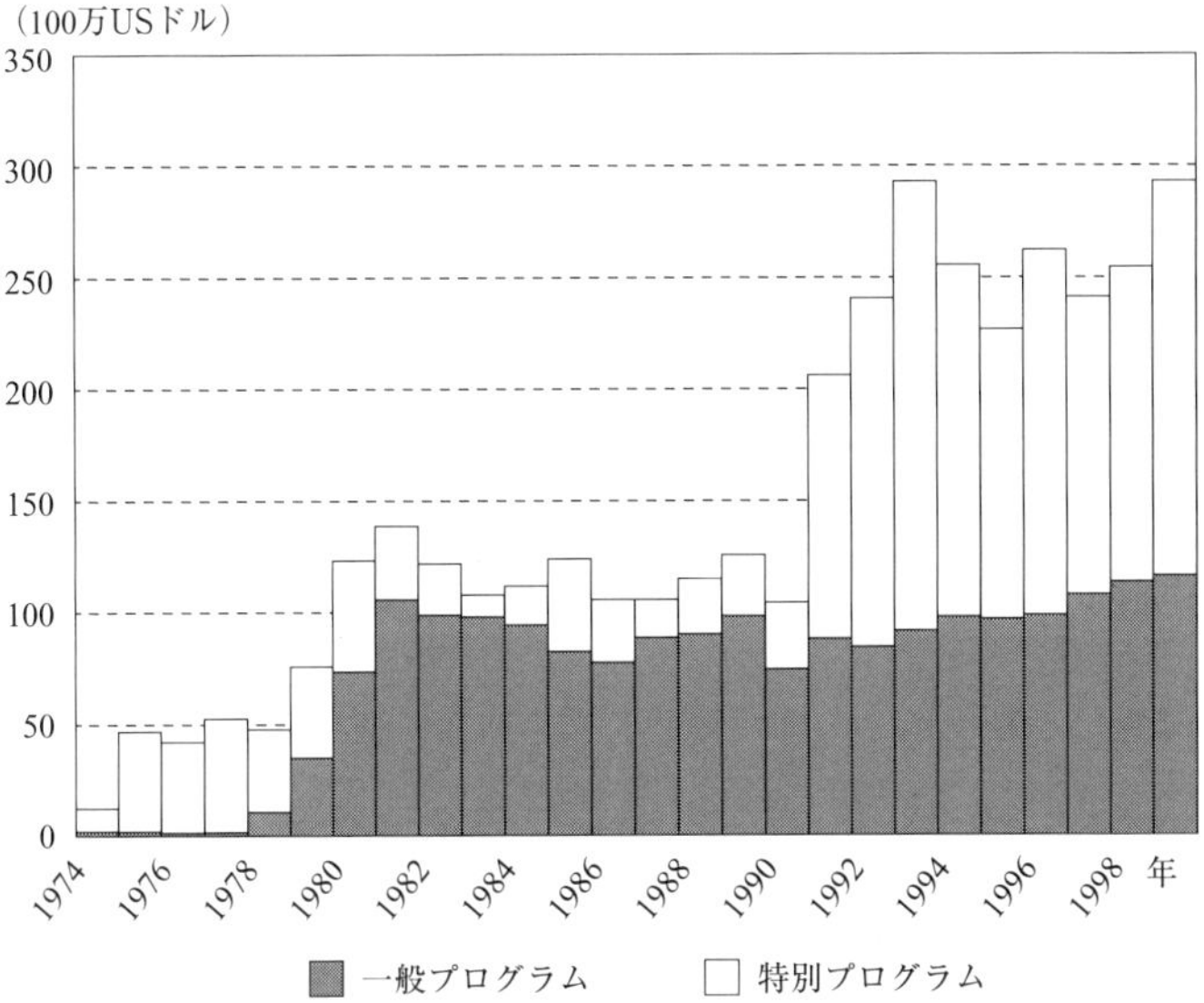

出所：UNHCR, A/AC. 96/514, 528, 537, 552, 565, 576, 591, 604, 618, 637, 656, 678, 692, 707, 755, 779, 796, 811, 829, 848, 866, 883, 899, 917, 931にもとづき筆者作成。

明できるだろうか。ＧＰに対する拠出金額がサドルディン期に比べて急増した分、ＳＰへの拠出金が激減し、もっとも少なかった一九八三年には、サドルディン退任直前の一九七七年の五分の一以下にまで落ち込んでいる（図3）。ＳＰへの内訳を見てみると、キプロス、インドシナ関連プログラムがそのほぼすべてを占めていた（表1）。アメリカの拠出金の大半がＧＰにあるということは、アメリカ政府がＵＮＨＣＲの活動全体を支持していることを意味し、一見、ＵＮＨＣＲのほうがアメリカ政府の政策に影響を及ぼしているように見える。もしくはＵＮＨＣＲとアメリカの政策目的が類似しているため、アメリカ政府はＳＰではなく、ＧＰに拠出金を提供しているとの解釈が成り立ちそうである。しかし実際は、GPの資金を一国（この場合はアメリカ）に大きく依存するということは、その国がUNHCRの委任事項に及ぼしうる影響力が大きくなることを意味する。つまり一九八一年以降、アメリカからの拠出金の増減が、UNHCR規約にもとづいたUNHCR「本来の機能」であり、かつUNHCRが国際的見地から重要で継続的に実施すべきプログラムから構成されるGPの実現を左右するようになってしまった。

また、UNHCRとアメリカの外交政策の親和性の高まりとGPへの拠出金増加の相関関係についても疑わしい。ハートリングの就任期間を通じて、アメリカ国内での難民受け入れをめぐる議論の中心は、先述のようにキューバやインドシナ難民の増加、さらにはハイチからの大量流出民やメキシコからの不法移民の扱いだった。しかしインドシナ出身者を除き、キューバやハイチ、メキシコといった中南米に対するSP拠出金をアメリカ政府はおこなっていない（表1）。つまり当時、アメリカ政府にとって外交的関心の低い地域が国際的な難民問題の中心であり、UNHCRの主要な活動地域であった。そこでアメリカ政府としては、自分たちが直接関与することなくそれらの地域の安定化を確保する手段として、UNHCRのグローバル活動、つまりGPに対して支援をおこなう。しかしインドシナや中南米といった、アメリカの外交戦略上重要な地域には、UNHCRの関与を全面的に認めない。そこでは、アメリカ外交戦略の「道具」としてSPを通じてUNHCRを使うことすらも拒否していた。つまりアメリカ政府からみた場合、ハートリング期のUNHCRはその活動がアメリカ独自の外交政策と対立する心配はない。したがってGPに拠出金を出すことで、UNHCRのアジア・アフリカでの活動の拡大を支援する。一方、UNHCRを自らの外交戦略の一部に組み込む気はないのでSPに拠出金を提供すること

表1　特別プログラムに対するアメリカの拠出先（3位まで），1978–1999年

年	1位	2位	3位
1978	キプロス活動	インドシナ半島外のインドシナ難民	アフリカの角地域の人道援助
1979	東南アジアでの難民認定	カンボジア難民センター	ザイール難民の帰還および復帰
1980	キプロス活動	カンボジア難民	東南アジアにおける語学訓練
1981	キプロス活動	東南アジアでの難民認定センター	カンボジア難民
1982	キプロス活動	その他の特別プログラム	チャド帰還民支援
1983	キプロス活動	教育	他の特別プログラム
1984	キプロス活動	その他の特別プログラム	ウガンダ帰還民支援
1985	ソマリアおよびスーダン	キプロス活動	その他の特別プログラム
1986	キプロス活動	東スーダンでの緊急支援	エチオピアでの緊急支援
1987	キプロス活動	エチオピア帰還民	モザンビーク・マラウィの避難民
1988	その他の特別プログラム	キプロス活動	エチオピア帰還民
1989	その他の特別プログラム	キプロス活動	ナミビア帰還民計画
1990	インドシナ難民行動計画	エチオピア帰還民	その他の特別プログラム
1991	中東での行動計画	アフリカの角地域への緊急活動	インドシナ難民包括的計画
1992	旧ユーゴスラヴィアへの人道支援	インドシナ難民包括的計画	アンゴラ帰還民
1993	旧ユーゴスラヴィアへの支援	インドシナ難民包括的計画	その他の特別プログラム
1994	ブルンディ・ルワンダ緊急支援活動	旧ユーゴスラヴィアへの支援	モザンビーク帰還民
1995	ブルンディ・ルワンダ緊急支援活動	旧ユーゴスラヴィアへの支援	その他の特別プログラム
1996	ブルンディ・ルワンダ緊急支援活動	旧ユーゴスラヴィアへの人道支援	インドシナ難民包括的計画
1997	旧ユーゴスラヴィアへの人道支援	ブルンディ・ルワンダ緊急支援活動	ルワンダ難民・帰還民支援
1998	旧ユーゴスラヴィアへの人道支援	チモール緊急活動	ルワンダを除くアフリカ大湖地域
1999	旧ユーゴスラヴィアへの人道支援	ルワンダを除くアフリカ大湖地域での活動	リベリアへの帰還

出所：UNHCR, A/AC. 96/514, 528, 537, 552, 565, 576, 591, 604, 618, 637, 656, 678, 692, 707, 755, 779, 796, 811, 829, 848, 866, 883, 899, 917, 931 にもとづき筆者作成。

はせず、インドシナや中南米での自国の活動の自立性は確保する。ただし、拠出金が一九八一年以降伸び悩んでいたことからみて、ＵＮＨＣＲの重要性は認めるが、ＵＮＨＣＲが潤沢な資金を獲得することで必要以上に活動を拡大することも望んでいなかったと考えられる。

ハートリング後期から頭打ちになっていたＵＮＨＣＲの予算額は、続くオッケ、ストルテンベルグの時代に入っても伸び悩んだままだった（図１）。一九八〇年代にはソ連・東欧諸国からの難民申請者ではなく、いわゆる途上国から西側先進国への難民申請者が急増する。その結果、受け入れ国政府のあいだに反難民感情が高まってゆくことになる。アメリカを含めた西側先進国政府にとって、途上国出身の難民申請者への関心は低く、難民の発生しない状況づくりがＵＮＨＣＲに求められるようになった。難民申請者数とは反比例するかのように拠出金額は低迷し、一九八八年および一九八九年にはＵＮＨＣＲの予算が危機的状況に陥ってしまった。その結果設立された予算に関する調査委員会は、国連からの給付が支出全体に占める割合があまりに低いことから生じる、①ＵＮＨＣＲの活動は拠出金に依存、②拠出金支払い時期が会計年度のいつになるか未定、③ＧＰ、ＳＰのどちらに拠出するかを決定するのはドナーである、といった財政上の制約を克服するべく審議を続ける[18]。しかし、これら三点はＵＮＨＣＲ設立時に埋め込まれた構造的制約であり、ＵＮＨＣＲおよび執行理事会にはどうすることもできないことだった。オッケは約四年の就任期間中にソ連や東欧諸国政府との関係修復に努める。その結果、一九九〇年にソ連とポーランドがはじめて執行委員会にオブザーバーとして参加するという大きな成果が生み出された。しかし財政的には、彼の就任期間中は一貫して苦しいままだった。

財政悪化の責任をとるかたちでオッケが辞職したあと、ストルテンベルグが着任するまでの三カ月間は弁務官職が空席になってしまう。着任後、ストルテンベルグには、拠出国政府とUNHCRの関係改善をおこなうとともに、財政的に機能不全を起こしているUNHCRの建て直しが期待されていた。しかし就任わずか一一カ月後に、ストルテンベルグはノルウェーで外務大臣に就任するためUNHCRを去っていった。

ハートリング、オッケ、ストルテンベルグの就任期間中、アメリカ政府の拠出金額は一貫してUNHCRの予算全体の四分の一程度を占めていた（図2）。一九五〇年代とは異なり、アメリカ政府はUNHCRの存在意義は認めていることから拠出金は出し続ける。しかし、アメリカの難民政策におけるUNHCRの位置づけは、拠出額と同じく頭打ちの状態だったといえる。つまり、ピンポイント的に対応を任せたければ、SPとして資金を提供するかもしれないが、中南米のSPには拠出金は出してはいない。拠出金は、あくまでアメリカ政府の手が届きにくい地域でのUNHCRの活動に提供する。UNHCRのグローバル活動の拠点がアフリカであれば、アメリカ政府としてはGPに拠出金を提供するのは自然なことだった。ただし、拠出額はアメリカの外交戦略上の関心と比例する。また、UNHCRが強力になることはアメリカの難民政策への影響力の拡大につながりかねないため、必要以上に拠出額を増やすこともない。

一九九〇年に緒方がUNHCR弁務官に着任して以降、UNHCRの予算は一転して急増してゆく。とくに最初の三年間の伸びは著しく、就任期間中の年額予算は毎年一〇億ドルを超えていた（図1）。緒方が力を入れたのは、「複合的緊急事態」（complex emergencies）と呼ばれる状況下での物質的支援の輸送・配布である。難民問題の解決策としては、自発的帰還が促進され、UNHCR主導の大規模なオペレーションがモザンビークやカンボジアなどで実施された。一九九〇年代にＵＮＨＣＲへの各国の拠出金が増加した背景として、政治または軍事的介入の代替策として、先進国が人道的支援を利用したことが指摘されている。(19) 北部イラクのクルド系やボスニアでのムスリム系住民に対するＵＮＨＣＲの人道的支援などが、その典型例であろう。その結果、ＵＮＨＣＲへの拠出金の伸びの大半がＳＰに対するものとなる（図1）。アメリカの拠出金も、ＵＮＨＣＲの予算支出金拡大と平行して増加するが、その増加分はやはりＳＰに対してだった（図3）。

ＵＮＨＣＲのほうも、緊急事態での物質的支援要請に活動の力点を移動することを、国連事務局長や先進国政府から強制的に押しつけられたわけではない。ＵＮＨＣＲ自ら、支援活動のコーディネーターとしての役割を率先して果たそうとしていた。たとえば一九九二年に発表されたＵＮＨＣＲ内の諮問委員会の報告書では、国際的保護には多様な形態があることが確認され、執行理事会も「予防的保護」(preventive protection) といった、従来とは異なる保護の方法を承認していた。(20) このようなＵＮＨＣＲの政策転換に、ドナーとＵＮＨＣＲのどちらのイニシアティブがより強かったかを判定するのは困難である。ただしＵＮＨＣＲの政策転換が、アメリカをはじめとする大口のドナーの意向と合致していたのは確かだった。結果として、先述のようにＧＰへの拠出金が頭打ちだったのに対し、特別な緊急事態に提供されるＳＰでの活動が急増する。その結果、ＵＮＨＣＲ規約にもとづく本来の活動に支障をきたすという大問題を生じることになった。

右のような状況のなか、執行理事会の要請を受けて、①予算、②資金調達、③透明性、④ガバナンスについての調査が一九九四年に開始された。ＵＮＨＣＲからすれば、予算の透明性とガバナンスの確保がドナーからの信頼醸成につながり、最終的には資金調達が容易になることを望んでいた。それにもまして執行理事会を悩ませていた問題は、拠出先の意図に左右されるのではなく、UNHCRが重視するグローバルな観点からの活動の優先順位をいかに確保してゆくかであった。この時期、執行理事会において、GPとSPの「不均等性」問題――別の言葉でいえばGPの「構造的資金不足」問題――の克服が繰り返し指摘されている。[21] 調査過程において、執行理事会のメンバーの一部のあいだに、GPとSPを区別することとの妥当性に関して、以前から懸念があったことが明らかになる。[22] くわえて、とくにSPに対する執行理事会のガバナンスが十分かどうかについて疑問が提示された。最終的に、UNHCRがめざすべき予算体制として、UNHCR規約にもとづいた活動（Statutory Activities）を最優先するということが申し合わされた。さらに、弁務官が緊急事態に効果的に対応できるような予算の柔軟性が確保され、執行理事会がその責任に見合ったガバナンスを発揮できるという二つの目的が強調される。具体的には、今後はUNHCR規約にもとづいた活動――難民の支援および保護、難民問題に関する三つの解決方法（自主帰還、第一次国への統合、第三国定住）の追求にかかわるもの――を優先するために、これらをできる限りGPに含めることが望ましいとされた。[23]

緒方の就任期間中のアメリカからの拠出金も、GPへの拠出金額だけみれば、多少の増減はあるもののハートリングやオッケの時期とほぼ変わらない。それに対し、急激に伸びたのがSPへの拠出金である（図3）。SPの内訳に目をやると、旧ユーゴスラヴィアやルワンダといった、アメリカの外交安全保障政策の失敗の結果生じた難民状況への支援で占められている（表1）。つまりブッシュ（シニア）政権もクリントン政権も、どちらもUNHCRを自身の外交政策の「道具」または「補強」のために利用しようし、UNHCRのグローバルな活動には一定以上の関心は示さなかったといえる。そういった意味では、活動の多角化や人道支援への積極的な参加がUNHCRの意思にもとづくものであったにせよ、予算制度上ドナーの意思に左右されやすいという自らの構造上の弱点をそのまま反映する結果となった。

五　アメリカ政府による選択的積極利用——統合年次予算調達期（第三期）

二〇〇〇年に第二回目の予算改革が断行される。最大の変化は、GPとSPから構成されるプログラム別予算調達体制をやめて一本化したことである。今後は、執行理事会での承認の後、年次予算（Annual Programme Budget）として一括して予算が計上されることになった。[24] 二〇〇〇年の改革の直接的な引き金となったのは、UNHCRもその他の国連機関の予算体系に従うべきであるとした、国連内部の勧告である。[25] また以前から、UNHCRの幹部およびドナーのあいだで、GPとSPという人工的な区分が問題視されていたことはすでに指摘したとおりである。そこで二プログラム体制を廃止し、弁務官が一国または一地域レベルごとに予算を編成できるように柔軟性を高めるべきである、との合意が形成される。新しい予算体系においては、①「規約にもとづく活動」（statutory activities）と②「それ以外の活動（弁務官の仲裁機能を通した国内避難民やそれ以外の援助対象者に対する活動）」という二つのカテゴリーがひとつにまとめられ、前述の年次予算でカバーされる。[26] これに加えて、緊急事態については追加予算（Supplementary Programme Budget）が編成されることになった。これは弁務官の承認にもとづく臨時予算であり、執行理事会の年次大会後に国際的な難民状況に変化が生じた場合に、UNHCRの財務規則に従って組まれる(27)。

新しい予算体系の利点は、規約にもとづく活動をもっとも資金供与の優先度の高い活動として扱うことが可能になったことである。予算が一本化することで、UNHCRが本来取り組むべきプログラムに優先的に資金を振り分けることが可能になる。また、ひとつの難民問題に対する活動を、GPとSPの二つに分けて資金を確保するのではなく、ひとつの資金源から提供できるようになることから、予算の透明度が上がりUNHCRのアカウンタビリティも向上する。一方、UNHCR規約外の活動は、独自の資金源を特別に確保することになる。これもまた対象となる活動の予算の開示を促進し、使途の明確化を高めた。ただし新しい予算体系の導入後は、拠出金が年次プログラムとしてひとつにまとめられ、UNHCRがその使途を決定することから、ドナーの意図とは異なるかたちで資金が使われる可能性が増える。そのような状況を避けるために、ドナーが以前に増して詳細に用途指定（earmarking）をしてくる可能性が危惧されていた。UNHCR弁務官および執行理事会は、ドナーの許可なく用途指定を超えて資金の移動はできない。

緒方の退任後、ルード・ルベルス（二〇〇一〜〇五年）、アントニオ・グテーレス（二〇〇五年以降）がそれぞれ弁務官職に就いている。ブッシュ（ジュニア）政権のもと、アメリカからの拠出金は二〇〇〇年以降も増え続け、二〇〇五年には三億ドルを超える。しかし、二〇〇〇年以降の拠出金の九五パーセント以上が用途指定となっている。その内訳を見ると、旧ユーゴスラヴィアやその周辺、さらにはシエラレオネに対する供出金が群を抜いている(28)。アメリカでは九・一一テロ事件以降、入国管理規制がいちだんと強化され、国内での入国管理部局が再編成された(29)。長引くイラクでの米軍駐在や対テロ戦略に忙殺されるブッシュ（ジュニア）政権は、UNHCRによる国際的な難民保護活動への関心は低い。拠出金の使途を自国の外交戦略と密接に関わる地域向けに厳密に定め、外交の「道具」として使えるものは何でも使うという姿勢が見られる。

六　おわりに――支配・影響・利用・無視

第二次世界大戦前に設立された難民支援関連の国際機関に対して、アメリカ政府は大口の資金提供国となることと事務局長にアメリカ出身者を据えるという二つの手段を使い、絶大な影響力を及ぼしていた。戦後、これらの機関を整理して国連体制の一員としてUNHCRが設立されることになった際、人事を通じた影響力行使の途をアメリカ政府は期待できなくなる。唯一残ったのが、資金提供を通じてアメリカ政府の意向を反映させることだった。UNHCR設立当初、難民受け入れ体制の自律性が妨げられるのを恐れるアメリカ政府は、UNHCRを無視し資金提供をしないという選択をすることで財政的力を行使する。その結果、UNHCRの活動地域および活動内容は非常に限定的に定義され、歴代の弁務官は活動資金の確保に頭を悩ませることになった。その後、UNHCRに対する国際的評価の高まりや東欧での活動の成功を目の当たりにして、アメリカ政府もしだいに態度を軟化させてゆく。その結果、

UNHCRを無視するのではなく、自身に有利に利用する目的で資金提供をおこなうようになっていった。それに対して、ドナーからの自発的資金の提供に依存しているUNHCRとしては、その制度的制約を完全に取り除くことはできないまでも、組織としての自律性と国際的な難民保護の観点にもとづく活動の優先をめざし予算改革に乗り出す。

アメリカの戦後の難民政策の主眼は冷戦戦略にあったことは、これまでから繰り返し指摘されている。アメリカの難民受け入れ数を見ても、その大半がソ連・東欧出身者、もしくは社会主義圏の出身者によって占められている。一方、人道的保護の考えに立脚するUNHCRへの関心は低いままで、UNHCRに対する拠出金額もアメリカの難民・移民関連の全支出額から見ればほんのわずかにすぎない(30)。しかし一九五〇年代半ば以降、難民関連の分野でのUNHCRの国際的評価や道徳的権威を全面的に否定することは、超大国アメリカであっても困難だった。UNHCRの年間予算の二〇パーセント程度を、アメリカ政府が一貫して拠出し続けている点からみても、UNHCRの活動を無視するのではなく、UNHCRに対して一定以上の発言権を確保するよう努めてきたと解釈できる（前掲図2）。そこで本稿では、アメリカ政府からの資金は必要だが自律性を維持したいUNHCRと、自国の外交戦略の一部としてUNHCRを利用したいと考えるアメリカ政府の関係の変化を、アメリカからの拠出金額・拠出先に着目することで分析しようと試みた。拠出金の獲得が活動の絶対条件であるため、UNHCRがとることができる対抗策は限られているが、アメリカ政府の一方的な支配とかUNHCRの全面的服従ではなく、支配・影響・利用・無視など微妙に関係は変化している。

前述のとおり、国際機関の自律性と主体性の有無をめぐる議論は国際関係の分野で続いている。本稿においても、UNHCRは予算改革を通じて、最大のドナー国であるアメリカ政府からの支配を弱めようと試みてきたことがわかる。二〇〇〇年以降、本来の活動への優先順位を確保するためふたたび予算改革が実施されている。その評価はまだ定まっていないが、アメリカの例をとれば、その拠出金のほぼ全額の使用方法・先が指定されている。その結果、UNHCRを選択的に活用しようとする傾向は以前に増して強まっているようにみえる。もちろん現実には、ドナー関係および資金調達課とアメリカ政府の担当官が何度も話し合い、意見のすり合わせをおこなうことで、アメリカによるUNHCRの一方的支配にはなっていないとの見方もある。[31] ただし、UNHCRがドナー国の支配や影響に対抗する最大の武器は難民保護の分野で堅持している道徳的権威にある。UNHCRの道徳的見地はまた、一国的見地にとらわれない活動を展開し、技術的ノウハウの蓄積にもとづいた高い実効性を保持することで具体的に下支えされている。話し合いを通じて、アメリカ政府とUNHCRの政策の親和性を高め、用途指定のつけ方自体にUNHCRの優先順位を反映させることは重要である。しかしそれだけでなく、自らの活動の中立性や独立性を証明するためにも、さらなる財源の多様化を進め、独自の政策を打ち出してゆくことが望まれる。

註記

(1) 国際機関の活動を財政・予算の観点から分析した先行研究のなかで、高須幸雄「鍵を握る国連財政問題」『外交フォーラム』一〇巻三号（一九九七年三月）、四九〜五一頁、田所昌幸『国連財政——予算から見た国連の実像』（有斐閣、一九九六年）、とくに二二三〜五一頁を参照。

(2) UN, GA Res. 319 (IV), 2nd Paragraph, December 3, 1949 には、「……UNHCRの機能に関する事務的支出以外は国連予算からまかなわれない。それ以外の弁務官の活動から生じる支出は自主的な拠出金によってまかなわれる……」と明記されている。

(3) アメリカの難民保護政策と冷戦戦略の関係を分析した論文は多い。本稿ではとくに、Gil Loescher and John A. Scanlan, *Calculated Kindness: Refugees and America's Half-Open Door 1945-Present* (New York: The Free Press, 1986) に依拠している。

(4) 一九七〇年代から八〇年代にかけてアメリカの国際政治学会で盛んに議論されたのが、いわゆる国際レジーム論だった。超大国の過度な拡大・負担を指摘した議論のなかでは、たとえば、Paul Kennedy, *The Rise and Fall of the Great Powers* (Princeton, N. J.: Princeton University Press, 1984)(『大国の興亡――一五〇〇年から二〇〇〇年までの経済の変遷と軍事闘争』上・下、草思社、一九九三年)。

(5) レジームの中核を担う多国間組織が国際政治の主体となるだけでなく、「責任を担う主体」となる可能性があるかどうかを分析した研究としては、たとえば、Toni Erskine, *Can Institutions Have Responsibilities?: Collective Moral Agency and International Relations* (London: Macmillan, 2003)。

(6) 第二次世界大戦以前から、アメリカ政府は人道主義にもとづく国際的な難民保護組織の設立を嫌っていた。自国の政策に国際機関が関与することを避けたかったからである。そのためUNHCRの設立に消極的だっただけでなく、設立が決定した後も極力その活動を制限することを望む。アメリカ政府から見てさらに問題だったのは、UNHCRが国連の下部組織であることから、その加盟国に東側諸国も含まれることだった。それは自国の拠出金が敵対する東側諸国に使われたり、自国の外交政策に相反するかたちで使われたりする可能性を意味していた。UNHCR設立当初にみられた、他の国際機関との競合関係については、Gil Loescher, *The UNHCR and World Politics: A Perilous Path* (London: Oxford University Press, 2001), Chap. 3、柄谷利恵子「『移民』と『難民』の境界――作られなかった『移民』レジームの制度的起源」『広島平和科学』二六巻(二〇〇四年)、四七~七四頁に詳しい。

(7) 執行理事会のメンバーは国連もしくは特別機関の加盟国のなかから、地理的偏りのないように経済社会理事会の場で選出されることになっている。

(8) 後に執行理事会の仕事を軽減するという目的で、二つの下部委員会——国際保護に関する下部委員会（the Sub-Committee of the Whole on International Protection）、財務・管理に関する下部委員会（the Sub-Committee on Administrative and Financial Matters）——が創設される。このうち後者は一九八〇年に創設され、事務および財務・経理を担当した。一九九五年にはこれらの下部委員会は常任委員会（Standing Committee）へと統括された。

(9) 対外総局は二〇〇四年にコミュニケーション・情報総局から改名したものである。ＵＮＨＣＲの本部の構成および各局の活動内容は、UNHCR, *UNHCR Global Appeal 2005*（Geneva: UNHCR, 2005）, pp. 56–69を参照。

(10) ドナーからの拠出金に依存する体質がＵＮＨＣＲの独立性を制限しているとの指摘は多い。たとえば、小泉康一『国際強制移動の政治社会学』（勁草書房、二〇〇五年）、四四〜四九、二四九〜五〇頁。

(11) President Harry S. Truman, "Special Message to Congress," March 24, 1952, cited in Loescher *et al., Calculated Kindness,* p. 42.

(12) 設立年度の活動報告書のなかで、弁務官はすでに拠出金集めの重要性を訴えている。UNGA, "Refugees and Stateless Persons and Problems of Assistance to Refugees: Report of the UN High Commissioner for Refugees, 1951," A/2011, January 1, 1952.

(13) UNHCR, "Executive Committee of the High Commissioner's Programme," in *Refworld: Information on Refugees and Human Rights*（Geneva: UNHCR, 2001）.

(14) アメリカがＵＮＲＥＦに資金を提供するよう決定するまでの過程については、Loescher, *The UNHCR,* pp. 69–72.

(15) IOM, *The International Organization for Migration 1951–2001*（Geneva: IOM, 2001）, Chap. 3.

(16) UNHCR, "UNHCR Activities in the Field of Assistance in 1972, 1973 and 1974," A/AC. 96/487, August 27, 1973.

(17) UNHCR, "Note on the Presentation of the Report on UNHCR Assistance Activities," A/AC. 96/540, 1977.

(18) たとえば、UNHCR, "Report of the Advisory Committee on Administrative and Budgetary Question," A/AC. 96/756, September 27, 1989を参照。

(19) 一九九〇年代に入りＵＮＨＣＲの活動が包括的な人道支援や緊急物質援助へと多様化していることから、本来の任務である「難民保護」がおろそかになっていると指摘する研究も多い。Guy S. Goodwin-Gill, "Refugee Identity and Protection's Fading Prospect," in Frances Nicholson and Patrick Twomey, eds., *Refugee Rights and Realities: Evolving International Concepts and Regimes*（Cambridge: Cambridge University Press, 1999）, pp. 220–52. 小泉はまた、一九九〇年代以降のＵＮＨＣＲの変化として、法的保護から物質援助への焦点の移動、主要ドナーのＵＮＨＣＲに対する「不当な影響力」とＵＮＨＣＲの自治性の侵害、ＵＮＨＣＲの委任事項である「非政治的で人道的」な条項の弱体化、難民中心のアプローチから全体的アプローチへの変化とそれに付随する他機関との調整重視を指摘している。小泉『国際強制移動』、第一章第三節、四三頁。

(20) UNHCR, "Report of the UNHCR WG on International Protection"（Geneva: UNHCR）, July 6, 1992, p. 1 and "Note on International Protection," A/AC. 96/799, August 25, 1992.

(21) UNHCR, Executive Committee of the High Commissioner's Programme, "Report of the 16th December 1993 meeting of the Sub-Committee on Administrative and Financial Matter," EC/SC. 2/65, March 24, 1994.

(22) UNHCR, "SCAF meeting," A/AC. 96/838, September 29, 1994.

(23) UNHCR, Executive Committee of the High Commissioner's Programme, "Informal Consultations on Budgetary Questions: Draft Conclusions on Budgetary Structure, Presentation, Governance and Other Matters," EC/1995/SC. 2/CRP. 24, June 9, 1995.

(24) 二〇〇〇年以降の予算体制についての詳細は、滝沢三郎「ＵＮＨＣＲの予算・事務制度——年次予算と追加予算」『UNHCR News』三三号四巻（二〇〇五年）、九頁（http://www.unhcr.or.jp/info/unhcr_news/pdf/refugees 33/ref 33_p 09. pdf）。

(25) 統合年次予算形式が創設されるまでの過程については、UNHCR, *UNHCR Global Report 1999*（Geneva: UNHCR, 1999）, pp. 68–69.

(26) *Ibid*., p. 69.

(27) 補正的プログラムの内容については、UNHCR, *UNHCR Global Report 2000* (Geneva: UNHCR, 2000), p. 22.

(28) UNHCR, *Global Report, 2000–2005* (Geneva: UNHCR, various issues). 二〇〇〇年（二億四五〇〇万ドル）の用途指定が九五パーセント、二〇〇一年（二億四五〇〇万ドル）は九七パーセント、二〇〇二年（二億五九〇〇万ドル）は九八パーセント、二〇〇三年（三億九〇〇万ドル）は九九パーセントで、二〇〇四年（三億二〇〇万ドル）および二〇〇五年（三億二三〇〇万ドル）は用途指定がついに一〇〇パーセントとなっている。

(29) アメリカ移民帰化局は二〇〇三年に解体され、その機能は国土安全保障局（Department of Homeland Security）内の市民権および移民局（US Citizenship and Immigration Services）、入国・税関取り締り局（US Immigration and Customs Enforcement）、税関・国境管理局（US Customs and Border Protection）の三組織に移管された。

(30) アメリカ国務省内の人口・難民・移住局が国際的な難民支援やアメリカの難民受け入れにかかわる任務を負っている。二〇〇七年度の予算請求総額は八億三〇〇〇万ドル程度で、そのうち国際的支援に割り振られているのは約五億五〇〇〇万ドルである。近年、UNHCRに対するアメリカ政府の年間拠出金は三億ドル程度で推移している。これに対し国境警備や入国管理を含め、国土安全保障局の二〇〇七年度予算請求額は約四三〇億ドルで、設立以来毎年増加している。Bureau of Population, Refugees, and Migration, Emergency Refugee and Migration Assistance: Fiscal Year 2007, http://www.state.gov/g/prm/rls/rpt/2006/66292. htm. Department of Homeland Security, Fact Sheet: U. S. Department of Homeland Security Announces Six Percent Increase in Fiscal Year 2007 Budget Request, http://www.dhs.gov/xnews/releases/press_release_0849. shtm.

(31) UNHCR東京事務所でインタビューをおこなった（二〇〇七年七月一九日）。

第Ⅱ部　アメリカの戦争とアメリカ社会

イラク戦争で亡くなったアメリカ軍の戦没者墓地，ノースカロライナ州ガストニア，2007年12月 8 日撮影（Photo: Nils Fretwurst, GNU Free Documentation License）

第6章　正しい戦争と不正な戦争

アメリカの戦争を大学一般教養の場で教えるということ

アンドリュー・ロッター

一　はじめに

本稿は授業で学生に教えるなかから生まれた。少なくともアメリカにおいては、教育と研究は同じ活動の一環であるべきだという主張に理屈のうえでは大いに賛同するとしても、教育の経験について語ることは、必ずしも望ましいこととは考えられていない。私たちは、よりよい問題提起と議論の明確化につながるようなことを学生から学び、また、まるで教室で教えることと論文を書くこととのあいだに大きな違いなどないかのように、研究を学生と分かち合っている。もっとも、実際には、そうあるべきではないだろうけれども。おそらく多くの学術論文が通常備えている厳密さを欠いているだろうが（とりわけ註に関して）、ここで提起することが、私のように教育と研究という二つの重要な行為を架橋する試みにしばしば従事する人々の興味を喚起できればと考えている。

二　コールゲート大学のゼミナール

担当科目「正しい戦争と不正な戦争」

私は、アメリカ外交史を研究し、講じている。担当科目は、外交と交渉、条約と国際会議に関するものだが、そういった科目は非常にしばしば外交の失敗の結果である戦争にも大いに関わってくる。なかでも私は、前後期の通年科目である「アメリカ外交概説」という授業を担当している。両学期とも私は戦争で始めて戦争で終わっているようにみえる。つまり、まず七年戦争、アメリカ独立革命、一八世紀後半から一九世紀初頭にかけてのバーバリーの海賊との紛争、一八一二年戦争、テキサス戦争、続く米墨戦争、南北戦争、米西戦争、それに第一次世界大戦と呼ばれる大戦争である。二学期目は、第一次世界大戦を簡潔にふり返り、それからヨーロッパとアジアの両戦線にまたがる第二次世界大戦、冷戦、朝鮮戦争、ヴェトナム戦争、湾岸戦争、そして現在のイラク戦争へと話を進める。

私たちは、戦争にまではいたらなかったさまざまな事件についても検討している。たとえば、アメリカによるラテンアメリカへの軍事介入（一九五四年のグァテマラ、ピッグス湾侵攻とキューバ・ミサイル危機、ロナルド・レーガンのグレナダ、エルサルバドル、ニカラグアへの関与）、一九五三年のイランのクーデター、一九七九年から八〇年にかけてのイランの人質をめぐる危機、一九七〇年代のアンゴラへのアメリカの進出、一九八〇年代のアフガニスタン、一九九〇年代の旧ユーゴスラヴィア、九・一

―テロとその後を扱う。

正直いって、これらのコースでは、戦争は、つねに今にも起こりそうであったり、進行中であったり、政治家たちが解決しなければならないやっかいな遺産を残し、そしてふたたび頭をもたげてくるようにも思われる。戦争は、絶えず対立状態にある国際システムにおいては、望ましくはないけれども常態的な危機として扱われる。というのは、国家安全保障に対する見方の違い、市場や天然資源をめぐる対立、侵略国家の存在、相互の誤った認識や誤解の原因となる異文化的傾向が存在するためである。私たちは、これらのコースで戦争の原因と結果を探し求める。そしてそれは当然のことである。

しかし私の経験では、戦争に関する質疑応答といった探求のプロセスでは、戦争をそのもっとも根本的な次元から検討することはほとんどない。戦争の研究は、私の講義では気が滅入りそうなくらい型にはまった授業内容になっている。数年前、そのことに気づき、それに失望もしたことから、私はただ戦争の原因と結果を繰り返すことをやめ、アメリカの戦争の道義性を検討することにした。倫理学者の基準から判断して、戦争そのものおよびアメリカの参戦の是非を問題にするようになった。

コールゲート大学の一年生のゼミナールの授業で、私はそれを実行することにした。コールゲート大学では、大学の最初の学期に学ぶ一八歳、つまり一年生全員が、自分で選んだ学科で他の三つのコースとともに、こうしたゼミナールをひとつ履習することが求められる。ＦＳＥＭｓ（ゼミナールはこう呼ばれるので、以後そう呼ぶ）は、大学の勉強で期待される水準にまで学生を導くことを目的としている。ＦＳＥＭｓは一八人に限定されるが、それ以下の人数で登録することもできる比較的少人数のクラスである。これらのコースでは、学生どうしの議論、広範な文献講読、かなりの分量のレポート提出を重視する（実際、講義することは許されないし、認められていない）。理由は二つある。ひとつは、自分のコースが、戦争の道義性に関心を払ってこなかったことを個人的に後悔したからである。もうひとつは、アメリカのイラクでの戦闘が、現在のように継続中で、多くの犠牲者を出し、論争となっていたからである。私は二〇〇四年秋の担当科目を「正しい戦争と不正な戦争」とすることにした。以下は、私の授業のシラバス、つまり講義初日に学生におこなうコースの説明の内容である。

アメリカのイラクでの戦争は、あらゆる戦争と同じように、戦争における正義と不正義という問題を提起した。戦争はいつ正当化されるのか？　国家が戦争をするには、さし迫った脅威がなければならないのか？　もしそうであれば、そうした脅威をどのように測定できるのか？　戦争を決定する責任は誰にあるのか。そして、戦争を決定する人と戦闘に携わらなければならない人の関係はどうなっているのか？　戦争にルールがあるのか——敵に対してやってはならないことというのがあるのか？　また、ウィリアム・シャーマン将軍が述べたように、「戦争は地獄である」。戦場あるいは捕虜収容所のルールがあるというのは当然のことなのか？このゼミナールでは、アメリカがおこなった一八九九年から二〇〇四年までの戦争を事例研究として、こういった点やその他の諸問題を探究してゆく予定である。

私が選んだ事例は、一八九九年から一九〇二年にかけてのアメリカのいわゆるフィリピン「平定」、第一次世界大戦、第二次世界大戦、ヴェトナム戦争、一九九〇年代のバルカン紛争、九・一一の攻撃に対するアメリカの対応であった。これらの戦争に関する映画を補助教材としながら、講読文献について議論するため、私たちは週に三日、一時間集まった。また幸運にも、その年に「兵器と戦争」というテーマを掲げていた、「倫理と世界社会に関するコールゲート大学センター」(Colgates Center for Ethics and World Societies)が後援する大学の一連のイベントとの共催というかたちになった。

三　開戦法規《ユス・アド・ベラム》と交戦法規《ユス・イン・ベロ》

マイケル・ウォルツァーの議論

だが個別にとりあげてみても、こうした戦争に関する文献は、戦争における正義の問題にはほとんど触れておらず、そのため事例研究を始める前に、数週間かけて哲学者マイケル・ウォルツァーの古典的名著である『正しい戦争と不正な戦争——歴史的事例にもとづく道徳的議論[1]』を読んだ。同書は一九七七年に初版が刊行され、終結して間もないヴェトナム戦争の影響を明らかに受けたものであった。戦争と戦闘行為は道徳的評価を受けるのであり、正しい戦争と不正な戦争を区別すること、そして戦争における正しい行為と正しくない行為とを区別することは可能である、というのが彼の主張である。ウォルツァーは、開戦法規(*jus ad bellum*)すなわち、戦争の正しさと、交戦法規(*jus in bello*)すなわち戦争における正しさ、をうまく峻別している。前者に関するウォルツァーの見解は明快だ。つまり、正しい戦争の主たる根拠は、侵略への対応である。ウォルツァーは侵略という言葉の定義とそれほど格闘しているわけではないけれども、侵略とは、「独立国の領土の保全または政治的主権を侵害すること」であると書いている。正しい戦争の理由としてはほかに、深刻かつ差し迫った攻撃の危険性があげられるが、それが正当な理由となるのは、別の国において「民族解放」の必要が生じたり、他国の政府が広範かつ重大な人権侵害をおこなった場合である。

同様に難しく悩ましいのは、戦闘行為を扱う交戦法規《ユス・イン・ベロ》に関する問題である。正しい戦争であれ不正な戦争であれ、ひとたび戦争が始まった場合、国家や戦闘員の行為に制約を課すことはできるのか？戦闘はどこまで許されるのか？　またシャーマン将軍が言うように、「戦争は地獄」であり、戦闘行為における残虐さは、戦争そのものがもつ際限のない暴力性ゆえに、制禦できないということは本当なのだろうか？

現実主義者と相対主義者の主張

戦闘には歯止めが存在しないと主張する方法は、一般に二つある。ひとつは現実主義者の主張だ。これについてウォルツァーが引用する例は、『ペロポネソス戦史』(2)のなかでトゥキディデスが描写したメロス島の対話である。スパルタと同盟を結んだメロス島は、スパルタと対立していたアテネに包囲される。メロス島の統治者は、スパルタに忠誠を示すだけの理由でアテネから攻撃されるべきではない。そのうえ、アテネに損害を与えるにはメロス島はあまりにも弱すぎる、と主張した。戦争遂行の任にあるアテネの将軍たちは、苛立ちを覚えメロスの議論を斥けた。これは戦争だ、と彼らは言う。正義と慈悲についていくら言い立てても結構だが、貴国はわが国の敵と同盟を結び、わが国の攻撃と報復を受ける立場にある。そしてわが国は貴国を滅ぼす力を持っているゆえ、貴国は滅ぶであろう。つまり、戦争では力こそが唯一の現実なのである。こうした状況に直面し、メロス島は戦争を決意した。そして当然、メロス島は敗れた。アテネ人はメロス島の徴兵年齢に達した成人男子を皆殺しにし、女性と子どもを奴隷にした。残念ながら、戦争は地獄なのだ。

交戦法規《ユス・イン・ベロ》に対する現実主義者の反論のほかには、相対主義者、なかでも『リヴァイアサン』（一六六〇年）[3]の著者として有名なトマス・ホッブズの主張がある。ホッブズも、トゥキディデスによるアテネのリアリズムの説明を評価する一方で、道義性は相対的なものであるがゆえに、戦争行為において普遍的な道徳基準を適用することはできないとしている。ホッブズが述べたように、「善と悪という名称には『不確かな意味しかない』」。ホッブズを現代に適用して、戦争においてはどんな兵器も凶悪なのであり、そうした凶悪さは相対的なものであるという認識は、私たちの世界観と文化によって形成されるので、自動小銃や榴散弾を使うよりも、たとえば毒ガスを使った者のほうを非難するということはできない、と言うかもしれない。同様に、ある人間の非道徳的な行為、または非道徳的な兵器（たとえば、毒ガス）が戦争を早く終わらせ、生命を救い、その結果、道徳的な目的にかなう手段となる。そうした論理によれば、明らかに残虐な行為や破壊的な兵器でさえも、同時に人道的であるということがわかる。このことについてはのちほどさらに述べることにする。

ウォルツァーはそのような議論を斥ける。彼は戦争行為を判断する根拠として、現実主義は不十分であると考える。普遍的な道徳基準を提示することは可能であるし、そうした道徳基準は、さまざまな物の見方にかかわりなく、戦争において兵士や政治家が行動すべき方法に適用されると信じている。戦争は地獄かもしれないが、地獄にもルールがある、とウォルツァーは示唆する。学生たちは彼に同意したのだろうか?

四　アメリカの戦争と学生たちによる議論の展開過程

米比戦争

数週間かけて「正しい戦争と不正な戦争」に取り組んだ後、私たちはアメリカの紛争に関する事例研究に移った。それぞれの事例において、アメリカの関与そのものが正義にかなっているかどうか(開戦法規《ユス・アド・ベラム》)、そして、戦闘に関わったアメリカ兵の行為が正義にかなうかどうか(交戦法規《ユス・イン・ベロ》)について自問した。

私たちは、ステュアート・ミラーが『「慈悲深い同化」』(4)で述べた米比戦争から始めた。米比戦争はアメリカではほとんど研究されていない戦争であり、それゆえ事実関係について述べる必要があった。スペインとの戦争のためにアメリカが一八九八年にフィリピンにやってきたことを思い出してほしい。フィリピンはスペインの植民地だった。つまり、アメリカ人は戦略的な理由(すべての戦線でスペイン人を攻撃し、隙あらば攻撃を考えていたといわれるヨーロッパの他の大国にフィリピン諸島を渡さないようにする)と経済的な理由(フィリピンは東アジアの豊かな市場、とくに中国への足がかりとなった)からフィリピン諸島を攻撃した。アメリカのジョージ・デューイ提督が、一八九八年五月一日にマニラ湾でスペイン艦隊を撃沈したとき、エミリオ・アギナルドが先頭に立って指揮したフィリピンの民族主義運動は、アメリカ人が革命の理念を褒め称え、フィリピン群島の支配を自分たちに引き渡すことを望んだ。しかしウィリアム・マッキンリー大統領は、フィリピン諸島の保有を決めた。アメリカの部隊（占領軍）がその年の夏と秋に送り込まれると、フィリピンと衝突した。一八九九年二月、アメリカ人とフィリピン人は戦争に突入した。戦闘はおよそ三年続き、四三〇〇人のアメリカ人が殺され、二五〇万から五〇〇万のフィリピン人死者を出し、その多くは非戦闘員であった。一九〇二年七月四日、当時大統領であったセオドア・ローズヴェルトが戦争の終結を宣言し、愛国的な誇りに満ちたアメリカの行動を褒め称えた。

米比戦争における開戦法規《ユス・アド・ベラム》と交戦法規《ユス・イン・ベロ》

授業では、戦争についてウォルツァーを使いながら二つの質問をした。ひとつは、アメリカの介入は帝国主義的な行動だったのか、もしそうであれば、介入は不正義だったということになるのか？　もうひとつは、アメリカ軍は、フィリピンの抵抗を押さえつけるために道徳的に問題のある手段を用いて、不正に戦争を遂行したのか？

最初の質問は、まさにすぐれて開戦法規《ユス・アド・ベラム》についての問いである。というのも、それは帝国主義を定義し、帝国主義が現在では使い古された歴史的評価なのかどうか決めることを私たちに求めてくるからだ。数人の学生たちが、アメリカは明らかに何も悪いことをしなかったと信じたい気持ちから、これが帝国主義戦争であるという主張に反対し、フィリピン諸島を支配する利益はないというアメリカの公式の声明を額面どおり受け取るべきであると力説した。彼らは、アメリカ人たちはナイーブかもしれないが、ヨーロッパという真正の帝国主義者とは違って、強欲でもそれほど無慈悲でもないと言った。しかし、帝国についてのアメリカのレトリックはきわめて利己的で、アメリカ人が言うこと、考えることがどんなものであれ、フィリピン諸島の政治的・経済的支配を目標としてフィリピンで行動していたということを指摘する学生もいた。つまり、こうした学生たちは、帝国主義の教科書的な事例として、アメリカの行動を非難した。この場合のヘゲモニーは、交渉によるものかもしれないが、にもかかわらずそれはヘゲモニーであった。

第二の問題はアメリカの戦争のやり方に関するが、この点ではほぼ意見の一致をみた。つまり、戦争目的の正当性がどのようなものであったとしても、アメリカの士官と兵士は、民族主義者を弾圧しようとして、非難されてしかるべき残虐な行動をとった。無差別に発砲し、民間人の移動を強制し、拷問を加えた。学生のなかには、アメリカ人に抵抗するフィリピン人が犯す残虐行為とフィリピンの状況のひどさによって、アメリカ人の戦場での行動を説明することができると論じる者がいたが、多くはこうした要因が正当化になるとも、理由になるとも考えなかった。

第一次世界大戦とウッドロー・ウィルソン

私たちはつぎに、第一次世界大戦に目を向けた。ここでのテキストは、デイヴィッド・ケネディの『こちら側』という本だった。(5) 題名が示すように、ケネディの著作は主に戦時中のアメリカにおける国内状況に関心を向けており、したがってアメリカの参戦が正しかったのかどうかという議論に読者を誘うわけではない。その代わり彼は（したがって私たちも）別の正義の問題に関心を向ける。つまり、戦時中の政府に対する反対あるいは批判を弾圧する権利である。

アメリカ大統領ウッドロー・ウィルソンは革新主義の改革派だった。だが、ひとたびアメリカが戦争に巻き込まれると、一九一七年四月以後、議会に向けた戦争メッセージで述べたように、彼は国内で不忠誠とみなされた言動に対して、「弾圧という厳しい対応」をとることが必要だと信じるようになった。ウィルソンの要請で、議会は進んで防諜法案（Espionage Bill）を成立させた。この法案は、徴兵逃れをする者すべてを処罰すると威嚇し、「反逆的な文書」の郵送を禁止するものであった。政府が標的とした人々のなかには、社会主義者、ドイツ系アメリカ人、労働者、大学教授が含まれた。

学生たちは、こうした反対に対する弾圧についてどう考えたのだろうか？　学生たちは、おおむねケネディの非難を認め、ウィルソンの行き過ぎを厳しく批判した。つまり、戦争が国内に異常な状況を創りだし、許容可能な言論の定義が修正を迫られるなか、大統領は有罪を推定しているように思われたが、それは公正なことではなかった（言ってみれば、一部の人の行動に対して組織の全員が罰せられると、学生たちは同様に憤慨するようなものだ。つまり、学生たちは連帯責任の考えを拒絶する）。

私が学生たちに、テロリズムを防ぐことを目的として九・一一後に成立した「アメリカ合衆国の愛国者の法律」（USA PATRIOT Act）について尋ねると、答えに少し躊躇した。彼らは、一九一七年に一部のドイツ系アメリカ人が国家の安全を脅かしたとはいえないことはわかっていたが、対照的に、多くは九・一一後の脅威が深刻であり、差し迫ったもので、実際に標的となった（と彼らが信じていた）イスラム・コミュニティの特定の人々に起因すると考えた。そして、「戦時における反対意見の弾圧は正当化されるのか?」という問いに対して、学生たちは、「それは場合による」と都合よく答えた。

第二次世界大戦とブルース・ラセットの議論

アメリカでは、第二次世界大戦は「良い戦争」(The Good War)として知られ、一角の人物のなかで、アメリカは参戦すべきでなかったと論じる者はいなかった。だが、一九七二年に初版が出た『明白かつ差し迫った危機はなかった[6]』という著作で、参戦すべきではなかったと論じたイェール大学の政治学者ブルース・ラセットは別だった。ラセットの議論は、本質的には現実主義者のそれである。ドイツとの戦争についてラセットは、文明国にとっては、ナチズムよりも共産主義のほうが大きな脅威だったのであり、ドイツはアメリカの安全にとっても、世界の勢力均衡にとっても差し迫った脅威とはなっておらず、アメリカはイギリスとソ連に経済援助と武器援助を与えることでヒトラーをうまく食い止めることができただろうと主張する(アメリカは実際、すでにそのような援助をおこなっていた)。したがって、戦争に勝つために、また少なくともヨーロッパでの勢力均衡の固定化(この点は、ラセットのような現実主義者がもっともその実現を見たいものである)を達成するために数千ものアメリカ人の命を無駄にする必要はなかった。

日本に関して、アメリカは必要以上に日本による包囲という脅威を煽ることによって、真珠湾攻撃へ導いた、とラセットは論じた。日本は世界の支配ではなく、地域のヘゲモニーを求めていた。アメリカは、イギリス、フランス、オランダ、ポルトガルの各帝国と共存し、ラテンアメリカにおける自国の勢力圏を維持してきたように、日本の地域覇権を受け入れるべきだった。そのうえ、一九四一年までに日本軍は中国で動きがとれなくなっていた。フランクリン・ローズヴェルト政権は、ヨーロッパでアメリカ軍を使わずやったように、ただ中国を支援するだけで日本を阻止することができたであろう。

自由闊達に質疑するという態度から、そしておそらく教官を喜ばせようとして、何人かの学生たちはラセットの議論の一部に控えめながらも賛同した。だが、多くは納得せず、不快にすら思っているということがわかった。学生たちは十分理解せずに反感を抱いていたし、戦争は道徳的な判断が可能な行為であるというウォルツァーの主張を暗に受け入れていたが、多くはそれについて疑わしく思っていた。学生たちの見方によれば、ナチス・ドイツと日本帝国は単なる侵略国家なのではなく、悪の体現者であったがゆえに、アメリカは戦うよりほかなかった。実際、一九四一年一二月のアメリカによる宣戦布告は遅すぎた。その遅れによって、二つの侵略国家が違法に獲得した領土を併合することが可能となったのであり、ドイツ人がヨーロッパのユダヤ人を絶滅させる計画を進め、日本人が捕虜虐待をするようになった。アテネの将軍やシャーマン将軍によって表現されたように、現実主義のパラダイムに魅力を感じていた学生たちは、それがアメリカの第二次世界大戦参戦拒否の論拠になると、すぐにそれを放棄した。

ヴェトナム戦争とティム・オブライエンの小説

時間の都合で朝鮮戦争を飛ばし、次にヴェトナム戦争へと移った。もちろん、ヴェトナムにおけるアメリカの戦争の正当性についてはさまざまに言うことができ、それゆえ実際に、私たちはこのことについて議論をした。しかし、私がヴェトナム戦争用に指定した文献は、ティム・オブライエンの小説であり回想でもある『兵士たちの担ったもの』[7]であった。これは、アメリカ兵の戦争経験についての優れた本で、悲惨で、滑稽で、悲しい本でもある。オブライエンはヴェトナムで兵役に就いており、評論家たちはこの本がどこまで「真実」であるのか議論をしてきた。ある読者はそれを、「事実」（fact）と「フィクション」（fiction）という言葉を組み合わせて「faction」と呼んだ。オブライエンによって描かれた兵士たちは、反省し共感をすることでき、また、突飛な行動をとり、やみくもに残虐なことをするが、半面平凡な多面性をもった人間でもあった。小隊のある男は記念として、ヴェトナム人の死体から切断した親指を見せびらかす。二番目の兵士は子犬を、三番目の兵士は生まれたばかりの水牛を殺害する。

アメリカにおける戦争と愛国心（ともに現実であり人為的でもある）の時代において、男子学生はとくにオブライエンとその仲間の兵士たちに共感した。兵士たちは、トーマス・マンの『ヴェニスに死す』（*Death in Venice*）のアッシェンバッハの名言をなんとはなしに理解していた。つまり「すべてを理解するということは、すべてを許すことである」。彼らは、現実主義（戦争は地獄である）あるいは相対主義（ある人物の残虐な行為が別の人物にとっては説得手段になり、鬱憤を晴らす方法または正当な報復となる）に訴えて、アメリカの蛮行を大目に見る。彼らは、戦場にはルールがあり、戦闘において人間は自らの行為に対して責任を負うというウォルツァーの主張とは対立する。そして、戦場にいなかった人間には、戦場にいた人間の行為を裁く権利はないという論理をあまりにも安易にもちだすのである。それは、殺人を犯していない裁判官が、殺人事件の裁判を取り仕切るのを認めるべきではないという言い分に通じるところがある。

兵士の回想録や小説は、正しいとは限らない戦争に行くことに同意した兵士の責任という問題も提起する。道徳に反すると思っている戦争に行くことを兵士は拒否するべきだろうか。この本やヴェトナムに関する他の著作のなかで、オブライエンは、アメリカの兵士を、国家の戦争目的、すなわち戦争の正義や不正義の問題に翻弄される者として描く。兵士たちのことについて、「足の向くままといった感じで原則など持ち合わせていなかった」、と小隊にいたオブライエンは書いている。「兵士たちには戦略も使命感も欠落していた」。彼らはリュックサックの中に入れてきたものが何だかわかっていた（これが『兵士たちの担ったもの』であった）が、彼の小説『カチアートを追跡して』[8]で記されたように、兵士たちは戦争について知らなかった、とオブライエンが言うリストのほうがずっと長い。そのように何も知らない状況で、兵士たちは正しい行動などとれるのか、また正義の基準に従って判断できるのか？オブライエンによれば、それは不可能であるとして、次のように書いている。「公正さなどありもしないし、徳といったものもない」。これはホッブズそのままである。ウォルツァーは戦闘兵の窮状に共感する一方で、にもかかわらずそうした見方を拒否しただろう。上官によって道徳的な大決断がなされたとしても、人は正しく戦うことができるし、戦わなければならないのである。

旧ユーゴスラヴィアの戦争とクリス・ヘッジスの議論

つぎに私たちは、一九九〇年代に起こった旧ユーゴスラヴィアでの戦争に移った。これはとくにアメリカの戦争というわけではなかった。つまり、アメリカは一九九五年と一九九九年のバルカンにおけるNATO（北大西洋条約機構）の介入を調停して戦争に関わった。戦争は『ニューヨーク・タイムズ』の記者（コールゲート大学の卒業生でもある）、クリス・ヘッジスによって広く報じられ、その著書

『戦争には人々に意味を付与する力がある』[9]は授業の課題用テキストだった。ヘッジスは、戦争をする人々あるいは戦争を報道する人々によって育まれた、戦争に対する感情的、さらには身体的愛着について調べ上げている。「戦争は麻薬のようなものである」と彼は書いている。戦争（Thanatos《タナトス》、憎しみと破壊の欲望）はある面では、勇敢さと自己犠牲を含めて、愛（Eros《エロス》、愛と創造の欲望）に似たところがある。しかし決定的な違いもある。つまり戦争は、「愛と違って……底なし沼のような依存症に人々を陥らせるだけだ」。結局、愛だけが戦争への欲望を無力にすることができる。

考え方において、これはウォルツァーの分析とは異なる。学生は、ウォルツァーほど抽象的ではなく、それ以上に深い意味があると考え、ヘッジスのほうをはっきりと支持した。それでもなお私は、両者のあいだには共通点があることを指摘した。つまり、友情や愛情といった感情を抱くことによって戦争という麻薬を断ち切る決断が、道徳的な決断なのである。憎悪（悪しきもの）よりも愛（善きもの）を選ぶとき、そこにホッブズ的な相対主義はない。戦争は無数の人間の生命に苦痛を与え死に至らしめる悪であるがゆえに、戦争をしないという決断には不毛な現実主義は存在しない。戦争は馬鹿げているから、あるいは非生産的であるからという理由だけでなく、戦争が悪いことであるからといって、人間は戦争をしないわけではない。ともかく、それがヘッジスの立場である。

もしヘッジスの分析を受け入れるのであれば、戦争について政策を決める者や兵士は、自分が直面する選択肢をどれだけ冷静に判断することができるのかについて、ウォルツァーは過大評価しているということになるのかもしれない。戦争に取り憑かれ感情的になった頭というのは理性的には働かない。つまり、戦争への情緒的な対応によって政治家の頭が歪められると、事態を鎮静化させ、和平にもってゆこうとする方法を容易には見つけることができない。たとえばウォルツァーなら、戦争という最後の手段に訴えることを正当化するような、空が「今にも落ちてきそうな」、「これ以上ないほどの緊急事態」と彼がいう状況にあるのかどうかについて、政策立案者に相当慎重に考えさせたであろう。彼は一九四五年のドレスデン爆撃や広島と長崎への原爆投下を許容しない。「無辜の男女を大量に虐殺することは、他の男女の生命を救うからという理由だけでは正当化されない」。だが、英米の戦略家たちは、ドイツ人と日本人がどれくらいで降伏するのか、戦争終結が長引けばどんな結果となるのか、ということを確実にわかっていたのだろうか？　そして、他の無辜の民を救う手段として、無辜の民を殺すことは正当化されないとウォルツァーが主張することは正しいけれども、原爆投下やドレスデン爆撃の決定は、たしかに戦争という麻薬の結果として理解できるのである。というのは、戦争は感情や怒りで参戦者を盲目にするからだ。ヘッジスにとって、困難でも必要な秘策とは、戦争の徹底的な回避である。さもなくば戦争に携わる者はすぐ深みにはまりこむ。

九・一一テロとその影響

最後に私たちは九・一一テロにたどりついた。それは戦争ではないけれども、テロリズムとその影響についてである。ＦＳＥＭｓの学生にとって、この事件は、他の戦争とは違い、実際に自覚的に体験したものであり、とても取り扱いに慎重を要した。他の戦争とは違い、九・一一テロはアメリカ本土のアメリカ人を攻撃したものだった。政府の調査結果である『九・一一委員会報告』[10]はテロ攻撃の報告書であり、テロ攻撃の理由とそれに対するアメリカの対応の評価がなされている。私たちはその一部を読んだ。学生は、テロ攻撃に対するアメリカの軍事的対応を正当化することについてはほとんど問題なかった（マイケル・ウォルツァーもそうであった）。アルカイダは差し迫った継続的な脅威となっており、自衛は必要だった。アルカイダとそれを匿ったアフガニスタンのタリバン政権を追跡することは当然だと思われたし、当時はアメリカ国民が、その三年後には私の学生たちが、強く支持した。アメリカの攻撃も、多くの人にとっては適度なものに思われたし、途方もない火力や兵器を過剰に使う必要のなかった敵を選別して狙った。

さらにやっかいな問題は、疑問の多い「有志連合」とともにイラクを侵略するという、二〇〇三年春のブッシュ政権の決定に関わる。アメリカ政府はサダム・フセインを九・一一テロの攻撃と結びつけようとした。その証拠は不十分で不自然ではあったけれども、世論調査によれば、多くのアメリカ人がそのことを信じたということがわかった。以上のことは、そうであってほしいという思いが、しばしば、疑わしい事実の根拠となっていることを示している。私は、この点に留意することによって、広く信じられやすくなっているものを説明したい。つまりアメリカ人は、国家としての体裁をなしているイラクのような国に通常戦争をしかけることによって、テロリズムから安全を守ることができると思い込みたかったのだ（傍点は筆者）。アメリカ人は、ブッシュがオサマ・ビンラディンを捕まえられないことに苛立ち、アメリカが受けた攻撃に直接関係があろうとなかろうと、中東における悪い政府を崩壊させることで心理的に仇をとることができた。

二〇〇四年秋になると、私の学生は概して、対イラク戦争の理由は捏造あるいは少なくとも誇張しすぎであったと感じるようになった。アルカイダとサダムは悪い仲間どうしだと論じる者もいるが、その一方で、いまや大半の人々がこのコネクションに懐疑的であり、それゆえ戦争に対しますます批判的になっていった。イラクでの戦争は正しかった（ユス・アド・ベラム）のか？　多くはそうは考えなかった。では戦争において正しい行動がとられた（ユス・イン・ベラム）のか？　この点で私は、学生たちが、困難な状況に置かれていたと考えたアメリカ兵に大いに共感していることを知った。アメリカによる残虐行為の報告、人種差別の証言、武力や火力のむやみやたらな使用も大目に見てもらえた。アメリカ兵の明確な責任さえも回避しようとするこうした傾向は、ヴェトナム戦争後の遺産であると私は推測するが、そこで国民は同じような結論に到達した。つまり、それは自分の意思に反して戦争に送られた者ではなく、戦争遂行者を糾弾するというものだ。

五　アメリカの戦争と五つの症候群

菅英輝のプロジェクトの問題提起への回答

そして私たちは授業の終わりにたどりついた。われわれ全員にいくつかの疑問が残されたと思う。しかしそのことは、ゼミナールの役目としては悪いことではない。だが私は、この科目を担当し、過去一〇〇年にわたるアメリカの戦争に関する文献を読んだ経験に照らして、菅英輝がその研究プロジェクトの趣旨のなかで暗に提起したディレンマについて考えてみたい。つまり、正義を擁護し、平和の守護者を自認し、そして他者にとって最善なものを善意をもって追求する国民だと考えるアメリカ人が、頻繁に戦争に訴えてきたという点だ。その戦争の多くが、マイケル・ウォルツァーの基準から判断すると、開戦法規《ユス・アド・ベラム》と交戦法規《ユス・イン・ベロ》の基準を破っているということはどういうことなのか？　その問いに対しては、一般的な性質のものであるが、アメリカが一八九九年から取り憑かれてきた五つの症候群、あるいは強迫観念というかたちで回答をさせてほしい。

①セオドア・ローズヴェルト病

これは、いわゆる劣等民族や人種にアメリカの文明をもたらしたいという欲求、すなわちアメリカの行動様式と同一視されるような性癖を意味する。もちろんこれはローズヴェルトだけの考えというわけでなく、ヨーロッパと日本の帝国主義に顕著な特徴でもあった。それは米比戦争にもうまく当てはまる。それは、フィリピン人が自らにとって何が最善であるかを判断するには劣っていて、政治的にも成熟しておらず、したがって自己を統治することができない、という考え方に支えられた。アメリカの白人がフィリピン人に、読み書き、石鹸の使い方、政治と経済の運営の仕方を教える必要がある状況だといわれていた。ローズヴェルト病は、ローズヴェルトの共和党の同僚でインディアナ州選出の上院議員アルバート・ベヴァリッジから名をとった「ベヴァリッジの病」（Beveridge's Disease）と関係がある。ベヴァリッジは、アメリカのキリスト教宣教師のように、遅れたフィリピン人を啓蒙するために神から与えられた責務がアメリカにはあるのだと信じた。アメリカ外交政策におけるこうした宗教的衝動は、現代においてもないわけではない。

②ウッドロー・ウィルソン病

ウィルソン病は、一九一七年にドイツに宣戦布告するよう求めたアメリカ大統領の名にちなみ、戦争の原因となる、機能不全に陥った世界秩序を建て直したいという欲求を特徴とし、そうすることによって将来戦争を防止することができるとする考えである。ウィルソンによる参戦の決定は、不可避の平和を形成し、そして彼が言ったように、「建物の外に立って、ドア越しに叫ぼうとする」よりも、戦後の会議の席を確保したいという欲求にもとづいていた。それは「ジョン・デューイ病」(John Dewey Disorder) の政治版である。デューイは戦争を、国内や国外におけるリベラルでプラグマチックな改革の「創出の契機」とみなした高名な哲学者だ。彼とウィルソンは間違っていた。予期に反して、戦争は抑圧と改革の後退をもたらした。

③キンキナトゥス・コンプレックス

キンキナトゥスは紀元前六世紀のローマの政治家で、自分で小さな農園を営み、懇願されたときだけやむをえずローマでリーダーシップをとるという、慎ましやかな考えをもっていたことでもっともよく知られた。ローマが敵の攻撃を防ぐと、キンキナトゥスは農作業に戻った(ジョージ・ワシントンはアメリカのキンキナトゥスとして知られている。リッチモンドのヴァジニア州議会議事堂には、彼をそのように表現した像がある)。

キンキナトゥス・コンプレックスは、アメリカ合衆国では周知のことだが、アメリカ人は決して戦争することを望まないという信念と関係している。つまり、誰かが関与してほしいと懇願する、あるいは望むまで、あるいはそうしない限り、アメリカ人は自分のことだけにしか関心をもたない。アメリカ人は、ひとたび介入し戦争に勝てば、いわば孤立主義者として己の農作業に戻ってゆく。アメリカの戦争にはこうしたことが当てはまるが、そのもっともよい例は第二次世界大戦だったと多くのアメリカ人は考えている。アメリカはドイツと日本との戦争に巻き込まれまいとしたが、結局そうすることはできなかった。自由と安全が危機にさらされ、アメリカ人は戦うよりほかなかった。ひとたび枢軸国が敗れると、ふたたびアメリカ人は日々の暮らしに戻っていった――迫り来る冷戦によって、またすぐ前線に召集されるまで。冷戦といえば、四番目の症状は次のようなものである。

④ウィリアム・クレイトン・コンプレックス

前述の人物たちほど知られてはいないが、ウィル・クレイトンは、一九四五年以降、冷戦が激化したときの経済問題担当国務次官補であった。彼は不況になるのを防ぐため、ヨーロッパやそれ以外の地域でのアメリカの輸出向け海外市場の必要性を説いた。冷戦は、世界中の人々の忠誠心をめぐるイデオロギー的、戦略的な対立であった。それは二つの相容れない政治経済の考え方をめぐる対決でもあった。つまり、リベラルな資本主義と共産主義である。アメリカは、生産物と戦略的に重要な天然資源のために開かれた市場を確保すべく、共産主義の伸張を防ぎ、自国の利益を促進しなければならなかった。日本とヨーロッパのことを考慮して、東南アジアでこうした動きが生じた。つまり、まだ共産化されていないヴェトナムにアメリカがはじめてコミットするのは一九五〇年初頭であり、そのコミットは、発展途上国や非共産主義世界で続く経済面・心理面での苦境、中ソのヴェトナム侵略の脅威に対応するかたちで始まった。そして、ここにヴェトナム戦争の起源があった。

⑤シュワルツネッガー症候群

男らしさとパターナリズムが相互に関係しあう性癖で、これらの性癖は戦争と平和の時代におけるアメリカの対外政策に認められる。それは現在も見られる。現カリフォルニア州知事のアーノルド・シュワルツネッガーは、最初は単調な映画俳優としてのキャリアから出発し、そして彼の役柄はほとんどがタフで行動力のある男であった。その役目は、悪者を撃退して弱者、主に女性や子どもを守ることであった。中東の石油に手を伸ばしたいという考えは、アメリカの対外政策においてはクレイトン的なものとしてつねにあるが、にもかかわらず、ジョージ・H・W・ブッシュ（シニア）が一九九一年にペルシャ湾まで戦争に行った理由を説明するには不十分である。弱腰という世評（漫画家ゲイリー・トルドーはブッシュ大統領の任期中、彼を男らしさばかりにとらわれた人間として描いていた）を踏まえて、また一九七五年以来アメリカの対外政策を積極的な行動がとれない軟弱なものにしたということになっている、いわゆる「ヴェトナム症候群」という屈辱を味わわないようにする方法として、サダム・フセインに立ち向かい、侵攻したイラク兵によって保育器から放り出されたとされるクウェートの子どもたちを守る必要がある、とブッシュ大統領は感じていた。

六　おわりに

自国が戦争を始めた理由をアメリカ人がどう考えていたにしても、彼らはそうした理由を決して愚かなことだとは思わなかった。自らの正直さを確信していたアメリカ人は、つねに開戦法規《ユス・アド・ベラム》に従って行動してきたと信じている。たとえ外交史家やその学生たちのような皮肉屋は同意しないとしてもである。開戦法規《ユス・アド・ベラム》の誤謬はもうひとつの誤謬を生み出した。つまり、大義の正しい戦争は勝たなければならないので、そのために使われるいかなる手段もいやおうなく正しいものでなければならない（交戦法規《ユス・イン・ベロ》）といわれる。ウォルツァーは同意しないだろう。正しい戦争を不正なかたちで戦うことはありうると彼は言う。大部分のアメリカ人たちはウォルツァーの考え方を拒絶するだろう。

たとえば、日本に対するアメリカの原爆使用をとりあげよう。その当時、考えることを（ほぼ）回避した決定であった原爆の使用は、のちにいくつかの方法で正当化された。第一に、原爆は、アメリカでは広く人間以下とみなされていた日本人が犯した残虐行為に対する報復としてのみ使われた。この論理で日本人は原爆を投下されてもやむをえないとされた。第二に、原子爆弾が、その効果という点では、第一次世界大戦以来多くの国の軍隊が実施した無防備都市の爆撃ほどひどいものではなかったと言う者もいる。そう主張する者たちは、広島と長崎の死者の多くが爆風や炎が原因で亡くなったが、一九四五年三月に東京に落とされたような、十分な量の焼夷弾で同じくらいの犠牲者が生じたということを指摘した。原子爆弾が戦争を早期に終結させ、その結果生命を、とくにアメリカ人の生命を救ったので、原子爆弾を擁護する者はよくそれを理由に正当化する。すべての日本人は侵略者の政府を認めるか助長するかしたという罪を犯したと解されるが、アメリカ人は正しい目的のために無法者である敵と戦っていたのだから、生存したアメリカ人の生命はすべて罪なき生命であった。ウォルツァーは世界を戦闘員と非戦闘員に分ける。アメリカ人はこの世を善玉と悪玉に分け、彼らはつねに善の側にいる。ヘッジスが嘆いたように、アメリカ人はナショナリズムに取り憑かれている。せめてもの慰めとして、こうした点はアメリカ人に限ったことではないということを指摘しておこう。

「正しい戦争と不正な戦争」という私の教育体験は、たいていの教育経験と同じように、はっとさせられ、啓発されるものであった。それは、優秀な学生たちがいかに戦争について知らないか、戦争の倫理的側面についてほとんど考えることがないか、浅薄でバイアスのかかったメディアから流れてくる陳腐な表現や無意味で軽薄な言葉にすぐ頼るか、ということを私に認識させたという点で、はっとさせられることであった。結局、たいていの人はアメリカが戦った際の手段を批判したがるけれども、誤った手段を用いた兵士を批判しないし、イラク戦争を除いて、戦争の目的も批判しない。にもかかわらず、彼らが文献といかにしっかり取り組んだか、丁寧に学生どうしそして私とも意見を戦わせたか、そして授業が進むにつれて批判精神を成長させていったか、ということを見ることは、啓発的で励みになった。私は彼らに、日本や他の国から来た学生たちと学術的な議論に参加することをとりわけ望むが、そこで彼らは、コールゲート大学やアメリカのような、むしろより限られた場で到達するのとは違う観点や考え方に遭遇するであろう。

註記

(1) Michael Walzer, *Just and Unjust Wars: A Moral Argument with Historical Illustrations* (New York: Basic Books, 1977).

(2) Thucydides, *The Peloponnesian War* (Hammondsworth, Eng.: Penguin Books, 1972)(久保正彰訳『戦史』全三巻、岩波文庫、一九六六〜六七年).

(3) Thomas Hobbes, *Leviathan*, ed. by A. R. Waller (Cambridge: Cambridge University Press, 1904 [1651])(水田洋訳『リヴァイアサン』改訳版、全四冊、岩波文庫、一九九二年).

(4) Stuart Creighton Miller, "*Benevolent Assimilation*": *The American Conquest of the Philippines, 1899–1903* (New Haven: Yale University Press, 1982).

(5) David M. Kennedy, *Over Here: The First World War and American Society* (New York: Oxford University Press, 1980).

(6) Bruce M. Russett, *No Clear and Present Danger: A Skeptical View of the U. S. Entry into World War II* (New York: Harper & Row, 1972).

(7) Tim O'Brien, *The Things They Carried* (New York: Viking Penguin, 1990)(村上春樹訳『本当の戦争の話をしよう』文春文庫、一九九〇年).

(8) Tim O'Brien, *Going After Cacciato* (New York: Delacorte, 1978)(生井英考訳『カチアートを追跡して』新潮文庫、一九九七年).

(9) Chris Hedges, *War as a Force that Gives Us Meaning* (New York: Random House, 2002)(中谷和男訳『戦争の甘い誘惑』河出書房新社、二〇〇三年).

(10) *The 9/11 Commission Report: Final Report of the National Commission on Terrorist Attacks upon the United States* (New York: W. W. Norton, 2004)(松本利秋ほか訳『9/11委員会レポートダイジェスト——同時多発テロに関する独立調査委員会報告書、その衝撃の真実』WAVE出版、二〇〇八年).

第7章　アメリカ市民社会と戦争

大津留（北川）智恵子

一　はじめに

　二〇〇六年一一月七日の中間選挙において、最大の争点はイラク政策であった[1]。選挙直前の時点で、五五パーセントの人々がイラク侵攻を「間違いであった[2]」と考えていた。それが「ブッシュの戦争」とみなされていたことは、同じ時点でのジョージ・W・ブッシュ大統領の支持率が三八パーセント[3]であったことにも現われている。

　しかしながら、「ブッシュの戦争」は大統領のみによって始められたわけではない。二〇〇一年一一月には、七四パーセントもの人々が、軍事力でサダム・フセインを打倒することを支持していたし[4]、イラク侵攻の後には八割近いアメリカの人々が、この戦争が意義のあるもので（七六パーセント）、アメリカが勝つことができる（七九パーセント）と信じていた[5]。

　もちろん、こうした世論の反応を、二〇〇一年九月一一日にアメリカが受けた衝撃のために生じた、特殊な心理状態によるものだと説明することは可能である。とくに、テロ再発への恐怖心が背景となり、アメリカの人々が国内において大切にしてきた価値に制約を加えることもやむをえないと判断したことは否定しがたい。しかしながら、アメリカ社会がこれまで自国の安全保障と向き合ってきた姿勢には、必ずしも九・一一事件によって説明しきれない、独特の考え方があるように思われる。

二〇〇六年の中間選挙の結果として、上下両院で民主党の多数派が実現した。しかし、民主党のなかでも、イラクからの撤退に関しては慎重な姿勢をとる議員が多い。ブッシュ大統領は、「私もアメリカ兵を撤兵させたいが、勝利でもって撤兵させたい」[6]とアメリカの人々に訴えた。共和党の次期大統領候補となったジョン・マッケイン上院議員は、逆にイラクへの兵の増員を主張し、その主張はブッシュ大統領により実際に増派がおこなわれるまでは、「アメリカの人々が〔イラクで〕勝てないとわかりながらも、負けたくはないと思っている」心情に賭けをしたものだと解釈されていた。[7]イラクに対するアメリカの人々の相反する心情は、アメリカがこれまで自国を絶対的なものとして捉えてきた自己像と重なりあっているといえよう。そしてそうした心理的な要塞は、物理的にもアメリカが絶対に安全である必要性、すなわち絶対的安全保障への希求として表われてきたのではないだろうか。

ブッシュの戦争は、こうしたアメリカが自国を見る視点、そしてその裏返しとして他国を見る視点に大きく規定されたものであり、ブッシュ大統領個人がその過程において資したとすれば、それは潜在的要因を表面化する触媒機能であっただろう。本稿では、九・一一以降のアメリカ市民社会の動きを追ったうえで、アメリカが絶対的なものとして持つ自己像を分析してみる。そして、その自己像が自らを外の視点から捉え直すものへと変容することで、どのように国際秩序に影響しうるのかについて考察してゆきたい。

二　動員されるアメリカ市民社会

「正戦」論と議会の政治的無力化

二〇〇一年九月一一日、世界がリアルタイムで目撃することになったこの一連のテロ事件を、ブッシュ大統領は犯罪ではなく「戦争」と名づけた。三〇〇〇名近くの民間人の犠牲者と、アメリカの心臓部ともいえるニューヨークとワシントンで大規模な破壊を被ったアメリカ社会において、テロ行為を弱者の正当な政治的示威行為であるとみなす解釈は、ほとんど受け入れられないものであった。しかし、従来は犯罪として扱われてきたテロ行為を「戦争」として語ることは、単に大統領の権力拡大を許しただけでなく、アメリカ社会の戦争のイメージと呼応して、その後の国内での、そして対外的な反応を大きく方向づけたと考えられる。

アメリカがなぜテロの対象となったのかを自問する余裕を奪うように、ブッシュ政権はテロとの「戦争」を次のような性格のものであると断定していった。テロリストが憎むものはアメリカ的な価値、つまり自由や民主主義であり、それは文明を代表するものとして普遍性をもつ。テロが対象とするのがアメリカにとどまらない限り、世界の文明に属する人々は同じようにテロに立ち向かわなくてはならない――アメリカは、アメリカそのものの魂を守るためにテロとの戦争を戦い、世界も同じように善と悪の二陣営のどちらかに組みすることが求められた。テロにつくか、アメリカにつくかというかたちでアメリカは他国に協力を強要し、一〇月にはアフガニスタン攻撃を展開した。そうしたアメリカの軍事行動に制約を加えることができるとするならば、それは民主国家アメリカの国内の力でしかありえなかった。

しかし、九・一一の衝撃は、アメリカにとっての安全とは、外からの脅威に対して守るものではなく、まさに内に存在する脅威に立ち向かうものであるとの認識をもたせた。価値観を共有し、運命を共有する共同体として成立しているはずの社会の内側に、その社会の破壊を目的とする者が存在しているという認識は、アメリカ社会を異様なまでの危機意識に陥れた。九・一一を明確に「戦争」であると定義し、強いリーダーシップでそれに対応してゆく姿勢を示したブッシュ大統領に対する支持率は、直前の五一パーセントから九〇パーセントへと急上昇した[8]。

自由という、普遍的に訴えることができるアメリカ的価値が「正しい」と認識される限りにおいて、それに敵対する者の主張こそが理不尽であり、アメリカにはまったく非がないという設定のもとで「正戦」の構図はつくりあげられた。アメリカを内側から守ろうとする気持ちは高揚する愛国心として現われ、その裏返しとしてアメリカの価値と敵対するものへの戦争気運として現われた。だが、このアメリカの内なる戦争は、守るべき価値の名のもとに理念そのものを危うくしかねないという、心のなかの戦いにもなった。そして、この内なる戦争と、実際にテロ組織を支援する敵に対するアメリカの外なる戦争は、アメリカの人々の頭のなかでは密接につながっており、内なる戦争を戦うなかで、外なる戦争が「正戦」として正当化されたといえる。

こうした政権による「正戦」論の展開と、それに呼応して高まったアメリカの人々の愛国心に直面し、議会は大統領を支持するという立場を明らかにした。それは、アメリカ国外の敵に向けてアメリカ社会が一枚岩であることを示すのと同時に、選挙区の有権者に向けて、危機にあって大統領のもとに結集し、愛国的に振る舞っているという政治的メッセージを流すことも目的としていた。前日の九月一〇日までミサイル防衛をめぐりブッシュ政権を攻撃していた議会民主党からも、一一日以降は批判の声が消え、「今日、私たちは民主党員でも共和党員でもなく、アメリカ人だ」（ダッシュル上院院内総務）[9]という、アメリカの一極化を象徴する発言がなされるほどであった。

テロ翌日の九月一二日に、議会はテロを非難し、「国際法のもとにアメリカには反撃の権利がある」という一文を盛り込んだ共同決議（S. J. Res. 22）を可決した。一三日には行政府からの要請に先だって、通信の傍受をめぐり政府の権限を拡大する修正案が提案されている。一四日には、次のような共同決議（S. J. Res. 23）によって大統領にテロに報復するための幅広い権限を付与した。

〔前略〕大統領は二〇〇一年九月一一日に起こったテロ攻撃を計画、承認、関与、支援したと考えられる国家、組織、あるいは個人、およびそうした組織や個人をかくまった者に対し、そうした国、組織、個人によってアメリカに対するさらなる国際テロが生じることを防ぐために、必要かつ適切なあらゆる軍事力の行使の権限を与えられる。

大統領に白紙委任状を渡すことを危惧した議員により、この決議は戦争権限法の制約を超えるものではないという条項が加えられたものの、ほとんど無限に拡大解釈できるだけの権限を大統領に与えることになった[10]。ブッシュ大統領による、アメリカの価値が世界にとっての普遍的価値であるという置き換えは、議会内の審議過程でも援用された。そして、民主党議員を中心に慎重論が述べられながらも、テロリストを支援した者には、軍事力を用いてでも責任をとらせるべきだという合意が、結果的には議会内で形成されていった[11]。

議会から実質的な白紙委任を受けたブッシュ大統領は、一〇月七日にアフガニスタンへの攻撃を始めた。軍事行動と並行して、ブッシュ政権は議会に対し、国内でのテロ防止の戦いにも支持を得ようとした。テロの一週間後に提案された反テロ法は、一カ月に満たない短い審議のすえ、一〇月二六日に成立した。しかも、下院においては、主たる管轄委員会である司法委員会が超党派で上程した政府権限に制限を設ける内容の法案が、先に上院で可決された行政府の意向に沿った内容と差し替えられ、修正を許さない議事運営によって可決にいたった。違憲の可能性を含む条項については時限立法という措置がとられたとはいえ、アメリカがまさに守ろうとしている自由を制約し、とくに市民権をもたない人々の人権を大幅に蹂躙する内容であった。この法律の「テロを中断し、阻止するために必要で適切な手段を与えることでアメリカを結合し、強化する法律」という長い名称の頭文字を並べると、「アメリカ合衆国の愛国者の法律」(USA PATRIOT Act, 以下、「愛国法」)となる。あまりにも計算づくの名称であるが、アメリカの人々の高揚した愛国心には適合したものだった。

こうして大統領先導型の「正戦」論の形成に議会が追従したことは、危機にあっては大統領のもとに一致団結するという、典型的なアメリカ政治過程の反応であり、アメリカが外と内で正戦に勝たねばならないという方向性に異論を唱える余地はなかったことを示している。アメリカが民主的に戦争と平和の決断をおこなうことを担保するはずの議会の役割が、これほど簡単に放棄されたことは、アメリカの政治過程にとって非常に大きな課題を残すこととなる。もっとも、政治過程において正戦という方向づけがおこなわれた背景で、その正戦論にお墨つきを与えていたのは、実は大統領を圧倒的に支持したアメリカの人々であり、その二つがいわば入れ子状態にあったといえる。

政府による市民の動員

アメリカの人々が九・一一事件をどう受け止めたのかが、こうした対外的な戦争の正当化の枠組みをつくったといえる。そして、その背景には、メディアなどを通して描かれた九・一一像が大きく影響している(12)。アメリカの国内においてアメリカを守ることが大切だと感じ、そのために政府の動員に応じる立場の人々は、対外政策においてもイラクに対して正戦観をとる傾向が強いことが、世論調査などから読み取れる。たとえば、「テロ攻撃によって、政治や国家についての自分自身の考え方が大きく変わった」と答えた人々は、そうでない人の場合よりも、イラク政策に対する関心が高いだけでなく、イラクへの軍事行動を支持する傾向も強くなっている(13)。

こうした危機感は、アメリカの人々に九・一一後の政府の対応をプラスに評価させる効果をもった。クリントン政権期の常套句となっていた、「政府は信頼できない」というアメリカの世論が覆され、もっとも信頼おけるもののひとつとして政府に対する期待が高まった。若者(一五〜二五歳)のあいだの調査では、六九パーセントが九・一一によって政府への好感が高まり、六二パーセントが、政府が正しいことをしていると信じている(14)。また、九・一一以来、社会のために奉仕をしようと思った、あるいは奉仕活動をおこなったという割合も高く、人々が公的なものへの信頼と使命感を高めたことがわかる。こうした期待感と使命感を利用して、ブッシュ政権は、内なる正戦において、市民社会がテロの犠牲となって足手まといにならないよう、さらには市民自身が内なる正戦の一翼を担うように、高揚する人々の奉仕の精神を反テロ政策へと結びつけていった。

九・一一はまた、多くのアメリカ人にとって命について考えさせる契機となり、宗教についてもより深く考える人々が増した。たとえば、二〇〇一年三月にはアメリカで宗教の役割が増加していると考えた人は三七パーセント（減少が五五パーセント）だったのに対し、一一月には七八パーセント（減少が一二パーセント）と大幅に変化している。[15]そのため、信教団体を通して社会に貢献する機会を求める人々も増し、ブッシュ政権は、発足時に設置した信教・コミュニティ活動部局を通して、あらためて信教団体の奉仕活動への政策を推進しはじめた。

九・一一以降のアメリカの人々の「公」に対する信頼の回復と、信教団体を通じた社会への関心を利用して、ブッシュ大統領は二〇〇二年一月の年頭教書のなかで、「自由部隊」（Freedom Corps）の創設を発表し、アメリカの市民社会に対して、よきアメリカ人を醸成する苗床として機能するよう呼びかけた。自由部隊は、クリントン政権のもとで拡充された若者によるアメリカ部隊（Ameri Corps）と、退職者によるシニア部隊（Senior Corps）、そして教育と社会貢献の一体化をめざす奉仕教育（Service Learning）の三本だてによるボランティア活動と、二〇〇二年四月に加えられた緊急時に対応する市民部隊（Citizens Corps）からなる。ブッシュ大統領は、自由部隊に参加することで、一人ひとりのアメリカ人が一生のうち四〇〇〇時間、約二年間を奉仕活動に費やすように呼びかけた。[16]

自由部隊に新たに加えられた市民部隊は、市民部隊委員会という州、郡、市町村という地元の組織によって運営されるが、それは緊急事態管理、法執行、消防・救急、ビジネス、奉仕・信教団体、その他学校、医院、公共交通など関連機関の代表によって構成されている。[17] 市民部隊のひとつの目的は、九・一一の惨事を念頭に置いて、危機に際して政府のみでなく市民社会レベルでも対応ができるようにするもので、司法省の管轄下ではボランティア警察官、連邦緊急事態管理庁（ＦＥＭＡ）の管轄下では緊急対応部隊の導入、保健・福祉省の管轄下では医療予備隊が提唱された。冷戦期に核攻撃に備えて、市民の脆弱性を少しでも減少させようとした「市民防衛」の発想につながるプログラムである。

もうひとつはテロの防止のために市民社会を組み込もうとするもので、司法省の管轄下で近隣監視員の増員とテロ情報・防止システム（ＴＩＰＳ）の導入が提唱された。テロ情報・防止システムでは、従来からあった港湾監視、高速道路監視などを拡充し、特定の職業（トラック運送、海上運送、運送業、公共交通）についている市民に「法執行機関の目や耳として」、テロに関連している可能性がある情報を提供することが求められた。また、市民部隊のなかでもっとも数多くおこなわれている活動は近隣監視員（二〇〇八年八月現在で一万四七九一の組織が活動）だが、従来の犯罪防止に加えてテロ防止とテロに関する教育が盛り込まれている。しかし、その手段として用いられるのは、イスラム教徒を特定化する、いわゆるプロファイリングである。

二〇〇八年八月現在では五五の州・領土で、二三〇八の委員会が設立され、アメリカの人々の七八パーセントは市民部隊の活動する地域に住んでいる。[18] 後に国土安全保障省長官となったトム・リッジは、「アメリカを安全にしておくのは政府だけの仕事ではない。市民もコミュニティを守るうえで積極的な役割が果たせるし、果たすべきである」と述べている。[19] しかし、自発的な参加であるとはいえ、イスラム教徒をテロリストの疑いのある人々と特定するプロファイリングに代表されるように、草の根のスパイとして市民をテロ対策に組み込むことは、相互の信頼によって成り立つ市民社会の前提を破壊することにつながりかねないものであった。

ブッシュ大統領は、九・一一後のアメリカがその衝撃のおかげでこれまでになく統一され、お互いに対する思いやりに満ちていると評した。自由の大切さと自由の脆弱さをより強く認識した時期だからこそ、「ナショナル・アイデンティティを再興し、アメリカの文化である奉仕、市民としてのあり方、責任を打ちたてる」機会に恵まれている、と市民部隊創設への呼びかけ文は結んでいる。[20] しかし、危機のなかで強調されるアメリカの「ナショナル・アイデンティティ」は、正戦論の土台となるもの、すなわち、アメリカは自由と民主主義の輝ける灯台である、という自己陶酔ともいえるものであり、アメリカの外からの批判が指摘するような、アメリカの内にある矛盾に目を向けるものではなかった。また、奉仕、市民のあり方、責任が強調されるアメリカとは、「自由な社会に住むためには、その代償がある。活気のある社会をつくるためには、私たち全員がアメリカに対して何かを負っている[21]」とブッシュ大統領が語る、「思いやりのある保守」の延長線上に描かれるものであった。

アメリカの市民社会が、政府の助けを待つことなく、自らの力で危機に対応してゆくべく準備をすることは、それ自体として問題があるわけではない。むしろ、市民社会の再活性化を通してコミュニティの活動家がめざしたのは、そうした自立した市民社会であった。しかし、その対応をおこなう過程において、何がアメリカ市民であるか、誰が排除されるべきであるかが暗黙の了解となっており、そのために本来、異なるものを結びつける可能性をもつ市民社会が、公的権力の下請け機関として判断の自律性を失うことは問題であった。そもそも、アメリカの多くの人々が、テロを契機とする市民社会の動員に無批判に反応した背景には、アメリカ社会そのものが分断されているという危機感があり、外に開かれた社会とアメリカとを結ぶ「異質なもの」が、まさにアメリカの平穏を脅かしているという認識があった。すなわち、内なる安全と外なる危険とが表裏一体となり、アメリカの絶対に譲れない安全保障観を形成していった点を見逃すことはできない。

三　異議申し立てをおこなう市民社会

市民的自由の擁護

もちろん、市民社会のすべてが政府に動員されることに疑問をもたなかったわけではない。前述したように、外なる敵から安全を守るために、守るべきアメリカの理念そのものを危うくしてしまうことに警鐘を鳴らす人々も存在していた[22]。

ブッシュ大統領は九・一一直後に、これはイスラム教徒とアメリカとの戦いではないという、多文化主義アメリカの原則を主張し、その後の広報外交（Public Diplomacy）においても、たとえばアメリカにおいて自由にイスラム教が信仰される様子を描いたパンフレットを作るなど、イスラム教徒のあいだにアメリカ理解を深めようとする政策がとられていった[23]。しかし、実際の反テロ対策においては、イスラム教徒がテロリストの疑いをもつ集団として特定されていたし、アメリカの多く人々は、対テロ対策が標的としているのが自分たちではなく、特定のマイノリティであるという暗黙の了解をもっていた[24]。

こうした被害認識のずれが、二〇〇一年秋に成立した愛国法の一部で市民的自由が妥協されていても、それによってテロの再発が防げるならば正当化できるという雰囲気をアメリカ社会のなかに生んでいた。たとえば、誰もが対象となるわけではない、疑わしい外見をしている者に対する検査（プロファイリング）に対しては、批判の声は強くない[25]。しかも、社会のなかでマイノリティの人権がより侵害されているという現状認識は、マイノリティ以外のあいだでは強くもたれてもいなかった[26]。アラブ系や南アジア系に対して加えられた迫害に対し、過去に同じような経験をした日系団体が手を差し伸べて共闘した組み合わせは、そうした差別の構造を象徴しているといえよう。市民的自由とは普遍的な価値であり、市民権をもっていようと、肌の色が違おうと、すべての人々に対して守られるべきものである。しかし、それを一貫して主張するアメリカ市民的自由連合（ＡＣＬＵ）のような団体の活動に比べ、草の根レベルでその原則を守ろうとする意識は強いとはいえなかった[27]。

危機にあっては、アメリカが寄って立つ自由そのものを犠牲にしても、国の統合を守ることを厭わないというアメリカ市民社会の反応は、実は九・一一後にはじめて生じたわけではない。「わが共和国を守り国民の自由を安泰ならしめるために、危機の期間中はある種の自由を制限しなければならない[28]」という文言は、一七九八年の外国人および煽動罪法からの引用である。また、第一次世界大戦のときのドイツ系の人権、第二次世界大戦のときの日系人の強制収容など、戦争という大義の前にアメリカの価値である自由と民主主義が譲歩する前例は繰り返されてきた[29]。

しかし、多文化主義を標榜し、その前提のうえに自由と民主主義を守ろうとする二一世紀のアメリカにあって、同じようにマイノリティの人々の市民的自由が選択的に犠牲となることはありえないと考えられていた。しかも、実際にそうした犠牲を強いながら、「アメリカがその安全のために戦うとき、アメリカはその価値のために戦っている[30]」と主張するブッシュ大統領の誤りについては、後述するように、国外での対テロ政策で明らかになる理念と行動の矛盾を通してはじめて、アメリカ市民社会においても関心がもたれることになる。愛国法の五年の時限立法部分の効力が切れる二〇〇五年末に向けて、議会でおこなわれた延長をめぐる議論からも、そうした問題が明らかになった[31]。

二〇〇五年七月一一日に下院に提案された愛国法延長法案（H. R. 3199）は、管轄の司法委員会において二三対一四で可決された後、特別情報委員会の審議を経て二一日に本会議に上程された。委員会の議論でとくに問題となったのは、愛国法がアメリカ人の市民的自由・人権を侵害してきたかどうかの検証であった。ACLUをはじめとする人権に関わる団体が、愛国法による市民的自由や人権の侵害があったとの立場を取ったのに対し、司法省はそれらの事例が愛国法とは異なる根拠にもとづく措置によるもので、愛国法そのものの内容には人権侵害の恐れはないとの反論を繰り返した。本会議審議のおこなわれた二一日は、ロンドンでの二度目のテロが生じた日で、テロを防ぐためには市民的自由のある程度の制約はいたしかたないという、ブッシュ政権が繰り返してきた主張が受け入れられやすい環境が提供された。そのため、審議された法案は委員会が上程した内容から行政府を制約する部分が削除されていたにもかかわらず、二五七対一七一で可決された。

上院では無期限に情報開示を遅らせている行政府の権限を制約するなど、これまで議会で提案されてきた内容を反映した上院法案一三八九が七月一三日に提案され、司法委員会で一八対〇という超党派の支持を得ていた。本会議では、先に下院で可決された法案と同じ法案番号を用いながらも、内容は上院法案に差し替えたかたちで審議、可決がなされた。そのため、両院を通った別々の文言の法案は両院協議会での調整が必要となった。

両院協議会の開催が遅れたことと、上院でのフィリバスターと共和党議員の造反もあり、ブッシュ政権がめざした二〇〇五年末の愛国法延長は、二〇〇六年三月までずれ込むこととなった[32]。しかし、結果的には市民的自由の制限が一部恒久化され、九・一一からアメリカ国内でのテロの再発を防いできたのは反テロ法の効果であるという、ブッシュ政権の立証されてはいない議論の枠組みそのものを否定するにはいたらなかった。

反戦運動とアメリカの価値

アメリカ国内での自由という理念をめぐる内なる戦いは、二〇〇二年夏にブッシュ政権がイラク攻撃を現実的な政策として議論するようになると、従来の平和運動と連携しながら反戦運動として集結していった。

九・一一直後から、それを犯罪ではなく戦争として論じるブッシュ政権が、「テロリスト」に武力で報復をする可能性は非常に高かった。二〇〇一年九月一四日という早い時期に結成されたのが、ANSWER（Act Now To Stop War and End Racism）連合で[33]、アメリカ社会がブッシュ政権の戦争機運に動員され、イスラム教徒への差別行動が生じていることを懸念して、九月二九日にワシントンで二万五〇〇〇人、サンフランシスコで一万五〇〇〇人による反戦デモをおこなった。ANSWERはアメリカの帝国主義的な政策の対象となった地域に関心をもつ団体が、国内のイスラム教徒や社会的に疎外された人々と共闘しながら、九・一一後のブッシュ政権が象徴するアメリカの軍事主義そのものに反対するかたちで連合を形成したものである。したがって、アフガニスタンやイラクに限定されることなく、ハイチ、ニカラグア、フィリピン、韓国、パレスチナなどが活動対象に含まれていた。

ANSWERは、ブッシュ政権が九・一一を利用してイラクに侵攻しようとする動きに対し、二〇〇二年四月からイラクだけではなくパレスチナ問題、国内のイスラム教徒への差別、さらには愛国法による市民的自由蹂躙を掲げてデモをおこなっていた。イラク侵攻が具体化してからは、二〇〇二年一〇月二六日にはワシントンで二〇万人、サンフランシスコで一〇万人を動員して、イラク侵攻をとどめるべく大規模なデモをおこなった。

ブッシュ政権のイラク侵攻案の具体化を受けて、二〇〇二年一〇月にニューヨークを本部に結成されたのがUFPJ（United for Peace and Justice）で、[34]これは一三〇〇ほどの国内団体が結集したものである。たとえば、アメリカン・フレンズ・サービス委員会、コードピンク、地球の友、グリーンピース、NOW、戦争に反対する退役軍人、発言する軍人の家族、戦争に反対するアメリカ労働者など、中道から革新的な団体が多く加わっている。そのため、イラク反戦に共通の土台を置きながらも、UFPJを構成する団体の関心は、グローバリゼーションやアメリカのエネルギー消費に関わる問題まで広がっていた。

ANSWERやUFPJのような、アメリカと世界との関わり方そのものを問題視した運動のみが反戦運動ではなかった。たとえば、アメリカに対して愛国的な中道派による運動としては、イラクの大量破壊兵器が問題であるとの立場を共有しながらも、それを戦争によるのではなく国際法にもとづく外交によって解決すべきだと主張する、WWW（Win without War）も結成されている。[35] あるいは、クリントン政権の対外軍事介入に反対するリバタリアンによって一九九五年に結成されたAntiwar.comは、その後クリントン政権のイラク空爆にも反対してきた。人権・民主主義や人道主義の名のもとに国家主権をないがしろにする政策に反対するリバタリアンは、イラク問題に関して革新派の反戦運動とはまったく異なる角度から、「リベラル・ホーク」の提唱する人道主義と対抗した。

こうした、右から左までの反戦運動の結集は、イラク侵攻が実施される可能性の高まった二〇〇三年一月一八日と二月一五日に、全世界で統一的におこなわれた反戦デモと連動して、アメリカ国内でも大規模な反戦デモを繰り広げた。一月のデモがワシントンで五〇万人、三月のデモがニューヨークで五〇万人を動員したのをはじめ、アメリカの数多くの都市で多数の人々を動員して反戦デモが展開された。さらには、イラク侵攻を国連安全保障理事会が承認しないように、各国代表部に対してイラク開戦反対のメッセージを送るなど、インターネット上でも大規模な運動を展開した。

しかし、そうした反対にもかかわらず、三月二〇日にイラク侵攻は国連安全保障理事会の承認もないまま開始されてしまった。開戦直後、ANSWERやUFPJなどは抗議デモをおこなったが、いったん戦争が始まってしまうとアメリカ社会は大統領のもとに結集し、派兵されたアメリカの兵士に不利益が生じないように一致団結するという反応を見せた。活動家による反戦運動は続いたものの、草の根での運動は沈静化していった。五月にブッシュ大統領によりイラクでの勝利宣言がなされ、国連やイラク開戦に反対した国々がその後の復興に協力を始めると、終わってしまった戦争の是非を問題にするよりは、イラクの民主化に協力して前に進むほうが建設的であるという雰囲気すら生じていた。

ところが、イラクの人々が花束をもってアメリカの占領軍を迎えるというブッシュ政権の前宣伝は、実際のイラクの状況とはかけ離れていた。十分な兵力を投入しないままでの占領は、治安の悪化と期待外れの統治への反発を招き、公式な戦闘期間におけるアメリカ兵の死傷者数よりも、その後の復興期の死傷者数が上回ることになった。さらに新たに国外からの勢力が流入することによって、イラクは反米テロの拠点と化していった。

アメリカ社会に変化を生じさせたのは、イラクでのアメリカ兵の犠牲者の数の増加だけではなかった。ブッシュ政権の慎重な情報操作により隠されていたが、テロとの戦いにおいてアメリカの価値そのものが蹂躙されていることがわかると、イラク政策への批判が強まった。たとえば、アメリカの人々の目を避けて、二〇〇一年にアフガニスタンからキューバにあるグアンタナモ基地に移送された「テロリスト」に対する人権侵害の疑いが、メディアや人権団体を通して知られるようになった。さらには、イラクのアブグレイブ刑務所などで、アメリカ政府自身によりイラク人の人権侵害がおこなわれていたことが明らかになると、民主化のためにアメリカ兵がイラクに駐留するという名目そのものが信憑性を失っていった。

テロとの戦いにおいて、アメリカ社会がその核としてきた市民的自由という価値が、安全と引き換えにアメリカ国内の特定のマイノリティを対象として制約されただけでなく、国外においてはアメリカ人に知らされないかたちで無原則に破られてしまっていたのである。そうした外に映し出されたアメリカの軍事主義の矛盾に直面することで、アメリカ社会はイラクでの戦争とはそもそも何であったのか、というところにようやく立ち戻ることになった。

こうした自問に輪をかけたのが、二〇〇五年一二月に明らかにされた、アメリカ政府による「テロリスト」の第三国移送であった[36]。テロ情報を聞き出すために第三国の秘密基地において拷問を含めた人権侵害がおこなわれているということが、アムネスティ・インターナショナルなど人権団体によって伝えられた[37]。その第三国のなかにEU加盟国も含まれていたために、EUからも情報開示の要求と人権侵害への批判が生じた。アメリカが他の西側諸国に比べると、テロとの戦いにおいて拷問に寛容であることも、こうした反応の温度差として現われていると思われる[38]。

秘密基地政策の存在を否認していたブッシュ大統領も、二〇〇六年九月にはとうとうそれを認めざるをえなくなった[39]。また、ブッシュ大統領が軍最高司令官の権限範囲として正当化してきたテロリストの例外的な扱いも、二〇〇六年六月に最高裁判所によって違憲と判断されたため、CIAによる事情聴取を継続するために、ブッシュ政権は新たに軍事法廷の創設を議会に認めてもらわざるをえなかった[40]。

二〇〇四年六月という早い時期にイラクに主権を移譲しながらも、実質的にはアメリカの軍事力による支配が続いていることが、イラクの人々にとっての不満を増すだけでなく、アメリカによるイラクの恒久的な植民地化につながるという批判が、内外から高まった。しかも、そうしたアメリカの支配は反米感情をさらに引き起こしており、イラクを制することがアメリカの安全を確保するというブッシュ政権の主張とは逆に、イラクを制しようとすることがアメリカの安全を損なっているという議論も展開された。そして、二〇〇六年九月下旬に一部が漏洩した国家情報評価（National Intelligence Estimate）は、こうした議論を正当化する内容だと伝えられた[41]。

イラクが、もはや大統領のもとに結集すべき大義を失った政策であるという判断がなされると、市民社会においても、ブッシュ政権に情報の開示と政策議論を求める声が大きくなった。たとえば、ANSWERは二〇〇五年九月二四日のデモでは、ワシントンで三〇万人を動員し、政策転換を訴えた。しかし、それぞれの反戦運動のあいだや、運動の内部においても、優先事項や運動方針に違いがあるため、すべての運動がイラク反戦では一致できても、それ以外の問題も含めた大きな反対運動として行動を統一することは難しかった。具体的な政策をめぐる不一致は、二〇〇六年中間選挙で上下両院の多数派を握った民主党議員のあいだでも見られた[42]。そもそもアメリカが大切にする価値であるならば、イラクにおいてもそれが当然受け入れられるはずであるという前提に、草の根でのイラク反戦運動や民主党議員は大きな疑問を感じていなかった。ヴェトナム反戦の場合も同様であるが、大切にすべきアメリカの価値そのものが、イラク侵攻やテロとの戦いを通して踏みにじられたということが問題とされたのであった。

二〇〇六年の中間選挙でイラクからの撤兵が争点となるなか、『ワシントン・ポスト』紙はイラク人へのインタビューで、アメリカが撤兵すればもっとひどい状況になるのではないかと尋ねたが、それへの答えは、「これ以上ひどい状況がありうるのか」というものであった[43]。ところが、アメリカの人々の関心事は、アメリカの価値、アメリカ兵の命、そしてアメリカ国内の優先事項の財源を守ることであり、こうしたイラクの人々の処遇ではなかった。レバノンの『デイリー・スター』も、「イラク戦争を批判する民主党その他の人々は、二八〇〇名のアメリカ兵の命、五〇〇〇億ドルのアメリカ人の税金、そしてアメリカの国際社会での地位が喪失したことを嘆きながらも、イラクの人々の命やイラクの国家や経済が破壊されたことに言及することはほとんどない[44]」と指摘している。

二〇〇六年末、イラク研究グループはブッシュ政権に「勝利戦略」を捨てる勧告をおこなったが、それに対してブッシュ大統領は、「ほとんどのアメリカの人々と同じく、ブッシュ政権もイラクで成功したいと思っている。なぜならば、イラクでの成功が結果的にはアメリカを守ることになるとわかっているからだ[45]」と、呼びかけた。イラクをめぐるアメリカの議論は、結局のところ「アメリカを守る」ことに収斂されたものであった。

四　安全なアメリカと危険な世界

要塞化したアメリカの安全保障観

アメリカはどうして国外での「勝利」にそれほどこだわるのだろうか。アメリカの市民社会におけるテロへの反応は、アメリカの外と内のあいだにある大きな認識の壁によって区切られているようである。そして、アメリカの内における価値を守るために、イラクをはじめとする外の世界に対して内なる脅威を転換させてきた。それは「アメリカ市民を守る唯一の手段は世界中で敵に攻勢をかけることである。テロリストがアメリカの追手を逃れることに懸命になっているあいだは、アメリカに対する攻撃を練って実施する余裕がないからだ[46]」というブッシュ大統領の発言にも現われている。そして、こうした外と内との断絶の背景には、アメリカが歴史を通して抱いてきた安全保障観が影響している。

二つの大洋に挟まれ、隣国が友好的な国か弱小国であるという地理的条件により、アメリカはこれまで侵略される対象とはなってこなかった。国をどう守るかという基本姿勢は、その国のナショナル・アイデンティティを形成しているという論者もいる。(47) アメリカは外敵から守られた内なる安全な領域を広げてゆくために、先住民から土地を奪っていった。そうしたアメリカがおこなってきた主な戦争は、南北戦争を除けばすべて自らが外に出て行ったものであり、そこで破壊されるものは、アメリカ以外のものや人々であった。そして、アメリカが自ら大きな被害を受けた戦いに関しては、「アラモを忘れるな」「パール・ハーバーを忘れるな」という復讐心として、公的な記憶のなかに刻まれていった。

九・一一事件は、真珠湾攻撃以降はじめて、安全なはずのアメリカが外から「攻撃」を受けたものとして論じられ、航空機によるテロは「カミカゼ」と重ね合わせられた。一九九三年に世界貿易センタービルがテロ攻撃を受けていたにもかかわらず、アメリカ「本土」が外からの攻撃を受けたのは、さらに遡って一八一二年戦争以来のことだということも強調された。そして、それだけ希有な危機下にアメリカ社会が置かれたという認識が、アメリカの人々の大きな恐怖心を煽った。

もっとも、絶対的に安全なアメリカは、第二次世界大戦後に核兵器の独占に失敗し、大陸間弾道弾が要塞としてのアメリカを脆弱化してからは、現実ではなく神話として掲げられてきたにすぎない。ヘンリー・キッシンジャーは、絶対的安全保障というアメリカ固有の安全保障観ではなく、核の時代においては相対的な安全保障によって安定をはかる必要性を説いた。その現実と神話の乖離を解決してくれたのが、国民を人質としながら核の安定を図ることが非道徳だとして、一九八三年にレーガン大統領が唱えた戦略防衛構想（ＳＤＩ）であった。一九九〇年代半ばに、ふたたび具体化されることになったミサイル防衛を支える発想こそが、他者の意図に依存するのではなく、自らの能力によってアメリカを守ろうとする、絶対的安全保障の考え方である。

ミサイル防衛は、このようにアメリカの絶対的安全保障観を象徴するものであるが、それをより確実にしているのが、世界で他に追随を許さないアメリカの軍事力である。たとえば、アメリカの軍事費は、他のすべての国を合わせたものを凌ぐ額となっている[48]。冷戦が終結した直後には、不要になった国防費が「平和の配当」として国内の優先事項に振り向けられるものと予測されていた。ところが実際には、一九九〇年代半ばから軍事費は拡大し、冷戦期を上回るほどになっている[49]。

そもそも、世界のすべての軍事費を合わせた半分を、なぜアメリカ一国が必要とするのかという疑問は、アメリカ国内からは生じていない。逆に、世論調査の結果は巨額な軍事予算をむしろ肯定的に受け止めており、必要以上に国防力を備えているという意見が少ないことを示している[50]。日々の暮らしを安全に過ごしたいという希望をもつことは、なにもアメリカの人々に限られたことではない。しかし、世界の軍事力の半分以上を集中させたアメリカの内側に守られながら、それでもまだ軍事力が不十分だと感じる人々が半数近く存在するという社会は、単に絶対的な安全保障観をもつにとどまらず、あまりにも軍事主義に依存した状態だといわざるをえない。

絶対的な安全の欠如からの視点

一カ国が自らの絶対的な安全保障を守ろうとすることは、裏返してみるならば、それ以外の国は絶対的に安全が欠如した状態に甘んじなくてはならないということである。第二次世界大戦後の世界秩序の形成・維持を担ってきた覇権国としての経験から、アメリカは自らが他国の脅威になりうるという認識はもっていない。しかし、善意の国アメリカという像は、必ずしも他国がアメリカに対してもつ認識と一致してはいない[51]。とくに、アメリカによって「ならず者」国家や危険な独裁国家とみなされた国々は、そうした安全の欠如が政権の存続そのものに直結している。そうした危機感が、アメリカが主張するような民主化の方向を推進するのではなく、逆に体制維持の手段として大量破壊兵器の政治的な意味を高めていることは否定できない。

アメリカが、自国の安全を中心として軍事力に依存した外交を続けることが、必ずしもアメリカを安全にしないという議論は、イラク政策の泥沼化や朝鮮半島、イランでの核問題の処理の行き詰まりとともにアメリカの人々にも説得性を増し、世論調査の結果にも現われるようになった。たとえば二〇〇六年のある調査結果では、六八パーセントがアメリカの外交政策に転換を求めており、現在のような軍事力に依存し、単独主義的なアメリカでは、アメリカに対するテロが増し（六〇パーセント）、親米感情が損なわれる（七八パーセント）と考えている[52]。また、アメリカの軍事力がアメリカの安全にとってもつプラスの効果（三三パーセント）よりも、マイナスの効果のほうが大きい（六三パーセント）という指摘もなされている[53]。

しかし、アメリカの軍事力に依存した外交が、アメリカにとって不利益を招くので好ましくないというアメリカ国内での議論は、前述したイラクの人々の犠牲への共感が欠如している状況と同じく、アメリカという安全な要塞の内側から世界を見る視点である。アメリカを守るために備わっている軍事力がその目的のために使用されるとき、その先で起こっていることへの関心や、アメリカにより破壊されたものへの共感は、アメリカの議論にはほとんど出てこない。自らの安全を守ることの裏側で生じている犠牲に共感をもてないアメリカは、無限に絶対的安全保障を追い求めようとするが、現実には絶対的な安全保障などはありえないのである。前述したブッシュ大統領の言葉を読み替えると、アメリカへの攻撃がおこなわれないようにするために、アメリカは外の世界で脅威とみなすものをつねに追い続けていることになる。その追跡を止めた途端にアメリカの安全が崩れてしまうのである。

アメリカがそうした安全神話の自縛から抜け出るためには、自らを相対化することが必要である。その意味で、アメリカの市民社会の団体がグローバルなネットワークを形成するなかで、アメリカから外の世界を見る視点をもつだけでなく、それをさらに超えて、アメリカの外からアメリカを見ることができるようになることは重要である。ブッシュ政権が、国内世論の批判を避けるためにアメリカの外の世界でおこなってきた人権侵害が、アメリカの市民社会と国外の市民社会の関心をつなぎ、ネットワークを形成するひとつの契機となったことは、皮肉な展開かもしれない。

アメリカの安全が何の犠牲の上に成り立っているかを、草の根のアメリカの人々が認識することは、絶対的安全の神話によって麻痺したバランス感覚を取り戻すためにも必要なことである。国際社会がこれ以上軍事主義へと傾かないためには、アメリカが自国だけを視野に入れ、他国の犠牲を前提とする、非現実的な絶対的安全保障観から、他の国々を対等に視野に入れ、相対的な安全をいかに共有するかという安全保障観に転換する必要がある。そして、そうした転換を可能にするためにも、アメリカの市民社会は閉ざされた要塞から抜け出した視点と発想をもたなくてはならない。

五　おわりに

九・一一で世界が変わり、アメリカも変わったという議論がある。九・一一がそれ以前からアメリカが抱えていた問題を劇的に表面化させたことは確かであるが、それによって新しい問題が生み出されたわけではない。アメリカの市民社会がブッシュ政権の展開する正戦論に反応し、内なる正戦に動員されていった過程は、実はアメリカ社会の内側にあった絶対的な安全を求める姿勢がテロの衝撃によって触発され、アメリカそのものの存続の危機と重ね合わされた結果といえる。アメリカの外においてテロに立ち向かうことが、アメリカの内における価値を守るために不可避な手段だとして正当化されると、アメリカの市民社会は正戦へと忠実に動員され、その価値を守ろうとしたのである。もちろん、市民社会そのものも一枚岩ではなく、内なる正戦に動員されず、異議を唱えてきた側面も存在したが、アメリカの外側の視点からテロとの戦いの意味を考えてみようとする想像力までは生じなかった。

再活性化をめざすアメリカの市民社会にとって、政府による正戦への動員は諸刃の剣であった。ブッシュ大統領が「アメリカの人々が人生には物質主義以上のものがあると気がついてきている」[54]と述べているように、九・一一はアメリカの人々が共同体として、お互いのために何かをしたいという気持ちを、あらためて強く抱く契機にはなった。市民社会の活動家が教育やコミュニティの活動を通してつくりだそうと苦労を重ねてきた公的空間への関心を、九・一一は皮肉にも瞬時にしてつくりだしてしまった。

その契機を利用してエンパワメントを進めようとする市民社会の活動家にとって、政府が提供するプログラムは利用価値があった。しかし、そうしたプログラムに組み込まれることは、市民社会の自律性を後退させる危険があるだけでなく、市民社会が本来備えている、異なる声を吸収して調和するという機能を発揮する機会を失うことにもなりかねなかった。アメリカが九・一一以降経験したように、要塞化したアメリカの内側にあるアメリカの市民社会では、互いに対する尊厳と信頼に代わり、猜疑心と差異化によってアメリカの価値が守られようとした。そしてその要塞の壁は、外の世界への関心や共感を妨げる役割も果たした。

イラク政策の泥沼化のなかで、アメリカの市民社会だけでなく、メディアや政治過程においても、ブッシュ政権に異議を唱える空間が広がり、政策の転換も求められるようになっている。しかし、そうした批判はアメリカの安全が効果的に守られていないことを問題としており、アメリカの外の世界の安全を問題としているわけではない。その意味で、アメリカにとって自らの安全が占める重要性には、ほとんど変化がなかったともいえる。圧倒的な軍事力によって絶対的な安全保障を獲得できるという神話が、アメリカの人々のあいだで好ましい選択肢として残る限りにおいて、安全が脅かされるという情報操作によって、市民社会はふたたび政府に動員される可能性を残している。

九・一一後の世界でアメリカが何らかの変化を求められているとすれば、それは世界のなかで自らを相対化し、その安全保障観をも相対化するという方向に少しでも進むことであろう。そしてその第一歩は、アメリカの市民社会がそうした相対化を可能とする視野と発想を人々のあいだに浸透させるという、難しい課題に取り組むことにほかならないだろう。

註記

(1) ギャラップ調査、二〇〇六年一〇月九～一二日。回答率の高い争点の順に、イラク二八パーセント、テロ一一パーセント、政治腐敗一一パーセント、経済八パーセント。

(2) ギャラップ調査、二〇〇六年一一月二～五日。

(3) 同前。

(4) ギャラップ調査、二〇〇一年一一月二六～二七日。

(5) ギャラップ調査、各々二〇〇三年四月九日、四月五日。

(6) Press Conference by the President, November 8, 2006.

(7) *International Herald Tribune*, November 15, 2006, p. 4.

(8) ギャラップ調査、各々二〇〇一年九月七～一〇日、二一～二二日。

(9) *Congressional Record*, September 14, 2001, S9413.

(10) 唯一この決議に反対したのが、下院のリー議員（民＝カリフォルニア州）であった。*Congressional Record*, September 14, 2001, H5672.

(11) 二〇〇一年九月一四日の上下両院の議事録参照。

(12) メディアに関しては、キャロル・グラック（梅崎透訳）「九月一一日——二一世紀のテレビと戦争」『現代思想』三〇巻九号（二〇〇二年七月）、七〇～九七頁を参照。

(13) 九・一一で変化を感じる人ほど、イラクへの関心が高く（五六パーセント）、またイラクへの軍事行動を支持する割合も高い（七一パーセント）。Pew Research Center, "One Year Later," September 5, 2002, p. 16.

(14) CIRCLE and the Center for Democracy & Citizenship and the Partnership for Trust in Government, "Short-Term Impacts, Long-Term Opportunities," March 2002, pp. 22–23.

(15) Pew Research Center, *Americans Struggle with Religion's Role at Home and Abroad*, March 20, 2002.

(16) White House press release, July 30, 2002.

（17） 市民部隊サイト（http://www.citizencorps.gov）より。
（18） 同前（http://www.citizencorps.gov/councils/）。
（19） 全国・コミュニティ奉仕法人サイト（http://www.nationalservice.org/news/pr/071802.html）より。
（20） Citizen Corps, *Citizen Corps: A Guide for Local Officials*（Washington, D. C.: FEMA, 2002）.
（21） *Weekly Compilation of Presidential Documents,* March 12, 2002, p. 399.
（22） Nancy Chang, *Silencing Political Dissent: How Post-September 11 Anti-Terrorism Measures Threaten Our Civil Liberties*（New York: Seven Stories Press, 2002）.
（23） たとえば、*Muslim Life in America* というパンフレットが、英語だけでなくアラビア語でも作られ、国務省のサイトに掲載された。
（24） こうした、イスラム教徒を特定したテロ捜査に関しては、人権団体などが情報収集をして指摘をおこなっている。たとえば、NAPALC（National Asian Pacific Legal Consortium）, *2001 Audit of Violence against Asian Pacific Americans, Eighth Annual Report*（Washington, D. C.: NAPALC, 2003）など。
（25） Pew Research Center, "One Year Later," *op. cit.*
（26） Gallup, "Civil Rights: A Profile in Profiling," July 9, 2002.
（27） コネティカット大学の調査では、新聞の検閲を許容、二八パーセント、反戦デモの自制、三八パーセント、特定の宗教団体の監視・規制、五〇パーセントであった。Anthony Lewis, "One Liberty at a Time," *Mother Jones*（May/June 2004）, pp. 73–78.
（28） 今津晃編『第一次大戦下のアメリカ――市民的自由の危機』（柳原書店、一九八一年）、一頁。
（29） 同前、および上杉忍『二次大戦下の「アメリカ民主主義」』（講談社選書メチエ、二〇〇〇年）。
（30） White House press release, April 30, 2002.
（31） 延長過程の詳細については、大津留（北川）智恵子「民主主義と『テロ』との戦い――愛国法延長の政治的意味」『法学論集』第五六巻第二・三号（二〇〇六年六月）、一四五～七四頁参照。

（32）上院での採決の日に、政府によるアメリカ市民に対する盗聴政策を『ニューヨーク・タイムズ』紙が暴露したことも、法案成立を遅らせる一因となった。

（33）ＡＮＳＷＥＲサイト（http://answer.pephost.org）より。

（34）ＵＦＰＪサイト（http://www.unitedforpeace.org）より。

（35）ＷＷＷサイト（http://www.winwithoutwarus.org）より。

（36）*Washington Post,* November 2, 2005.

（37）アムネスティ・インターナショナルのサイト（"Stop 'rendition' and secret detention," http://web.amnesty.org/pages/stoptorture-renditions-eng）参照。

（38）たとえば、拷問の明確な禁止を求める意見がイタリアで八一パーセント、フランスとオーストラリアで七五パーセント、カナダで七四パーセント、イギリスで七二パーセントに対し、アメリカでは五八パーセントであった。逆に、ある程度許容する意見がアメリカでは三六パーセントもあった。World Public Opinion, "World Citizens Reject Torture, BBC Global Poll Reveals," October 18, 2006.

（39）"President Discusses Creation of Military Commissions to Try Suspected Terrorists," September 6, 2006.

（40）Military Commission Act of 2006, PL 109–366. この措置も二〇〇八年六月に最高裁判所により違憲判決を受けた。

（41）ブッシュ大統領はラジオ演説で漏洩部分以外に言及しながら、この議論が間違っていることを主張している。President's Radio Address, September 30, 2006.

（42）Mustafa Malik, "There is No Democratic Solution in Iraq," *The Daily Star*（Beirut, Lebanon）, November 23, 2006.

（43）Anthony Shadid, "This is Baghdad. What Could Be Worse?" *Washington Post,* October 29, 2006, p. B1.

（44）Malik, *op. cit.*

（45）President's Radio Address, December 9, 2006.

（46）President's Radio Address, September 30, 2006.

（47）James Chace and Caleb Carr, *America Invulnerable: The Quest for Absolute Security from 1812 to Star Wars*（New

York: Summit Books, 1989).

(48) Miriam Pemberton and Lawrence Korb, "A Unified Security Budget for the United States, 2007," *Foreign Policy in Focus,* May 3, 2006.

(49) Congressional Budget Office, *Long-Term Implications of Current Defense Plans: Summary Update for Fiscal Year 2007*, October 2006, p. 2.

(50) ほぼ半数以上の人々は、アメリカの国防力が適切だと感じ、四割ほどが不十分だと感じている。一九九〇年代後半から、軍事支出がむしろ少なすぎるという意見が、多すぎるという意見を上回ってきた。David W. Moore, "Public Divided on Defense Spending: Plurality Satisfied, Rest Lean toward Saying 'Too Much'," Gallup, March 2, 2006.

(51) たとえば、イラクにアメリカが駐留することが脅威だと見ている割合は、スペインで五六パーセント、トルコで六〇パーセント。イギリスでも四一パーセントで、イランを脅威とみなす三四パーセントよりも高い。Pew Global Attitude Project, "America's Image Slips, But Allies Share U. S. Concerns Over Iran, Hamas," June 13, 2006.

(52) World Public Opinion, "Seven in Ten Americans Favor Congressional Candidates Who Will Pursue a Major Change in Foreign Policy," October 19, 2006.

(53) World Public Opinion, "Americans Believe U. S. International Strategy Has Backfired," December 6, 2006.

(54) *Weekly Compilation of Presidential Documents*, March 12, 2002, p. 399.

第8章　「アメリカの戦争」における道徳的文法の系譜

表象としての映画を中心に

土佐　弘之

一　はじめに

すべての戦争を悪として斥ける絶対的平和主義に立脚しない限り、正当な戦争（just war）と不正な戦争（unjust war）のあいだの線引きは、重要な政治的かつ倫理的行為となる。正戦論を非理想的正義論（the non-ideal theory of justice）のひとつと位置づけたのは晩年のジョン・ロールズであるが、たしかに正戦論を必要悪の正義論として認めしまう以上、それは、政治的領域と倫理的領域を切り結ぶかたちでの厳しい判断が要請される一種の決疑論（casuistics）の色彩を帯びてくる。正戦論とは、国民‐国家（最近では、国際社会というレトリックにすりかえられることが多いが）を守るといった政治的共同体に対する義務と人を殺すなかれという完全義務と齟齬のなかで、前者をあえて選んだとき、その殺戮を、どう正当化してゆくかという側面をもっている。だが、その一方で、正戦論とは、その殺戮を最小限にするために、その行動に対して厳しく基準（①正当な根拠、②正当な意図、③正当な権威、④最終的手段、⑤成功する見込み、など）を課してゆくという側面をもっている。

しかし、一般的にいって、武力を行使せざるをえなくとなると、いちど、（たとえば、正当防衛という名目で）正当化さえしてしまえば、倫理的制約はしだいに取り払われてゆくことになる。そして、その制約が取り払われてしまえば、戦争は、なんでもありの絶対悪へと転落してゆきがちである。そうした戦争の趨勢的傾向に対する歯止めとして、戦争遂行についての法（*jus in bello*）、つまり戦時法とともに、戦争をおこなうについての法（*jus ad bellum*）を動員しながら、厳しい基準をふたたび課してゆくことが必要になってくる。

ある意味で、一九六〇年代後半から七〇年代前半のアメリカ社会は、まさに、ヴェトナム戦争という正当な戦争から不正な戦争へと転落してゆく過程に直面していた。その不正な戦争を批難するために、つまり、正当な戦争と不正な戦争との境界を確定する基準を吟味し直す必要性から、マイケル・ウォルツァーは一九七七年、市民の立場から正戦論についての著作『正しい戦争と不正な戦争――歴史的事例にもとづく道徳的議論[1]』を公刊した。その約三〇年後、ウォルツァーは、ふたたび、正戦論に関する論文集『戦争について論ずる[2]』を公刊したが、冷戦終焉後の旧ユーゴ内戦やルワンダ内戦などの時代状況を反映するかたちで、その内容は、明らかに、不当な戦争を非難するというよりも、正当な戦争を根拠づけようとする方向に相当に傾斜している。この三〇年の年月のあいだに、何が起きたのであろうか。本稿では、ウォルツァーの正戦論の振れについて吟味することよりも、まず、より振れ幅が大きかった事例、ジーン・エルシュテインの正戦論を俎上にのせたうえで、ドゥルシラ・コーネルらフェミニストからの厳しい批判を含めて、その問題点について検討を加えてみる。

それに続いて、映画というポピュラー・カルチャーにおける、戦争をめぐる道徳的文法の変遷、正戦と厭戦・反戦のあいだの振幅について考察を加えてゆきたい。アメリカの戦争映画の流れに焦点を当てることで、「アメリカの戦争」に関する集合的記憶が、どのように編集し再生されてきたか、また、戦争という、他者との極限的な関係性を介して、アメリカというアイデンティティがどのように再編されてきたかという推移を審らかにしてゆきたい。集合的記憶が、その集団のアイデンティティの自己規定に大きな影響を与えるということから考えても、戦争という、他者の極限的な関係がいかなるかたちで記憶されてきているかということは(3)、アメリカの戦争観と世界秩序感との関係を考えてゆくうえで重要と思われるからである。

二　エルシュテインの正戦論に見られる揺れ

アメリカ合衆国での九・一一事件（二〇〇一年）を受けたかたちでのアフガニスタン戦争、イラク戦争——。そうした事態を踏まえたうえで、ドゥルシラ・コーネル、シンシア・エンロー、ジュディス・バトラーなどの多くのフェミニストの論客たちは、こうしたアメリカ政府の軍事・外交政策の流れに厳しい批判を加えたが(4)、一部のフェミニストの論客は、ジョージ・W・ブッシュ（ジュニア）政権が推進する対テロ戦争を支持する側に回った。

その代表的なひとりとして、ジーン・ベスケ・エルシュテインをあげることができよう。母性主義的フェミニズムの視点から『戦争と女性（*Women and War*）』、『公的な男と私的な女（*Public Man, Private Woman*）』などを著わしてきたエルシュテインであるが、彼女は二〇〇二年二月一二日、サミュエル・ハンティントンやフランシス・フクヤマといった約七〇人の保守派知識人とともに、「われわれは何のために戦っているのか――アメリカからの手紙（What we're fighting for: A letter from America）」という公開書簡を発表し、アメリカ軍によるアフガニスタン攻撃を全面的に支持した。さらに、その書簡を巻末に含めた『テロに対する正戦』という単著を公刊し、そのなかで、危機の時代における正戦論、いわゆる対テロ戦争を擁護する議論を展開しつつ、対テロ戦争批判は誤ったナイーブな平和主義であるとして一蹴するなど、彼女自身の政治的立場を鮮明に打ち出した(5)。

彼女の議論のなかでもとくに注意を引くのは、タリバン政権下における女性に対する抑圧の事例を挙げ、女性の権利を蹂躙するようなイスラム原理主義者と対話することは不可能であり、対テロ戦争を正しい戦争であると主張している点であろう。アフガニスタンの女性権利保護という観点からも戦争を正当できるといった主張は、ローラ・ブッシュなどによってもなされたものではあるが、エルシュタインのそれは、母性主義的フェミニズムとアウグスティヌス的クリスチャン・リアリズムにもとづく正戦論（just war theory）をあわせたかたちで対テロ戦争を擁護している点に特徴がある。

エルシュテインのこうした主張には、少なくとも二、三の問題点が見てとれる。まず、ドゥルシラ・コーネルが指摘しているように、ワッハーブ主義などのイスラム原理主義との対話不可能性を必要以上に強調している点、アメリカ社会におけるムスリムに対する差別の現状を告発するエドワード・サイードに対して根拠なき攻撃を加えている点など、エルシュタインの語り口には、不正確な情報をもとにイスラムに対する一方的な批判を展開している点などがあげられよう[6]。また、対話不可能性を前提に武力の超法規的行使を認める考えは、「規範ないしは秩序が脅かされていることを理由に自ら規範を犯し秩序を壊すおこないをする」というシュミット的パラドクスをもたらすだけではなく、エルシュテイン自身が依拠している正戦論の矩を越えてしまっている。さらに、エルシュテインの議論には、弱者の保護のための武力行使の正当性という倫理的問題、いわゆる「人道的」軍事干渉における矛盾を含んでいる点にも注意を払う必要があろう。「〝他者〟の人権、平和的生存権などを守るという口実のもとで、殺戮をおこなう」というパラドクスは、人道的目的が他の動機を隠すための口実にすぎないとき、より深刻さを増す。しかし、そうした矛盾に満ちた状況は国際政治の常態と言ってもよいだろう。要するに、〝他者〟の生を守るという口実には、「自らの目的のために他者を手段として扱う」という現実が覆い隠されている点にある。エルシュタインの主張を見る限り、軍事力行使の本来の目的は、対話不能なイスラム原理主義者という〝絶対的な敵〟を抹殺するという点にあり、その敵がいかに危険かを示す指標として、女性に対する抑圧の度合いというものが利用されているといっても過言ではない。

アフガニスタン女性を〝保護すべき他者〟として利用しながらイスラム原理主義者を〝抹殺すべき他者〟とみなす言説[7]の背後には、ジェンダー化されたコロニアリズムの政治[8]とともに、安全保障に取り憑かれた〝主体化の暴力〟とそれが織りなす政治がある。九・一一事件以降の〝主体化の暴力〟の暴走については、ジュディス・バトラーが次のように指摘している。

支配しているというファンタジー（制度化された支配のファンタジー）を通じて脆弱性（vulnerability）を否定することは、戦争機械の暴走を引き起こすことになる。[9]

それは、脅威（過剰）や脆弱（欠如）という徴をもった〝他者〟を外側に措定し、自らの脆弱性を否定するかたちで暴力を行使しつつ主体を構成してゆくような典型的なマスキュリニティの政治[10]でもある。実は、こうしたことは、一九八七年公刊の『女性と戦争』の結論部分で、エルシュテイン自身が指摘していたことでもある。その部分とは、次のとおりである。

異質なものや違うものに寛大であれば、過度に潔癖にならず、それゆえに他者を危険視することも少なくなる。「他人の立場になってこそ共存できる」というスローガンを実践できるのだ。これこそが女性と戦争についての私の考察から導かれた提案である。〔中略〕確固たる信念は行き過ぎを許すナショナリズム的傲慢を招き、重々しくも脆くもあるアイデンティティ――強い男性戦士と純粋で平和的な女性――をつくり出す。このようなアイデンティティは、それ以外の他者を敵と見なし、閉め出すのみならず、自分の中にいる。「他のアイデンティティ」との内的対話をも排除する。[11]

自省的契機を喪失したまま他者を排除し続ける、自己肯定的（夜郎自大的）アイデンティティの政治の危険性を指摘したうえで、エルシュテインは、さらに、アメリカ社会に対して、次のような提言を示していた。

克己――つまり、持てる力を抑制し、控え、目一杯発揮しないこと――が弱みでなく強みとして前面に押し出される。大変な底力のある強力な大国の市民、アメリカ人として、私たちは、まさにその力によって復讐と恐怖の悪循環を象徴的に断ち切るために、こちらからイニシアティブをとることが要請される。個人の男女として私たちに要請されるのは、女性と戦争の物語のなかに織りこまれた選択肢の検証と選択である。戦争と平和についての伝統的で危険な物語の中へ私たちを閉じこめるあのアイデンティティ、すなわち戦闘的男性と平和的女性というアイデンティティに代わる選択肢を、私たちは選びとるべきなのだ。[12]

このパラグラフだけを読むと、この著者と『テロに対する正戦』を書いた人とはまったくの別人ではないかといった印象を与える。九・一一事件がエルシュテイン自身の考え方に大きな変化を与えたことは確かであろうが、それにしてもあまりにも大きい変化である。この転向ともいえる変化の原因のひとつは、彼女が依拠している正戦論自体にあると言えそうである。つまり、正戦論自体に、他者を排する自己肯定的なアイデンティティ・ポリティクス、〝主体化の暴力〟の罠へ転落する契機が含まれているということである。この点については、コーネルもエルシュテインに対する批判を展開するなかで触れている。[13]

コーネルは、まず「人道的破局から脆弱な人々（vulnerable populations）を救出する意思と能力を、世界は必要としているが、道徳的なレトリックの霧によって真の性格を隠そうとする帝国主義的戦争を必要とはしていない」という国際法学者のリチャード・フォークの文章を引用したうえで、正戦論の考え方は、ブッシュ政権の無法者的性格よりはマシかもしれないが、フォークが描いているような理想（「脆弱な人々を救出する意志と能力」）を実現してゆくためには不十分であると述べる。では、何が必要か。コーネルによれば、平和という理想（the ideal of peace）である。その点に関連して、現実には達成不可能なものとして〝平和〟というものに対して嘲笑的態度をとっていると、コーネルは、エルシュテインに対して厳しい批判を加えたうえで、あえて理想の必要性を強調する。『理想の擁護』（*Defending Ideals*）とは、まさに、そうしたコーネルの意図を前面に出した著作タイトルであるが、彼女によれば、〝平和という理想〟とは、ゴールではなく、「暴力をいかに定義してゆくか」ということについてわれわれを導いてくれる「未来という地平線」である。

「未来という地平線」とは、コーネルの使う鍵概念のひとつである「イマジナリーな領域（想像界）への権利」とも重なる。(14) つまり、行為主体《エージェンシー》が権力関係の網のなかで構成されているという制約のもとで、行為主体《エージェンシー》が自由を追求したとき、それは主体が構成される以前の状態、つまり、ラカン精神分析でいうところの想像界（象徴界によって父の名を刻印される以前の状態）に立ち戻る必要性が出てくる。「未来という地平線」をのぞむということは、そうした想像界への再アクセスを試みながら、既存の権力構造とそれを支える法体系の制約からの相対的自律を獲得しつつ、構造の変革を試みるということである。構造の最初の一歩を踏み出すことが可能な限りにおいて、コーネルのいう理想は擁護されているということになろう。しかし、そうした理想を失ってしまったとき、現状はさらに正義というものからほど遠いものになってゆく。たとえば、理想を失ってしまったペシミスティックな正戦論が容易に〝主体化の暴力〟の政治に荷担してゆくようになるということは、エルシュテインの事例が見事に示してくれているといってよいだろう。

このような厭戦・反戦から正戦へのバックラッシュは、映画などのポピュラー・カルチャーにおいてもみられる。つぎに、アメリカの戦争映画の流れに焦点を当てながら、「アメリカの戦争」に関する集合的記憶が、どのように編集し再生されてきたか、また、戦争という、他者との極限的な関係性を介して、アメリカというアイデンティティがどのように再編されてきたかという推移をみてゆきたい。

三 「アメリカの戦争」をめぐる道徳的文法の揺らぎ——正戦–厭戦–反戦の振幅《サイクル》

映画などのポピュラー・カルチャーにおいて、「アメリカの戦争」はどう扱われてきたか。ひとことでいえば、その扱い方は、聖戦的イメージを交えたプロパガンダと厭戦ないしは反戦的メッセージのあいだで揺れ動いてきたといえるであろう。前者の代表的な事例は、やはり第二次世界大戦を取り扱った多くの映画にみられる[15]。戦争報道写真でいうと、硫黄島（スリバチヤマ）の「栄光の瞬間」を捉えた有名な写真が、その種の代表格にあたる[16]。映画においても、第二次世界大戦は、その「栄光の瞬間」を再現するかたちで、「正しい戦争」[17]として記憶され表現されてきた。戦争情報局・映画連絡部の検閲下にあった戦中のプロパガンダ映画は別にして、たとえば、その典型は、硫黄島の戦いを題材にしたアラン・ドワン監督『硫黄島の砂』（*Sands of Iwo Jima*, 1949）[18]など、戦争から五年か一〇年たってから制作・上映された戦争映画にみることができる。一九五〇年代から六〇年代にかけて作られた一連のアクション戦争映画、たとえば、J・リー・トンプソン監督『ナバロンの要塞』(*The Guns of Navarone*, 1961)、ケン・アナキン監督『史上最大の作戦』(*The Longest Day*, 1962) などは、同時期に隆盛を誇った一連の古典的西部劇 (the Classic Western)[19] とも内容的に重なりあっていて、「邪悪な敵」との熾烈な「正しい戦争」を描いたものであり、そこには、戦争の悲劇性などにはほとんど触れられることがなかった。しかし、ヴェトナム戦争の泥沼化を境に、「正しい戦争」というものに対する疑念が生じはじめるとともに、西部劇とともに戦争映画そのものが下火になる。それは、ヴェトナム戦争の泥沼化の過程で、自軍の死傷者のみならず一般市民の惨状がクローズアップされた戦争報道 (たとえば、雑誌『ライフ』などの一連の戦争報道写真) を通じて流布していったこと、戦争そのものに対するイメージが大きく変わったことで、勧善懲悪的な戦争アクション映画自体が困難になっていったこともあるだろう。

ジョン・ウェイン゠ケイ・ケロッグ監督『グリーン・ベレー』(*The Green Berets*, 1968) のような国威発揚型の戦争映画を別とすれば、ヴェトナム戦争を直接扱った映画が本格的に登場するのは、一九八〇年前後からである。フランシス・コッポラ監督『地獄の黙示録』(*Apocalypse Now*, 1979)、マイケル・チミノ監督『ディア・ハンター』(*The Deer Hunter*, 1978) などを皮切りに、オリヴァー・ストーン監督『プラトーン』(*Platoon*, 1986)、スタンリー・キューブリック監督『フルメタル・ジャケット』(*Full Metal Jacket*, 1987)、ジョン・アービン監督『ハンバーガー・ヒル』(*Hamburger Hill*, 1987)、オリバー・ストーン監督『七月四日に生まれて』(*Born on the Fourth of July*, 1989)、ランドール・ウォレス監督『ワンス・アンド・フォーエバー』(*We were Soldiers*, 2002) など、ハードボイルド系の写実主義映画から告発調の社会派映画まで、その切り口はさまざまではあったが、そのほとんどすべてが、何らかのかたちでヴェトナム戦争の空しさを訴えるものであった[20]。

前線に立った兵士の視点から、戦争の空しさを訴えるという厭戦的なメッセージを発するフィルムは、第一次世界大戦を舞台とした映画、たとえばルイス・マイルストン監督『西部戦線異状なし』(*All Quiet on the West Front*, 1930) やスタンリー・キューブリック監督『最前線』(*Paths of Glory*, 1957) などにおいてすでにみられた。朝鮮戦争を扱った映画、たとえばアンソニー・マン『最前線』(*Men in War*, 1957) やルイス・マイルストン監督『勝利なき戦い』(*Pork Chop Hill*, 1959)、さらにロバート・アルトマン監督『マッシュ』(*M*A*S*H*, 1970) にも厭戦に近いメッセージを読み取ることができる。勝利を得ることができなかった戦争であるがゆえに、第二次世界大戦を扱ったものと比して、朝鮮戦争を扱った映画の数は相対的に少ないだけではなく、その内容も厭戦的なものが多い[21]。ヴェトナム戦争においてさえも『グリーン・ベレー』(前出) を制作したジョン・ウェインが朝鮮戦争に関する映画はつくらなかったという事実が、朝鮮戦争を扱った好戦的映画を制作することの難しさを示しているともいえる。

しかし、ヴェトナム戦争を主題にした一連の映画は、朝鮮戦争の際にすでに認められた厭戦的立場に加えて、「正義のない戦争で戦うということは、個々の兵士にとって、どういう意味をもつのか」という視点を加えた。その状況で、しばしば確認されるのは、同じ釜の飯友だちというホモソーシャルな同胞愛と兵士としてのプロフェッショナリズムであり、ヴェトナム側、つまり他者の立場に立った視点はしばしば欠落したままであった (オリヴァー・ストーン監督『天と地』〔*Heaven & Earth*, 1993〕を、その例外といえるだろうか)。

とくに、「正義のない戦争」という側面を強調した映画としては、ブライアン・デ・パルマ監督『カジ《マ》ュア《マ》リティーズ』（*Casualties of Wars*, 1989）があげられる。この映画は、ヴェトナム戦争が激化する一九六六年、アメリカ軍の小隊が、ヴェトナムの小村に住む一人の少女を誘拐し強姦し、さらに証拠隠滅のために殺害に及んだこと、また、それに加わることを拒んだエリクソン一等兵（マイケル・J・フォックス）が直面した苦境を扱ったものである。この種のものとしては、すでに、一九七一年に公開されたドキュメンタリー映画、ジョセフ・ストリック監督『ミライ事件に関与した退役軍人とのインタビュー』（*Interviews with My Lai Veterans*）がある。そこには、たとえ上官の命令がいかに非人道的で非理性的なものであっても逆らえないといったような、軍という組織がもつ不条理性とともに、「フロンティアにおける法外な暴力」のありようが赤裸々に描かれている。この種の問題を、いわゆる西部劇のジャンルで扱ったものが、ラルフ・ネルソン監督『ソルジャー・ブルー』（*Soldiers Blue*, 1970）であることからもうかがえるように、こうした「フロンティアにおける法外な暴力」に対して、歴史的に振り返りながら自省的なまなざしを向けることができたのは、ヴェトナム戦争によるものであろう。

またポピュラー・カルチャーの議論とは別だが、冒頭で述べたように、『正しい戦争と不正な戦争』において、ウォルツァーが市民という観点から正戦論を精査し直そうとしたのも、ヴェトナム戦争が契機であった。このことからもわかるように、一九七〇年代とは、「正しい戦争」と思われたものが聖戦へとエスカレートし、「不正な戦争」へと陥ってゆく危険性について意識された時代でもあった。

道徳的起業家（moral entrepreneur）としての情熱や使命感に駆られるかたちで「正しい戦争」に突入してゆき、結果的には「不正な戦争」へと陥ってゆくといった、アメリカ的正義のアイロニー。これについては、グレアム・グリーンの小説『おとなしいアメリカ人』（*Quiet American*, 1955）で、すでにヴィヴィッドに描かれていたとおりである。「より善良な動機のためにこれほど多くの問題を起こした人を私は知らない」。この科白は、ヴェトナムでのデモクラシーの実現という使命感に突き動かされた結果、多数の死傷者が出る爆破テロ事件さえも引き起こしてしまったアメリカ人の青年パイルに対して、老獪なイギリス人の主人公ファウラーが吐いたものだ。その後のヴェトナム戦争の惨禍などを念頭に、アメリカの理想主義のもたらす危険性の事例として、しばしば引用される有名な一節である。もうひとつ注意すべき点は、パイル（アメリカ）の怖いもの知らずの情熱・使命感の背後には、フォンというヴェトナム人女性を守るといったような、ジェンダー化された優劣関係の論理があるということであろう。グリーンの小説をもとにした最近の映画、フィリップ・ノイス監督『愛の落日』（*Quiet American*, 2002）では、こうしたジェンダー化された優劣関係が、より露骨に描かれている。たとえば、同映画のなかでは、ファウラーの批判に対する反論というかたちで、パイルに次のような科白を当てているところだ。

フォンを見てみればよい。この美しい、教師の娘で、ダンサーで、老いたヨーロッパ人の愛人——まさに、国全体の状況を象徴しているじゃあないか。トーマス、ぼくたちは、そうした状況からヴェトナムを救いに来たのです。たしかに広場で起きたことには気が滅入ってしまうが、長い目で見れば、人々の命を救うことになるだろう。あなたには、そうした全体像が見えていない、トーマス。

他国の女性を守るという任務を、他国における民主主義の実現という任務にダブらせるという話は、まさに冒頭で触れたように最近のアフガニスタン戦争において展開されたものである。そして、同時に、その理想を達成するためには多少の犠牲《コラテラル・ダメージ》はやむをえないという論法、さらには「フロンティアにおける法外な暴力」を正当化する論法（たとえば、法外な相手には法外な手段によって応報的正義を実現するといった理屈）は、その後のイラク戦争においても使われたものである。しかし、こうした論法は、一九五〇年代から二〇〇〇年代まで一定した影響力をもっていたわけではないことについては、すでに述べたとおりである。「ヴェトナム症候群」とも呼ばれる状況、つまり象徴的ファルスを喪失した状態があったあいだは、他国ないしその表象をフェミナイズしたかたちで捉えることそのものが困難であった。

そうしたインポテンス状況を打破すべく新保守主義が台頭してゆくなかで、まさに一九八〇年代の「レーガンの時代」は、厭戦の時代から好戦の時代へと振れ戻してゆく過渡期であるとともに、第二次世界大戦期のB級映画文化が再生していった時期でもあった[22]。具体的には、スティーヴン・スピルバーグやジョージ・ルーカスが指揮あるいは監督をしたメガヒット映画群（ブロックバスター）、たとえば、『スター・ウォーズ』（*Star Wars*, 1977）、『帝国の逆襲』（*The Empire Strikes Back*, 1980）などのスター・ウォーズ・シリーズ、『インディ・ジョーンズ　失われたアーク』（*Raiders of the Lost Ark*, 1982）などのインディ・ジョーンズ・シリーズが、それを象徴している。これらの映画の多くには、「良い戦争」（good war）の価値、大きな使命のための自己犠牲、悪い敵を打ち負かすという単純明快な目標、最終的勝利へ向けての強い意志といった、B級映画の特徴が明確に認められる。そうした特徴をより強く打ち出したのが、ランボー・シリーズ（*Rambo: First Blood*, 1982; *Rambo: First Blood Part 2*, 1985; *Rambo 3*, 1988）やロッキー・シリーズ、とくに『ロッキー4』（*Rocky 4*, 1985）であることは周知のとおりである。そこには、マスキュリニティ、強固な身体（Hard Bodies）、ファルスといったものの再生という方向性がより明確に認められる(23)。こうした一九八〇年代のB級映画の隆盛は、一種の社会的健忘症というかたちで過去の傷を癒しながら、アメリカというアイデンティティに対する自信を取り戻す役割を果たしたといえるかもしれない。

こうしたポピュラー・カルチャーを通じたセルフ・イメージ（攻撃的アイデンティティ）の形成が、外交政策に反映される場合があることについても付言しておく必要があろう。一九八五年、レーガン大統領は、中東地域への軍事的介入の可能性についてのコメントをする際、「昨晩、ランボーを見たよ。それを通して、次に何をやるべきかを知りえた」と語ったとされている(24)。この事例が示すとおり、ポピュラー・カルチャーの場で生成される過去をめぐる記憶の問題は、そこに裏書きされたアイデンティティ（セルフ・イメージ）とその役割期待を通じて、「何をすべきか」という規範・指針を指し示すことで、その行動を規定してゆく場合があるということである。その意味でも、ヴェトナム戦争に関する集合的記憶における自信喪失感や分裂状態といった危機を克服するかたちで出現したランボー的セルフ・イメージは、重要な役割を果たしたといえるであろう(25)。この流れは、米ソ冷戦終焉、湾岸戦争を通じて、さらに加速することになる。

一九九〇年代に入ると、冷戦終焉という契機もあいまって、ネオ・リベラリズム的経済的原理が、より深く浸透してゆくと同時に拡大してゆくことになるが、アメリカ映画産業も、その影響を強く受けることになる。映画産業は大手四社に再編され、映画製作には巨額の予算が投じられる一方で、シネマ・コンプレクスと隣接したモール街（チェーン・レストラン、玩具店、ビデオ・DVDショップ）などと連携したシナジー効果を通じて利益を回収する方向でのサービス産業全体の統合が強化されていった。(26)巨額の予算が投じられるブロックバスター（blockbuster）の多くは、世界戦争、宇宙戦争、恐竜や怪獣との戦いなどの主題を扱うことで巨大な音響システムとハイテク映像加工技術を駆使した一大娯楽スペクタクルを志向する一方で、そのなかでは、強力な武器ないしは秘儀的知恵をもった若い男性が困難な使命を遂げてゆくといったお馴染みの定型的プロットを展開することで、映画鑑賞者という消費者の欲望に応えてきた。

こうした映画を含むメディアを通じた欲望体系の再編と共に、戦争映画についての道徳的文法もふたたび書き換えられてゆくことになる。たとえば、スピルバーグ監督『プライベート・ライアン』（*Saving Private Ryan*, 1998）にみられるように、第二次世界大戦という「良い戦争」に対するノスタルジーを通じたアメリカニズムに対する自信回復がはかられるようになった。(27)また、ソ連解体というかたちで米ソ冷戦が終焉したことを契機として、自信を回復していったアメリカ社会における映画文化において、フロンティアにおける「暴力による再生」（Regeneration through violence）という神話も着実に復活していった。

四　もうひとつの正戦論——「良い暴力による再生」という神話の復活

フレデリック・ジャクソン・ターナーの有名なフロンティア・テーゼを簡潔にいいかえれば、文明と野蛮のあいだのフロンティアが西方に拡大してゆく過程が、アメリカ社会の特性（個人主義、社会的モビリティ、平等主義など）に大きな影響を与えたということになろう。[28] リチャード・スロトキンは、そうしたフロンティア・テーゼを批判的に捉え直したうえで、フロンティアにおける「野蛮な戦争」（savage war）が、アメリカ社会と異質な他者とのあいだの暴力的な関係性のプロトタイプとなっていったことを指摘した。[29] その暴力的な関係性とは、フロンティアで遭遇した他者が政治的、社会的に共存不可能と判断された場合、その異質な他者を敵として抹殺するか、居留地区に封じ込めるようなかたちで服従させるかといった関係性を指す。

そのフロンティアにおける暴力は、市民の個人的運および愛国的活力・美徳を活性化させるものとして捉えられるか（ジャクソニアン的神話）、民主主義的な原初的社会契約の契機を切り開くものとして捉えられるか（ジェファソン的神話）といった多少な差異はあるものの、そこには、「良い暴力」（good violence）を行使することを通じて自分たちがより良い状態へと移行できるという確信が共通して見られる。そして、そうした「暴力による再生」（Regeneration through violence）という神話が、西部劇映画などのポピュラー・カルチャーを通じて再生産されながら、アメリカ人の心象風景のなかに深く浸透していったというのがスロトキンの主張である。[30] 正確を期すると、アネット・コロドニーが指摘するように、こうした神話は主として男性によって抱かれたきわめてマスキュリニティ中心的イメージで、多くの女性は些か異なるフロンティア・イメージをもっていたといったほうがよいであろう。[31]

こうした「良い暴力を通じた再生」といったきわめて男性中心主義的な神話の力は、ヴェトナム戦争の敗北を契機に一時的に大きく低落したものの、一九八〇年代の社会的健忘症を経て、一九九〇年代の湾岸戦争、そしてソマリア、ボスニア・ヘルツェゴヴィナやコソヴォに対する「人道主義的」軍事介入の諸事例と複雑に絡み合いながらしだいに復活を遂げるようになる。それは、「ヴェトナム症候群」を克服しながら、厭戦の時代から正戦の時代へと揺れ戻しが少しずつ進んでゆく過程でもあり、そうした変化は映像文化にも反映されるようになってゆく。たとえば、ボスニア・ヘルツェゴヴィナを舞台にしたジョン・ムーア監督『エネミー・ライン』(*Behind Enemy Lines*, 2001)、ソマリアを舞台にしたリドリー・スコット監督『ブラックホーク・ダウン』(*Black Hawk Down*, 2001)が、その代表であろう。前者はフィクション、後者は実話という違いはあるものの、両者は、「野蛮な世界」に囚われた同士を救出するさまを描いた活劇という点で共通している。そこには、「野蛮な世界」からの脱出・帰還という定型的なプロットがふたたび見てとれるほか、法外な相手には法外な暴力によって応酬するほかはないといった応報的正義論が垣間見える(32)。

後者の応報的正義論を、より露骨に出した映画として、アンドリュー・デイヴィス監督『コラレテラル・ダメージ』(*Collateral Damage*, 2002)があげられる。アメリカ本土での爆破テロで妻子を失った主人公(アーノルド・シュワルツネッガー)が犯人であるコロンビア人に対して復讐を果たすというストーリーは、九・一一事件からアフガニスタン空爆といった実際の出来事の流れとあまりに重なりあったため、いろいろと物議を醸し出した。しかし、フィクションと現実の双方に、法外な相手には法外な暴力で応酬するほかないといった、その暴力を正当化する共通の道徳的文法を読み取ることができる。これも、たとえば、ジョン・フォード監督『捜索者』(*The Searchers*, 1956)などの西部劇映画によく見られたフォーマットである。ただ、この映画の場合は、テロリストに、「アメリカ人は銃をもった農民を見ると撃ってくる。しかしアメリカ人は、なぜ農民が銃を必要としているのを決して問おうとしない。なぜか。アメリカ人は、自分たちだけが独立のために戦う資格をもっていると信じているからだ」と言わせ、アメリカ的例外主義に対する批判をおこなわせているところに、まだヴェトナム戦争の影を読み取ることもできた。しかし、そのアメリカ批判を帳消しにするようなかたちで、テロリスト自身の許されざる邪悪さが露かれ、最終的には邪悪な敵を容赦なく消し去ってゆくといったところにみられるように、この映画もまた「良い暴力を通じた再生」といった神話に回帰していったといえるだろう。

五　おわりに

「アメリカの戦争」に関する記憶の仕方は、単に過去の捉え方という問題にとどまらず、その集団的アイデンティティを再形成することを通して、アメリカの行動、とくに軍事的行動に間接的に影響を与えてきたといえよう。ポピュラー・カルチャーなどのマス・メディア的場で生成されるセルフ・イメージとしてのアイデンティティは、そこに裏書きされた役割期待を通じて、「何をすべきか」という規範・指針を指し示すことで、その行動を規定してゆく場合があるからである。その意味で、第二次世界大戦を通じた「正戦における勝利という記憶」は、さまざまな戦争にかかわる契機ともなってきた。一方で、朝鮮戦争において「勝てなかったこと」、そして、ヴェトナム戦争において「負けたこと」は、アメリカのナショナル・アイデンティティに重大な危機をもたらし、そして、その軍事行動に対して一定の抑制を促す的契機を構成してきたといってよいだろう。

しかし、そのアイデンティティ危機を克服するかたちで、二〇世紀末から二一世紀初頭の間、アメリカの映像文化において、フロンティアにおける「良い暴力を通じた再生」という神話が、ふたたび台頭してきた。それは、反戦・厭戦論の時代から正戦・聖戦論の時代、とくに共和主義的帝国（republican empire）の正戦論[33]の時代への揺れ戻しの動きであったともいえよう。その徴は、たとえば、九・一一事件とイメージがだぶるということで話題になった映画、マイケル・ベイ監督『パール・ハーバー』（*Pearl Harbor*, 2001）のラストシーンに出てくる次のような科白のなかに明確に読み取ることができる。

アメリカは苦境に立たされた。しかし、アメリカは、さらに強くなった。それは必然的なものではなかった。時間が、われわれの魂を試し、その試練を通じて、われわれは打ち克ったのである。

こうしたポピュラー・カルチャーによる地均しもあったことにより、ネオコンの論客たちによる「暴力を介した再生」といった神話の再興はより容易になったともいえる。また、冷戦の終焉による軍事力における一極構造の成立により、フロンティア神話が成立する場所が世界規模に拡大したこともあり、その神話はさらにグレードアップしたかたちで再興されることになった。それは、イラク戦争を可能にする背景的要因のひとつともなった。しかし、アフガニスタンそしてイラクにおける戦争の泥沼化により、戦争についての道徳的文法は、厭戦の方向へと揺れ戻りつつあるようにもみえる。道徳的文法は単純な振幅を繰り返すのか、それとも新しいステージへと突き進むのか。それは、十年後、また数十年後、イラク戦争に関する集団的記憶が、アメリカ映画のなかで、どのように編集、再生、または消去されるかによって、われわれは知ることができよう。

それは、先に触れたような「主体化の暴力」の問題が、克服されてゆくのか、または、さらに深刻になってゆくかどうかといった推移とも関係している。「脅威（過剰）や脆弱（欠如）という徴をもった〝他者〟を外側に措定し、自らの脆弱性を否定する形で暴力を行使しつつ主体を構成してゆく」ような、アメリカ的政治力学が、ポピュラー・カルチャーのなかに反映され続ける限り、そこには、「暴力を介した再生」といった神話が繰り返し立ち現われることになるし、そのセルフ・イメージが、実際に、アメリカの軍事的行動に影響を与え続けることになる。そして、その力学の圏域から脱することができない限り、ポピュラー・カルチャーにおける戦争についての道徳的文法の揺れは、つねに「暴力を介した再生」の神話に沿ったプロットに立ち戻ることになるだろう。

註　記

（1）Michael Walzer, *Just and Unjust Wars: A Moral Argument with Historical Illustrations* (New York: Basic Books, 1977).

（2）Michael Walzer, *Arguing about War* (New Haven: Yale University Press, 2004)（駒村圭吾ほか訳『戦争を論ずる――正戦のモラル・リアリティ』風行社、二〇〇八年）.

（3）アメリカの戦争に関する記憶の仕方に関しては、たとえばG. Kurt Piehler, *Remembering War the American Way* (Washington, D. C.: Smithsonian Books, 1995)を参照。なお、集合的記憶について本格的に扱った著作としては、モーリス・アルバックスの『集合的記憶』は必読書であろうが、それに加えて、その英語版序文にあるルイス・コーザーの論文が、アイデンティティと集合的記憶の関連を鋭く示唆していて興味深い。Maurice Halbwachs, *On Col-*

lective Memory, edited, translated, with an Introduction by Lewis A. Coser (Chicago: The University of Chicago Press, 1992).

(4) Drucilla Cornell, *Defending Ideals: War, Democracy, and Political Struggles* (New York: Routledge, 2004)(仲正昌樹監訳／近藤真理子ほか訳『〝理想〟を擁護する――戦争・民主主義・政治闘争』作品社、二〇〇八年); Cynthia Enloe, *The Curious Feminist: Searching for Women in a New Age of Empire* (Berkeley: University of California Press, 2004); Judith Butler, *Precarious Life: The Powers of Mourning and Violence* (London: Verso, 2004)(本橋哲也訳『生のあやうさ――哀悼と暴力の政治学』以文社、二〇〇七年).

(5) Jean Bethke Elshtain, *Just War Against Terror: The Burden of American Power in a Violent World* (New York: Basic Books, 2003).

(6) Cornell, *Defending Ideals*, pp. 14–18.

(7) こうした言説は、ヴェール問題をめぐって現われてきたものである。しかし、ヴェールはイスラム原理主義者が女性に押しつけたものとは限らず、社会進出のために、時には植民地主義に対する抵抗のために自ら進んで身につけている場合もあり、あくまで両義性を帯びたものとして理解がなされるようになってきている。しかし、ヴェールをイスラム社会における女性に対する抑圧の象徴として見ながら、そのヴェールを通じて、イスラム社会に対する偏見を強めるということが、しばしば繰り返されてきた。Fadwa EL Guindi, *Veil: Modesty, Privacy, and Resistance* (Oxford: Berg, 1999); Lila Abu-Lughod, *Veiled Sentiments: Honor and Poetry in a Bedouin Society* (Berkeley: University of California Press, 1986); Sherifa Zuhur, *Revealing Reveiling: Islamist Gender Ideology in Contemporary Egypt* (New York: State University of New York Press, 1992); Arlene Elowe MacLoed, *Accommodating Protest: Working Women, the New Veiling, and Change in Cairo* (New York: Columbia University Press, 1991).

(8) Laura J. Sheperd, "Veiled References: Construction of Gender in the Bush Administration Discourse on the Attacks on Afghanistan Post–9. 11," *International Feminist Journal of Politics*, Vol. 8, No. 1 (March 2006), pp. 19–41.

(9) Butler, *Precarious Life*, p. 29.

(10) 自らの脆弱性を否定するかたちでの主体化の暴力は、シンシア・ウェーバーがアメリカ政府の軍事外交政策に見てとった「象徴的ファルスの捏造」(faking it)ということとも重なる。Cynthia Weber, *Faking It: U. S. Hegemony in a "Post-Phallic" Era* (Minneapolis: University of Minnesota Press, 1999).

(11) ジーン・ベスキー・エルシュテイン(小林史子・廣川紀子訳)『女性と戦争』法政大学出版局、一九九四年、三九五〜九六頁(Jean Bethke Elshtain, *Women and War* [New York: Basic Books, 1987])。

(12) 同前、三九六〜九七頁。

(13) Cornell, *Defending Ideals*, p. 19.

(14) ドゥルシラ・コーネル(石岡良治ほか訳)『自由のハートで』(情況出版、二〇〇一年)(Drucilla Cornell, *At the Heart of Freedom: Feminism, Sex, and Equality* [Princeton, N. J.: Princeton University Press, 1998]);ドゥルシラ・コーネル(仲正昌樹監訳)『イマジナリーな領域——中絶、ポルノグラフィ、セクシュアル・ハラスメント』(御茶の水書房、二〇〇六年)(Drucilla Cornell, *The Imaginary Domain: Abortion, Pornography & Sexual Harassment* [New York: Routledge, 1995])。

(15) 第二次世界大戦を扱ったアメリカ映画の概観については、Berbard F. Dick, *The Star-Spangled Screen: The American World War II Film* (Lexington, Kentucky: The University Press of Kentucky, 1985) を参照。

(16) 本稿では扱わないが、もうひとつの付随的なテーマとして、アメリカの戦争と報道写真がある。これについては、Susan D. Moeller, *Shooting War: Photography and the American Experience of Combat* (New York: Basic Books, 1989) を参照。

(17) 戦間期の厭戦的戦争映画から好戦的戦争映画への転換に際して、一九四三年のテイ・ガーネット監督『バターン!』が、後者の原型となったという指摘もある。マイケル・W・エインジ「アメリカ映画史にみる戦争の記憶」近藤光雄ほか著『記憶を紡ぐアメリカ——分裂の危機を超えて』(慶應義塾大学出版会、二〇〇六年)、一四七頁。

(18) ドハーティは、一九四九年あたりが、第二次世界大戦を少し離れた距離で見ることができるようになった、戦争映画の転換点としている。Thomas Doherty, *Projections of War: Hollywood, American Culture, and World II*, Revised

edition (New York: Columbia University Press, 1999), p. 272.

(19) 古典的西部劇の特徴は、文明と野蛮、文化と自然、定住地と荒野といった一連の二項対立図式が貫かれているところである。古典的西部劇については、Jim Kitses and Gregg Rickman, eds., *The Western Reader* (New York: Limelight Edition, 1998), pp. 133–252 を参照。

(20) ヴェトナム戦争映画論は多々あるが、論文集として、とりあえず次のものを参照。Michael A. Anderegg, *Inventing Vietnam: The War in Film and Television* (Philadelphia: Temple University Press, 1991); Linda Dittmar and Gene Michaud, eds., *From Hanoi to Hollywood: The Vietnam War in American Film* (New Brunswick: Rutgers University Press, 2000); Mark Taylor, *The Vietnam War in History, Literature and Film* (Edinburgh: Edinburgh University Press, 2003).

(21) 朝鮮戦争を扱ったアメリカ映画については、Paul M. Edwards, *A Guide to Films on the Korean War* (Westport, Conn.: Greenwood Press, 1997) を参照。

(22) Robert Sklar, *Movie-Made America: A Cultural History of American Movies*, Revised and updated (New York: Vintage Books, 2004), p. 342.

(23) Susan Jeffords, *Hard Bodies: Hollywood Masculinity in the Reagan Era* (New Brunswick: Rutgers University Press, 1994), *passim*.

(24) *New York Times*, July 1, 1985.

(25) Michael Klein, "Historical Memory Film, and the Vietnam War," in Dittmar and Michaud, eds., *From Hanoi to Hollywood*, p. 23.

(26) Thomas Elsaesser, "The Blockbuster: Everything Connects, but Not Everything Goes," in John Lewis, ed., *The End of Cinema as We Know it: American Film in the Nineties* (New York: New York University Press, 2001), pp. 11–22.

(27) 『プライベート・ライアン』に対しては、アメリカのジンゴイズムを復活させる映画との厳しい批判もある。Frank P. Tomasulo, "Empire of the Gun: Steven Spielberg's Saving Private Ryan and American Chauvinism," in Lewis, ed., *The End of Cinema*, pp. 115–30; Albert Auster, "*Saving Private Ryan* and American Triumphalism," in Robert Eberwein,

ed., *The War Film* (New Brunswick: Rutgers University Press, 2005), pp. 205–13.

(28) Frederick Jackson Turner, "The Significance of the Frontier in American History," in *The Frontier in American History* (New York: Dover Publications, [1920] 1996).

(29) Richard Slotkin, *Regeneration through Violence: The Mythology of the American Frontier, 1600–1860* (Middletown, Conn.: Wesleyan University Press, 1973); do., *The Fatal Environment: The Myty of the Frontier in the Age of Industrialization, 1800–1890* (Middletown, Connecticut: Wesleyan University Press, 1985).

(30) Richard Slotkin, *Gunfighter Nation: The Myth of the Frontier in Twentieth-Century America* (Norman: University of Oklahoma Press, 1998).

(31) Annette Kolodny, *The Land Before Her: Fantasy and Experience of the American Frontiers, 1630–1860* (Chapel Hill: The University of North Carolina Press, 1984), pp. 3–13.

(32) Cynthia Weber, *Imagining America at War: Morality, Politics, and Film* (London: Routledge, 2006).

(33) 共和主義的帝国の正戦論については、土佐弘之『アナーキカル・ガヴァナンス——批判的国際関係論の新展開』（御茶の水書房、二〇〇六年）、九二～九六頁を参照。

第9章　イラク戦争とメディアの敗北

アメリカの戦争とジャーナリズム

野村　彰男

一　はじめに

「九・一一同時多発テロ」の後、アフガニスタン攻撃からイラク戦争へと、アメリカによる軍事活動が続いた。イラク開戦から五年あまりが経過し、イラクの状況は最悪の時期を脱したかに見えるものの、宗派間の抗争や自爆テロは依然として続き、連日のように犠牲者が出ている。その多くは民間人である。世界保健機関（WHO）の推計では、開戦以来のイラク民間人の死者は一五万人にものぼる。(1) 他方、開戦からこれまでに戦死したアメリカ兵も四〇〇〇人を超え、イラクはいまなお統一国家再建への展望も開けない状況にある。アフガニスタンでも、タリバン復活による治安悪化の報がしきりだ。

二〇〇七年三月末に開かれたアラブ連盟首脳会議の開幕演説で、アメリカ政府が中東安定化の鍵と頼む同盟国サウジアラビアのアブドラ国王までが、イラクにおける米英軍などの存在を「違法な外国軍の占領」という表現で手厳しく批判した。『ニューヨーク・タイムズ』は三月三〇日付けの社説で、アメリカにとって「もはやイラクでの勝利という選択肢はない。ただひとつ残された合理的な目標は、いずれ避けられない米軍撤退に向けて、責任をもって準備を進めることである」と指摘した。だが、当面の苦境打開をめざすブッシュ政権は、さらなる米軍増派という逆方向への歩みを推し進めた。

ニューヨークの世界貿易センタービルが、非道なテロ攻撃で崩壊した後、これまでの「ブッシュの戦争」を、メディアとくにアメリカのメディアはいかに報じてきたであろうか。戦争とメディアの関係は、戦争のたびに論じられてきたテーマである。ヴェトナム戦争、グレナダ侵攻等々、アメリカの戦争とメディアの関係もさまざまな角度から検証されてきた。しかし、戦争になって多大な犠牲を生んでから、メディアが果たした役割、ジャーナリズムの責任を論ずることには空しさがある。戦争とメディアの分析に意味があるとすれば、明らかにされた教訓がその後の針路に生かされればこそ、である。

第一次世界大戦のときハイラム・ジョンソン米上院議員が語った「戦争で最初に犠牲になるのは真実である」という警句が雄弁に語るように、究極の政治行為としての戦争には、国益や戦略・戦術上の利益を理由として国民やメディアに真実を明かさないという、民主主義や自由なジャーナリズムの立場とは相容れない本質的な問題がつきまとう。くわえて、情報通信技術の飛躍的な進歩によって、メディア側は映像や情報をどこからでも瞬時に送ることが可能になっているにもかかわらず、それと反比例するように、兵器や情報技術の高性能化にともなう「軍事革命」（RMA）により戦争の形態が大きく変わった結果として、記者やカメラマンの戦場への接近には厳しい制約が課され、戦場の実態や戦争に巻き込まれる人々のあるがままの姿を報道することが著しく困難になっている。今日のメディアによる戦争報道がはらむ問題点を探りたい。

二　テレビ時代と「見えない戦争」——湾岸戦争

一九九一年の湾岸戦争は、一方の主役が同じイラクのサダム・フセイン大統領であり今回のイラク戦争にいたる底流となったこと、また、兵器の性能や戦争の形態が大きく変わり、軍当局によるメディア規制が著しく強まった半面、テレビ時代の戦争としての特徴が露わになって、メディアを通じた情報戦争という側面を強く意識させるものだった。

一九九〇年八月二日のイラク軍によるクウェート侵攻・占領は、半世紀近くに及んだ冷戦がようやく終結し、新たな時代の訪れを期待していた世界に冷水を浴びせた。いまから思えば、冷戦というある種の秩序の終わりを象徴する出来事だったといえる。イラクによる剝き出しの侵略は国連憲章違反であることが明白だっただけに、国連安全保障理事会をはじめ国際社会の反応はきわめて厳しかった。当初、反応が鈍かったジョージ・H・W・ブッシュ第四一代米大統領を、軍事行動辞さずという強い姿勢に転換させたのはマーガレット・サッチャー英首相だった(2)。

一九九〇年の湾岸危機の発生から九一年の年明けに米英軍がバグダッド空爆を開始するまで、安保理決議で侵略を非難してイラク軍の無条件撤退を迫り、経済制裁を発動するなど、国際世論に背を向けるフセイン大統領とのあいだで緊迫した駆け引きが展開された。自国まで侵攻されることを恐れたサウジアラビアの要請を受けてアメリカ軍がサウジに配備された状況を背景に、国連安保理は、イラクとの交易を阻止するためアメリカなどによる海軍力の行使を容認する決議（六六五号）、さらに、イラク軍のクウェートからの撤退期限を「一九九一年一月一五日」と定めた武力行使容認決議（六七八号）へと対応をエスカレートさせた。米ソの共同歩調は冷戦の終わりを印象づけ、この問題で、アメリカをはじめ各国が国連を軸に協調しようとしたことは、一時的にせよ、安保理機能の復権を強く期待させた。

テレビを舞台とした情報戦

ブッシュ政権とフセイン政権の交渉決裂、ハビエル・ペレス・デクエヤル国連事務総長による調停努力の失敗にいたるまで、イラク包囲網の形成や危機打開をめざす外交的駆け引きは、各国メディアによって克明に報じられた。だが、そうした表舞台の外交折衝とは別に、主としてテレビを通じての情報戦が陰に陽に展開された。

そのひとつは、CNNを媒介としたブッシュ大統領やジェイムズ・ベイカー国務長官らとフセイン大統領、タリク・アジズ外相らイラク首脳との非難の応酬である。ニュースを繰り返し各国で見ることが可能なCNNは、関係国の首脳たちにとって自国の主張の正当性を国際世論に訴える便利なステージとなった。通常なら秘密裏におこなわれる駆け引きが、メディアという公開の場で展開された。外交の透明性の高まりと単純に評価できないのは、歩み寄りや局面転換の可能性がある対話ではなく、一方的な演説や非難の応酬で、かえって対決機運をあおり、譲歩や妥協の芽を摘む危険性をはらむからだ。

それ以上に深刻な問題を提起したのは、湾岸戦争を語るとき必ず引き合いに出される「ナイラ証言」であろう。一九九〇年一〇月一〇日、米下院の公聴会で、イラク軍に占領されたクウェートから逃れてきたとされる少女が、イラク軍兵士がクウェート市内の病院に乱入し、保育器の赤ん坊を投げ捨てたため一五人もの赤ん坊が死ぬのを目撃した、と涙ながらに証言した事件である。この証言はその夜、NBCテレビのニュース番組「ナイトリー・ニュース」で放映され、イラク軍の残虐性を示すものとしてアメリカ社会、さらには世界に衝撃を与えた。ブッシュ大統領は、その後の演説で何度もナイラ証言に言及してイラクを非難することになる。一一月二七日には、やはりクウェートからの難民という女性が、こんどは国連安保理でイラク軍のクウェート国民に対する乱暴な振る舞いを証言し、その二日後に前述した武力行使容認の安保理決議六七八号が採択されることになる。

だが、湾岸戦争が終わった後、『ニューヨーク・タイムズ』のジョン・マッカーサー記者によって、ナイラと名乗った少女は実は駐米クウェート大使の娘であることが暴かれた。彼女が証言した時点で、イラク兵が保育器から多数の赤ん坊を投げ捨てて殺した事実はないことも、戦争後に現地入りした米ABCの記者によってつきとめられた。イラクの悪者イメージを決定づけるための工作だったのである。また安保理で難民として証言した女性も、クウェートの閣僚夫人だった。

こうした情報操作活動の背後に、クウェート政府から巨額の契約金で世論対策を請け負ったアメリカの大手PR会社ヒル・アンド・ノールトンがいたことも明らかになった。国際紛争へのPR会社の関与については、湾岸戦争後のボスニア紛争をめぐるアメリカ大手PR会社ルーダー・フィン社によるイメージ工作が、NHKの高木徹によって見事に描かれた(3)。高木は著書のあとがきで、「アメリカのPR企業が『情報』という武器を使って戦争の行方さえも左右している」と指摘している。隣国を侵略し併合するというフセイン政権の愚挙の陰に隠れているとはいえ、まったく偽りの証言をさせてアメリカ議会や世論を「イラク憎し」に駆り立てたヒル・アンド・ノールトン社の情報操作もまた、イメージ戦略として明らかに行き過ぎで、倫理的に許されない企業活動であろう。

だが、多くのメディアは事実確認も十分でないまま、これらの証言を真実として報じ、まんまと同社の思惑に乗ってしまった。メディアが世論形成に及ぼす影響を考えれば、大きな失態で、真相をつきとめたマッカーサー記者らの検証取材は高く評価されなければならない。しかし戦後になっての解明では、文字どおり後の祭りである。説得努力を続ければ話し合いによるクウェート撤退もありえたのか。サダム・フセインが死んだいま解明するすべもないが、メディアは、結果的に開戦への世論づくりに加担し、戦争へとブッシュ(シニア)政権の背中を押したといわれてもしかたがない。

CNNの台頭と「プール取材」

湾岸戦争がテレビ時代の戦争であることを印象づけた理由のひとつが、この戦争をきっかけに三大ネットワークと並ぶ影響力を確保し、グローバルなメディアとして認知されるにいたったCNNの報道だった。戦争機運の高まりを受け各メディアが撤退するなかで、CNNのピーター・アーネット記者だけはバグダッドにとどまることが認められ、米英軍の空爆開始の様子をはじめ、いわばリアルタイムの独占放映を続けたからである。イラク側が検閲していたため、アメリカ国民のあいだからはCNNに対して「利敵行為だ」との批判があがったが、攻撃される側の視点や非軍事施設の被爆の惨状などを放映したことで、後で触れる多国籍軍側の「プール取材」報道を補う役目は果たしたとみるべきだろう。

一九九一年一月一七日、湾岸戦争がついに始まったことを、筆者は朝日新聞外報部のデスク席上に備え付けられたテレビのCNN放送で知った。世界中で多くの人がこのCNNの映像で開戦の事実を知ったが、攻撃開始へのゴーサインを出したブッシュ（シニア）大統領自身、実際に攻撃開始となったことを、公式に報告を受けるより先にCNN放送で確認したことも明らかになり、戦争とメディアの新たな関係の始まりを印象づけた。だが、CNNのバグダッドからの放送に象徴されるテレビの隆盛が、戦争の実態を伝えることに貢献したかといえば否である。米軍当局には、ヴェトナム戦争をメディアに自由に取材させたためにアメリカ国民の厭戦気分や反戦運動をあおり、みじめな結末を招いたとの考えがあって、湾岸戦争開戦にあたりブッシュ政権は最初から、軍が認める場所で限られた記者だけに代表取材させる「プール取材」体制を敷いて、取材を厳しく規制したのである。これに抵抗する声もあがったが、結局、メディアはこれを受け入れた。実際の戦闘を取材することはできず、記者たちには軍のエスコートがついて、兵士たちへの事前の許可なしのインタビューなどは妨げられた(4)。

前線取材の拠点とされたサウジアラビアには、日本など外国のメディアも含め千数百人の記者が結集したが、代表取材は多国籍軍に参加した国の少数の記者に限られた。米英などに都合のよい、いわばお仕着せの取材しかできなかったわけで、戦争の非人道性や否応なく空爆の犠牲となる、罪もないイラク国民の惨状は代表取材の対象とはならなかった。当時リヤドで取材にあたった共同通信の杉田弘毅は、プール記事は「コンバット（戦闘）プールと名前はいさましかったが、内容は地域名、部隊名が削られ、前線での兵士の生活ぶりや演習の様子を伝えるものばかり」だったと回顧している(5)。

その代わりアメリカ軍からふんだんに提供されたのが、アメリカ軍のレーザー誘導の爆弾がイラクの重要施設をピンポイントで爆破する空撮映像である。標的とされる×印に命中し地上で爆発が起こる映像は、繰り返し放映され続けた。だが、巡航ミサイル・トマホークやスマート爆弾のようなピンポイント攻撃が可能な爆弾は、実際に使用された爆弾の七パーセントあまりにすぎなかったことが後に明らかになった。[6] 見せたいものは見せるが、それ以外は「メディアに見せない」ことを徹底した軍の方針によって、湾岸戦争は実態の「見えない戦争」のまま終わった。その過程では、イラク兵がクウェートの油井を破壊したためペルシャ湾に流れ出た原油で油まみれになったとされる水鳥の映像が流された。環境破壊者イラクを印象づける写真として新聞でも使われたが、実は水鳥とイラク兵が破壊した油井の油漏れとは何ら関係ないことがほどなく判明した。湾岸戦争がらみでは「ナイラ証言」とならぶ情報工作として記憶される。

このような軍とメディアの関係を、『ニューヨーク・タイムズ』のウォルター・グッドマン記者は、「ペンタゴンはイラクに対する制空権を確立する以前に地上戦でプレスを制した」と表現した。敗者の弁というべきか。[7] さらに、危機発生からの米紙の報道を分析した元『ワシントン・ポスト』のアーサー・E・ロウズは、新聞報道はテレビと比較し「ジャーナリズムの質が一般的に高く、ときにはきわめて優れたものがあった」と評価しつつも、「新聞もテレビと同様に、政府が敷いたニュースの基調で報じる傾向があった」と指摘している。[8]

三 「九・一一」とメディア――「愛国心」という呪縛

二〇〇一年九月一一日に起こったニューヨークの世界貿易センターとワシントンの米国防総省に対する旅客機を使った攻撃、そして、ハイジャックされた旅客機のペンシルヴェニア州での墜落という「同時多発テロ」は、アメリカだけでなく世界を震撼させた。冷戦後、唯一の超大国として政治、経済、軍事などあらゆる面で抜きん出た影響力をもつアメリカの富と力の象徴を標的にした攻撃であった点、また、多数の乗客を乗せた旅客機を武器に換えての非道かつ綿密に練り上げられた攻撃であった点で、非国家主体によるテロが新たな次元に踏み込んだことを示した。ブッシュ（ジュニア）政権がテロに報復戦争で応じ、さらにイラク戦争へと突き進んだことによって、「九・一一」は、二一世紀初頭の世界の様相を変えただけでなく、米ジャーナリズムの変質を印象づける起点ともなった。

崩落前の世界貿易センター内に取り残された人々を救出しようと出動した消防士たちの英雄的な作業ぶりなど、事件当初、米メディアは事実の報道にいかんなく力を発揮し、映像が人間社会に与えるインパクトの強烈さを改めて見せつけた。

テロリストに与えられた「敵としての地位」

しかし、突然の惨事に対するアメリカ国民の驚愕と憤激とを背景に、「パール・ハーバー」がしきりに引き合いに出され、ブッシュ政権が「これは戦争だ」と定義づける流れのなかで、非国家主体であるテロリストを刑事犯として国際的に追及する「司法的対応」という、本来あるべき選択肢は消し飛んでしまった。メアリー・カルドーにいわせれば、敵対国家による攻撃ではなかったにもかかわらず、ブッシュ政権が「戦争」として扱ったことで、オサマ・ビンラディンとアルカイダには「敵としての地位が与えられてしまった」[9]。キャロル・グラックはそれを、「テロリズムに対する本格的な『戦争』を遂行するためには、犯罪行為ではなく、敵というレトリックが必要だった」と分析している[10]。

ABCテレビと『ワシントン・ポスト』が共同でおこなった二〇〇一年九月一三日付けの世論調査で、ブッシュ大統領の支持率は八六パーセント、軍事行動への支持は九三パーセントに達した。アメリカ議会も、大統領の武力行使を容認する決議を、上院は満場一致、下院も反対わずか一という圧倒的支持で可決した。同二〇日の議会演説でブッシュ大統領は、アフガニスタンのタリバン政権に対してアルカイダを主導するビンラディンの引き渡しを要求し、応じなければテロ組織を壊滅させると事実上の宣戦布告をし、「世界のどの国も、われわれと共にあるか、さもなくばテロリストと一緒になるかだ」と各国に迫った。この直後のギャラップ・『USA Today』・CNNの合同調査で、ブッシュ支持率は九〇パーセントと湾岸戦争に勝利した直後の父ブッシュの支持率八九パーセントを上回り、ギャラップ社の調査史上で最高の数字を示すにいたった。エドワード・サイードが「コレクティブ・パッション」と呼んだ、こうしたアメリカ社会の感情の高まりを背景に、メディアとりわけテレビの報道は客観性や中立性の装いすら失った。テレビのアンカーたちの多くは星条旗のバッジを襟につけて出演し、愛国心を競い合った。一九八一年からCBSの看板アンカーを務めてきたダン・ラザーは、出演した番組のなかで何度も涙を流し、大統領への忠誠を誓って、テロリストへの報復を促した[11]。

「十字軍」と口をすべらせてイスラム世界とキリスト教世界との「文明の対立」という構図を浮き立たせ、西部劇さながらに「生死を問わず」ビンラディンを捕まえると表現したブッシュ大統領の軽率な言動は、アメリカ国内では不問にふされた。

「大衆にへつらった」マスメディア

キャロル・グラックによれば、「アメリカに少しでも過失があると示唆するものに対して、ひとびとは激しく、強硬に反応し」「夜中のコメディ番組でさえ、辛辣な風刺を交えて話をしたホスト役が、自分の番組から降板させられる事態」となった。「マスメディアは大衆にへつらい、事件の物語をナショナルで、愛国的なプロットとして支えたのだった」[12]。ダン・ラザーに代表される米テレビの報道姿勢は、アフガニスタン攻撃でタリバン政権が崩壊した後の二〇〇二年二月、ニューヨークの「テレビ・ラジオ博物館」が主催して開いた「テレビと対テロリズムの戦い」の連続セミナーで、アルジャジーラのワシントン支局長によって「感情に流され、ジャーナリズムの本質を忘れていないか」と問われ、「なぜアフガニスタンに対して軍事行動をとるのか、その正当な理由をアメリカ政府に求めるべきだった。それは、愛国心の有無とは関係ない」と手厳しく批判された[13]。同じセミナーでBBCのニューヨーク駐在アンカーであるパトリック・オコンネルも、「ハイジャック犯のなかにアフガニスタン人は一人もいなかった」と指摘し、「アメリカ人の視点だけでなく、アフガニスタン人の視点も報道には必要」だと疑問を呈した。それらの批判に対してCNNのアンカー、ウルフ・ブリッツァーは「CNNはアメリカのテレビ局であり、今回の戦争報道において中立の立場をとることは出来ない」と弁明している。

この発言は、戦争や紛争を前にしたとき、国境という枠にとらわれないで道理を説く「国際報道」というものがあり得るか、というジャーナリズムの本質論に触れる発言と言わなければならない。なぜアメリカはイスラム過激派によるテロの標的とされたのか。ブッシュ政権が誕生してからのパレスチナ問題への対応など、アメリカによる中東政策のなかにイスラム過激派を刺激する要素はなかったか。テロを戦争と同一視してアフガニスタンのタリバン政権に報復戦争をしかけた対応は正しいのか。イスラム原理主義に根ざすタリバン政権の政策がさまざまな問題をはらむとしても、そもそも旧ソ連によるアフガン侵攻後、ソ連支配下のアフガン政府に対する対抗勢力としてタリバンを後押ししたのはアメリカではなかったか。大国に翻弄されてきたアフガニスタンを攻撃し、その政府を武力で押しつぶす権利がアメリカにはあるのか。そうした冷静な議論や報道はほとんどなされなかったのである。

アメリカのメディア監視団体FAIRのスティーヴ・レンドールは、NHK放送文化研究所の池田正之のインタビューに答え、この時期の米メディアについて、テレビに登場した専門家と呼ばれる人々のほとんど全部が将軍や国務省の出身者で、みな軍事対応を求めたと指摘。人権や国際法や平和思想の研究者はたくさんいるのに、そうした人々が招かれて「空爆に代わる方法」などを語ることはなかった、と述べている。さらに、FAIRが事件後三週間の『ワシントン・ポスト』と『ニューヨーク・タイムズ』のコラム欄を調べた結果、『ニューヨーク・タイムズ』では「テロにどう対応するかを述べた一二のコラムのうち、一二人とも軍事報復を主張」、『ワシントン・ポスト』も「三二のコラムのうち、三〇のコラムが軍事報復を主張」していたことを明らかにした(14)。こうして、同時多発テロからひと月もたたない二〇〇一年一〇月七日、アフガニスタンへの攻撃が開始された。九・一一は、グラックに言わせれば「攻撃を受けたという衝撃を、報復へのコンセンサスに転化させたという意味においてもメディア的事件だった(15)」。

四　「新しい戦争」としてのアフガニスタン攻撃

危機にあっては大統領のもとに結集するアメリカ国民の熱狂的なブッシュ政権支持と、これに呼応する米メディアの報道ぶりのもと、アフガニスタン攻撃は始まった。それは圧倒的な空軍力と高性能兵器による爆撃と、近代装備を持たないタリバンとの、およそ「非対称な戦争」として展開された。

生々しい現地映像がアメリカの世論を動かしたことによって、「CNNが米軍介入を促し、CNNが米軍撤退を決意させた」といわれた一九九〇年代前半のソマリア介入失敗という苦い経験を経ていたアメリカ軍は、米兵に死傷者が出るリスクを極端に嫌い、「空爆を選択し、地上では北部同盟にアメリカの代わりとして軍事活動を実行させるという戦略をとった」[16]。その結果、米メディアも含めてアフガン戦争の報道は、「プール取材」に限定された湾岸戦争よりさらに厳格な軍の情報管理下に置かれた。

そうした事態になることを危惧して、アフガニスタン攻撃が始まる前の二〇〇一年九月二四日、アメリカのジャーナリスト団体のひとつラジオ・テレビ報道責任者協会（RTNDA）のバーバラ・コクラン会長は、湾岸戦争後にペンタゴンと主要報道機関のあいだで結んだ戦争報道の原則を守るよう申し入れた[17]。ここでいう戦争報道の原則とは、①自由で独自の報道が基本であること、②プール取材は早期に作戦に接する唯一の手段となりうるが、可能な限り取材代表団を大きくして、できるだけ早く解散する、③アメリカ軍のメディア担当者は報道について干渉してはならない、など九つの項目からなっていた。

ドナルド・ラムズフェルド国防長官は攻撃開始後の二〇〇一年一〇月一八日に、この原則を受け入れると表明したが、現実にはメディアの取材は軍の厚い壁にさえぎられ続けた。軍は情報の出口をホワイトハウスや国防総省にしぼった。情報統制の徹底ぶりは、スペース・イメージング社の衛星からの映像をすべて買い占め、メディアによる利用を締め出したことにも表われている。地上にある一メートルほどの物体まで見分けられる映像は、作戦に従事するアメリカ兵の命を危険にさらしかねないというのが買い占めの理由とされ、「この措置が解除されメディアが衛星からの映像を買えるようになったのは、主要都市の攻略も終わった二〇〇二年二月で、衛星からの映像はほとんど必要なくなっていた[18]」。

アルジャジーラの登場とブッシュ政権

アメリカの戦争とメディアの関わりを考えるとき、九・一一、アフガニスタン攻撃、イラク戦争という一連の出来事とそれ以前の戦争とを分けるものがあったとすれば、それはアラブ発信の衛星放送局アルジャジーラの出現であろう。一九九六年にカタールで設立されたこの放送局は、それまで米英のメディアに支配されていた国際情報の一角に食い込み、独自の発信を始めた。アフガニスタン空爆を開始した一〇月七日、CNNなど各局が放映したオサマ・ビンラディンの声明ビデオは、アルジャジーラが入手したものの再放送だった。アルジャジーラはその後のイラク戦争でもアラブからの発信を続け、かねて情報の偏在という問題が指摘されてきた世界のメディア状況に、十分とはいえないまでも、文化の多元化や価値観の多様化の流れに沿う変化がもたらされたのである。

しかし、ビンラディンのビデオが放映されるとただちに、当時のコンドリーザ・ライス国家安全保障担当補佐官が主要テレビ局に電話して、ビンラディンの声明は宣伝であり仲間へのメッセージが含まれているかもしれないとして、「良識ある判断」を求めた。事実上の放送自粛要請であり、各局が静止画像の使用に切り替えたり、放映時間を区切ったり、事前チェックを約束するなどこれを受け入れる姿勢を示したことで、ブッシュ政権のメディア工作はそれなりの成果をあげた。アルジャジーラはアフガニスタンでの米英の空爆を、攻撃される側の視点で中継し、アメリカのメディアでは放映されない破壊現場やアフガン国民の死体の映像も放映した。

九・一一の二週間後、イギリスではBBCが「アフガニスタンでの戦争に関する報道指針」を作成している。アフガンへの攻撃は避けられないとみての措置だった。同指針はそのまえがきで「武力紛争はいつでも放送事業者にとっては試練のときだ」として、国際放送局たるBBCには、「公正な分析を提供し、番組のなかで反対意見も含めて幅広い見方や意見を提示する」ことによって視聴者の理解を助ける「特別の責任」があるとした。そして、人命に関わる問題には最善の注意を払うこと、アフガン戦争が「イスラム教に対する戦争」であるという印象を決して与えないこと、「偏見や不寛容の火に油を注いではならない」とした。メディアとして大事にすべき原則を過不足なく示した姿勢といえよう(19)。

さらに、記者が実際に戦闘地域で見た事柄でないときはその旨をはっきりさせ、イギリス軍は「イギリス軍」と表現することなど具体的な指針を示している。後のイラク戦争で、アメリカの放送記者たちが従軍した部隊と自分を一体化して「わが軍」と表現した例と対比して評価されるべきであろう。BBCは、ビンラディンの映像を使用しないようにというトニー・ブレア首相の要請も拒否した。

頭をもたげた米ジャーナリストたちの反省

米英軍の空爆と歩調を合わせて攻勢に転じた北部同盟が二〇〇一年一一月一三日に首都カブールを陥落させた。開戦から一カ月あまりでタリバン政権は主都から撤退、事実上、崩壊したのである。山岳地帯に逃げ込んだアルカイダやタリバンの残存兵力への、強力な最新兵器による爆撃と特殊部隊による地上からの追跡が続いた。アメリカや日本で、軍事専門家といわれる人々が繰り返しテレビに登場し、攻撃に使用されているのが、洞窟の奥の敵まで一瞬にして殺傷できる、いかに高性能な兵器であるかを得々と解説したのはこのころである。

しかし、アメリカのジャーナリストのあいだからも、九・一一以降の米メディアのあり方、政権とメディアの関係に対する疑問や反省の声は上がりはじめていた。たとえば、二〇〇一年一〇月三一日にワシントンのブルッキングス研究所で第一回が開催された、同研究所とハーヴァード大学共催の連続フォーラムがそれである。[20] これにはCBS、NBCの外交記者からハーヴァードに転じたマービン・カルブ、湾岸戦争のときCNNのバグダッド報道で名を挙げたピーター・アーネット、ABCのインタビュー番組「ナイトライン」の看板記者テッド・コッペルらベテラン・ジャーナリストが顔をそろえ、自分たちのヴェトナム戦争取材などと比較して軍による情報管理がずっと進んだ現状を嘆き、メディアが「愛国心」のために自主規制し、政府の視点を受け入れる危険がある、などの危機感を表明した。

コッペルはまた、通信手段の飛躍的進歩で世界中の出来事をリアルタイムで報道できるようになっていることとジャーナリズムの本質とは「何の関係もない」とし、「ジャーナリズムとは情報を選び、優先順位をつけ、脈絡をつけることだ」と、IT革命がジャーナリズムの質的向上につながっていない米メディアの現況を皮肉った[21]。

二〇〇二年一月九日に開かれた第二回の同フォーラムには、ペンタゴンのメディア戦略を取り仕切っていたヴィクトリア・クラーク国防次官補が出席した。クラークはアフガン戦争を「陸軍も海軍も空軍もなく、洞窟や複雑な地下道に隠れる相手とのまったく型破りの戦争」であると強調し、軍のメディア対応への理解を求めた。しかし、『ワシントン・ポスト』のオンブズマン、マイケル・ゲトラーは「戦場でアメリカ軍がしていることから報道機関はどんどん遠ざけられている」と、アフガンでは湾岸戦争よりずっと取材環境が悪化し、戦争のあるがままを伝えるのが難しくなっていることを指摘した[22]。

だが、メディア内部からこうしたジャーナリズムの現状を自問する声が出るかたわらで、二〇〇一年一〇月二五日には電話やインターネットに対する盗聴を大幅に認める反テロ法が成立。同一一月一四日にはブッシュ大統領がテロリスト容疑の外国人は特別軍事法廷で裁けるという大統領令に署名した。被告には上告の機会も与えられない、こうしたブッシュ政権の政策に対しても、総じて米メディアの反応は鈍かった。イラク開戦後、アブグレイブ刑務所やキューバのグアンタナモ基地における収容者虐待や人権を無視した取り調べ、正当な理由を欠く長期収容などの事実を発掘、報道しはじめて、ようやくブッシュ政権の人権意識に対する鋭い批判がみられるようになったのである。

グラックは、外国の新聞社ではずっと「アフガニスタンの一般市民犠牲者の報告を掲載」していたにもかかわらず、米メディアはそれもしなかったと指摘。「アメリカの研究者」がアメリカの攻撃によって直接犠牲になったアフガンの市民が四〇〇〇人になると算出し、二〇〇二年一月、タリバンだとされて特殊部隊に殺された人々がタリバンでもなんでもなかったことをアメリカの記者が発見してから、ようやく米メディアは「一般市民の犠牲について、きわめて慎重に報道し始めた」と批判している。[23] ビンラディンも捕まらず、「対テロ戦争」のあり方についての評価、分析もないままアフガンでの戦争は「終結」とされ、ブッシュ政権はイラクのフセイン政権へと次の焦点を移していったのである。

五 「大義なき戦争」と従軍報道

二〇〇三年三月二〇日、米英両国が国連安全保障理事会における反対を振り切るかたちで、イラクへの攻撃を開始した。一九九一年の湾岸戦争で惨敗し、国連による長期の経済制裁を経て疲弊したイラクに米英の高性能兵器に対抗する軍事力はなく、開戦から三週間ほどでフセイン政権は崩壊、五月一日にはブッシュ米大統領が「主要な戦闘の終結」を宣言した。しかし、選挙、憲法制定、新政権の発足と経ても宗派間の対立やテロはおさまらず、開戦から五年あまりを経たイラクはいまだ混迷した状況にある。軍事制圧したあと米英軍がイラク国内の政府・軍関連施設を徹底調査した結果、イラク戦争開戦の理由とされた核や生物・化学兵器などの大量破壊兵器（WMD）は発見されず、米英両政府が喧伝した核開発進展の形跡もなかった。それればかりかアルカイダとフセイン政権のつながりがなかったことも判明し、その意味で、イラク戦争は「大義なき戦争」だったことが明らかになった。

大量破壊兵器の疑惑解明をめざした国連監視検証査察委員会（UNMOVIC）と国際原子力機関（IAEA）によるイラク査察団の活動に非協力的な態度を重ね、戦争を招いてイラク国民に多大な犠牲を強いたサダム・フセインの罪深さはいうまでもない。だが、国連の査察がようやく実効をあげはじめた時期に、査察を継続すべきだとする国連や仏独露などの反対を退け、武力攻撃を急いだブッシュ政権の責任は、これまたきわめて重大だといわなければならない。当時ＣＩＡ長官として開戦論を後押しする側にあったジョージ・テネットは二〇〇七年春に出した新著のなかで、自分が知る限り、戦争を始めるにあたってブッシュ政権内部でイラクの脅威がどれほど差し迫ったものかをめぐる「真剣な議論がおこなわれたことはない」と暴露した。(24) ディック・チェイニー副大統領や当時のポール・ウォルフォウィッツ国防副長官ら政権内の「ネオコン」派にとり、はじめに「イラク叩きの結論ありき」だったことを意味する証言だ。

国際社会には、アルカイダ追跡を中途半端にしたまま、正当性の疑わしい新たな戦争を始めることへの批判や疑問がかなりあった。今となればすべては結果論としかならないが、湾岸戦争や九・一一後の状況を通して教訓を得たはずの米メディアが、当時そうした疑問や批判を十分に伝えたか、多様な情報や多角的な声をアメリカ国民に伝え、バランスのとれた判断材料を提供したかといえば、否である。

バランス無視したＦＯＸの報道手法

アフガニスタンでのオサマ・ビンラディンやアルカイダ組織の追跡が続く二〇〇二年初頭、ブッシュ大統領は一般教書演説（一月二九日）のなかで、イラクをイラン、北朝鮮と並べて「悪の枢軸」ときめつけ、「イラクの脅威」に対するアメリカ政府の関心の高さを示した。ここからブッシュ政権はチェイニー副大統領、ラムズフェルド国防長官やウォルフォウィッツ同副長官らが主導するかたちで対イラク武力行使への傾斜を深めてゆく。二〇〇二年一月二二日にニューヨークのアメリカ外交問題評議会で開かれた「対イラク戦争」に関する討論会で、リチャード・パール元国防次官補がクリントン政権でゴア副大統領の国家安全保障問題担当補佐官を務めたレオン・ファースを相手に展開した議論が、当時全盛をきわめたネオコンの意図を明瞭に語っている。[25]

いわく、「サダム・フセインは核兵器を開発しているし、化学兵器、生物兵器を所有し〔中略〕、アルカイダというテロ・ネットワークとの接触をもっている」。さらに、「サダムを政権の座から追い落とすことの利益は、サダムが突きつけている脅威だけでなく、アメリカと中東諸国の関係を改善するうえでも、計り知れないほど大きな意味をもつ」などと語り、国連による査察の再開に強く反対した。これらに反論したファースの「戦略的に好都合だからという理由でサダム追放策に焦点を合わせれば、すでに開始している対テロ作戦の実施に不可欠な国際的支援を失いかねない」、「現在のわれわれのやり方は独善的で、自己完結ばかり気にかけている」などの指摘は、イラク戦争後の展開を見通していたかのようだ。問題は、ファースのような冷静な議論をメディアがきちんと報じていたか、である。

イラク戦争を取り巻く米メディア状況で特筆すべきは、ルパート・マードック率いるFOXニューズ・チャネルのあからさまなブッシュ路線支持の報道とその躍進であろう。一九九六年に開局したこのニュース専門ケーブルテレビ局は「愛国的」であることを売り物に、三大ネットワークには及ばないまでも、湾岸戦争報道から一九九〇年代を通して「CNN現象」という言葉まで生んだCNNを視聴率で追い抜くまでになった。[26] FOXは、看板番組のなかでアンカーがサダム・フセインを「ヒトラー」と呼んだり、ニュース報道でもイラク戦争支持、ブッシュ路線支持を打ち出したりして、それまでのジャーナリズムが曲がりなりにも依拠しようとした「客観」や「公平」の報道基準を置き去りにし、しかもそれを恥じないことによって一定の視聴者層を引きつけていったのである。

ＦＯＸのイラク戦争支持ぶりを示す例は枚挙にいとまがないが、ＮＨＫ放送文化研究所がおこなった「世界のテレビはイラク戦争をどう伝えたか」という興味深い比較調査がある。[27] ここではアメリカのＡＢＣとＦＯＸ、イギリスのＢＢＣ、フランスのＴＦ1、カタールのアルジャジーラ、日本のＮＨＫと民放の主要四局それぞれの看板ニュース番組について、イラク開戦の二〇〇三年三月二〇日から、バグダッド陥落後の四月一一日までの平日の報道を比較し、戦争支持と反対それぞれの主張や発言を報じたバランスを調べた結果として、日英仏などのテレビをまじえた全体では、「反対の主張や発言を取り上げた割合一二％に対して、賛成の割合が一〇％で、概ねバランスが取れていた」としている。しかし、ＦＯＸについては、その「スペシャル・リポート」は戦争支持の主張や発言を戦争反対の四倍も報道していたと分析している。ちなみに、アルジャジーラの「メインニュース」は逆に戦争反対の主張や発言を支持の三倍報道していたという。また、「アメリカ政府を好意的に描いたニュース項目の割合」を調べてみると、ＦＯＸではなんと「八八％の項目で、好意的描写が認められ」ＦＯＸの戦争支持の姿勢は飛び抜けて高かった。報告書のこの項をまとめた服部弘は、「客観報道とは明らかに異なる伝え方が確認された」と結論づけている。

不確かな情報に踊らされたメディア

この時期の米メディアの問題はＦＯＸの報道姿勢にとどまらない。二〇〇二年を通じて「イラクの脅威」がブッシュ政権の最大関心事となるなかで、同年九月八日付け『ニューヨーク・タイムズ』はマイケル・ゴードン、ジュディス・ミラー両記者の署名入りで、サダム・フセインがウラン濃縮を手がけるために大量のアルミ管を買い集めようとしていたとの政府筋の話を報じた(28)。フセイン政権による核兵器開発の意図を裏づける報道と受け止められた。ここからチェイニー、ラムズフェルド、ライスら政府高官によるイラクの大量破壊兵器の脅威を強調するテレビ発言が相次ぐ。そして同月一二日、国連総会での演説でブッシュ大統領は、アルミ管情報を引きつつ、イラクが一年以内に核兵器を開発するおそれがあると国際社会に警告した。ブッシュはさらに九月二六日、イラクとアルカイダを結びつける証拠として、イラクはアルカイダを国内にかくまっていると発表した。この間、『ワシントン・ポスト』のジョビー・ウォーリック記者がこうしたイラク核開発説の根拠は疑問だとする記事を書いたが、九月一九日付け、一八面掲載というきわめて目立たぬ扱いに押しやられた。

イラクの大量破壊兵器問題は国連安保理でもとりあげられるところとなり、二〇〇二年一一月八日には国連査察団に強力な査察権限を与える安保理決議一四四一が採択され、UNMOVIC、IAEAによる査察が開始された。それでも武力行使を急ごうとするアメリカと、フランスなど慎重派との対立が安保理を舞台に先鋭化するなかで、ブッシュ大統領は二〇〇三年一月二八日の一般教書で、「国民の自由と安全を守るために、必要なとき必要な措置をとる」と先制攻撃も辞さない決意を表明。さらに二月五日にはネオコン路線とは一線を画すパウエル国務長官が安保理に出席、生物・化学兵器製造の「証拠」とされる映像などを示してイラクの脅威を訴え、米英主導の戦争へと突き進んだ。

ところが、パウエルが呈示した「証拠」の根拠はやがて崩れ、パウエルはブッシュ政権から身を引いた後の二〇〇五年九月九日、ＡＢＣテレビとのインタビューで、過った情報をもとに戦争への環境づくりに一役買ったことを「人生の汚点」だと吐露するにいたる。

新聞では『ニューヨーク・タイムズ』など慎重論もあったが、『ウォール・ストリート・ジャーナル』『ワシントン・ポスト』『ロサンゼルス・タイムズ』など有力紙を含め多くがブッシュ政権の立場を支持した。なぜそういう流れとなったのか、イラクでの主要な戦闘が終わって一年あまりたって戦争の正当性に疑問がもたれるようになった二〇〇四年、『ニューヨーク・タイムズ』と『ワシントン・ポスト』が開戦前からのイラク戦争がらみの報道ぶりを自ら検証した結果は示唆に富む[29]。

『ニューヨーク・タイムズ』は二〇〇四年五月二六日の検証記事で、「おどろおどろしい記事は派手な扱いを受ける傾向にあったが、それに疑問を投げかける記事は目立たない場所に埋もれた」と指摘。イラクのアルミ管買い付けに関する記事については、もっと慎重に報じるべきで、この記事の後の懐疑的な証言や否定的な報告の扱いも不十分だったと反省した。さらに同三〇日、オンブズマンのダニエル・オクレトンがコラムで「特ダネ渇望」「一面症候群」「書きっぱなし」「情報源の甘やかし」などの問題点を列挙し、『ニューヨーク・タイムズ』社内の記者がある種の記事に強い疑問をぶつけても顧みられず、専門記者が懸念を書く機会さえ与えられないことがあった、と指摘した。

一方、『ワシントン・ポスト』は二〇〇四年八月一二日付けで検証記事を載せた。それによると、二〇〇二年八月から二〇〇三年三月のイラク開戦にいたるまでに、同紙はイラクに関するブッシュ政権の主張に比重をおいた一四〇本以上の記事を一面で扱ったのに、政府の主張に意義を唱える記事はほとんど一面で扱わなかった。また、開戦の数日前にもベテランのウォルター・ピンカス記者が、ブッシュ政権はイラクによる大量破壊兵器隠しの証拠をもっていないのではないか、と疑問を投げかける記事をまとめたが、編集者は掲載することに抵抗。ウォーターゲート事件の調査報道で著名なボブ・ウッドワード編集局次長の口添えでようやく紙面化はされたが、載ったのは目立たない一七面だった。検証記事では、本来一面に掲載すべき「先見の明のある記事だった」と反省している。

主要紙も含め米メディアは政府の情報に踊らされて戦争になり、やがて多大な犠牲を生んでから、遅まきの反省をするパターンがここでも繰り返された。

「従軍報道」は戦争の実態を報じたか

イラク戦争で米英両軍は「従軍(embedded)」取材方式を打ち出した。軍当局があらかじめ約六〇〇人の内外の報道陣を選定して、イラク攻撃に出撃するアメリカ軍のなかから、指定した部隊に指定した記者たちを指定した期間だけ従軍取材させる、という方式だ。従軍取材に参加した記者たちは、文字どおり部隊に「埋め込まれ」て、指定された期間、兵士たちと行動を共にして取材し報道した。湾岸戦争やアフガン攻撃で出た、取材制限が厳しすぎるというメディア側からの不満にある程度応えた方式と見えなくもない。

しかし、イラク戦争を取材した世界の記者は約三〇〇〇人にのぼるといわれるから、実際に従軍取材できたのは五人に一人程度で、従軍リストに載った記者とそうでない者とでは軍の対応に明らかな差別があった。それだけでなく、従軍記者たちはヴェトナム戦争のときのように自由に移動取材できたわけではなく、許された期間、許された場所での局所的、断片的な取材にとどまるという問題が生じ、米メディア内部からも、ストローの穴から覗ける視野で報道しているにすぎないという批判が生じた[30]。さらに、命がけの戦場で寝食を共にする兵士と記者との一体感が生まれ、報道にもそれが反映した。

なかでもFOXは、レーガン政権時代に「イラン・コントラ」事件で名をはせたオリヴァ・ノース退役海兵隊中佐を従軍記者として登用した。ノース記者は従軍した部隊を「われわれ」と呼び、「軍と自分とをほとんど一体化したリポートを送り続けた[31]」。このケースは極端にしても、多くの記者が祖国のために戦う兵士たちを称え、彼らの視点で戦争を報道するようになった。テキサス大学ジャーナリズム大学院のロバート・ジェンセン教授は、CBSから従軍したジム・アクセルロッド記者が、現地リポートのなかで思わず「われわれは命令を受けた」と口にした後、「兵士たちは命令を受けた」と言い直した一場面を、従軍報道から期待できる客観性がどの程度のものかを示す象徴的な例としてとらえ、「戦争で何が起こっているかだけではなく、なぜ戦争が起こり、それが何を意味するかまで、人々に説明できていない」と指摘した[32]。

カリフォルニア大学バークレー校で二〇〇四年三月に開かれた「戦争とメディア」に関するフォーラムでは、従軍取材の功罪も論じられ、海兵隊のメディア対策の責任者だったリック・ロング中佐は「われわれの任務は戦争に勝つことだ。それには情報戦争も含まれる。だからわれわれは情報環境を支配しようと心がける」と述べたうえで、従軍取材方式はその目的を果たしたとの見方を示した[33]。同じフォーラムでコロンビア大学のトッド・ギトリン教授は、「部隊の一員」としての従軍記者は報道ではなくプロパガンダに踏み外す危険がはじめからあるとし、とくにテレビの戦争報道はまるでスポーツ中継のようで、「ジャーナリズムというよりエンターテイメントだ」と批判した。

米メディアが戦争の実態を報じ得たかを問う場合、戦争の「美化」や「浄化」についても触れなければならない。イラク戦争でも軍によるきわめて意図的な情報操作が発覚した。「ジェシカ・リンチ上等兵救出劇」[34]がそれである。第三歩兵師団の整備中隊に所属する一九歳のリンチ上等兵が乗った車両が、イラク開戦からわずか三日後の二〇〇三年三月二三日に行方不明になった。四月一日、米中央軍のヴィンセント・ブルックス准将は、負傷してある病院にいたリンチを米特殊部隊が救出したと発表した。この話は米メディアによって劇的なストーリーとして伝えられた。イラク軍の攻撃で同行の兵士一一人が死亡するなか、リンチは勇敢に戦い何人かのイラク兵を射殺したが、自身も重傷を負った。イラク兵に捕らえられ、病院にいた彼女は、特殊部隊の必死の救出劇によって生還した、というのである。

ところがその後、BBCや英紙『ガーディアン』によって、リンチは戦闘で負傷したわけではなく、彼女がいた病院にはすでにイラク兵はおらず、特殊部隊は決死の救出劇を展開したわけではないことが明らかにされた。救出劇発表直後の四月三日、「彼女は決死の闘いをした」と一面で報じた『ワシントン・ポスト』も、六月一七日付けの検証記事で、リンチ上等兵が銃で撃たれたりした事実はなく、病院からの救出作戦は不要だったことなどを報じた。除隊したリンチ自身も二〇〇三年一一月一一日になってABCのインタビューに答え、戦闘のなかで乗っていた車両がアメリカ軍の別の車両と衝突したために負傷したことや、銃の故障で自分は一発も撃たなかったこと、病院では親切な扱いを受けたことなどを明らかにし、「私は利用された」と美談にしたてた軍当局を暗に批判したのである。

このような情報操作とは別に、米テレビのイラク報道では、空爆の様子、米英軍の砲撃や銃撃の場面、破壊されたイラク軍戦車などの映像は放映されても、戦闘での殺戮の場面やアメリカ兵の死体などは映されなかった。『ロサンゼルス・タイムズ』が二〇〇四年九月から二〇〇五年二月までの半年間、『ニューヨーク・タイムズ』『ワシントン・ポスト』や自社など主要八紙誌を調べたところ、イラクでアメリカ兵が死んだときの写真を掲載したメディアは一紙の一回だけだったという。同紙はアメリカ軍の規制や妨害が一因だとしていて、「犠牲をはらむ戦争の現実」が十分伝えられていないのではないか、と問いかけた[35]。他方、テキサス大のジェンセンも先に触れた報告で、「イラク民間人の死についての報道は、明らかに不足するか、公平な扱いではなかった」と指摘した[36]。戦争の悲惨な実態、爆撃の巻き添えになるイラク民間人の姿などは伝えられず、メディアは戦争をいわば「浄化」したのである。

六　おわりに

一九七〇年代に、『ニューヨーク・タイムズ』の国防総省文書（ペンタゴン・ペーパーズ）報道と『ワシントン・ポスト』のウォーターゲート事件をめぐる調査報道でジャーナリズムの歴史に輝かしい記録をとどめた米メディアだが、グレナダ侵攻、湾岸戦争、九・一一、アフガニスタン攻撃とアメリカが戦争をするたびに、情報に踊らされ、あるいは、戦争の根拠や意味、戦場の実態を報道できず、敗北と反省、そして検証を重ねてきた。今回また同じことが繰り返されたというだけでなく、そもそも客観性や公平性を顧みず、戦争の正当性や大義も問うことなく、「愛国心」にかられて自国の戦争を応援することを自らの使命とするＦＯＸのようなメディアまで出現するにいたった。米メディアとくにテレビ各局は過去二〇年ほど国際報道を軽視し、海外支局の削減や予算の大幅カットを進めてきた[37]。巨大資本による買収や系列化にともなう経済効率追求の波が、それに追い討ちをかけている。グローバル化が進み、地球的規模の共通課題への意識が高まり、各国間の相互依存が深まるなど、大きく変貌する世界にあたかも率先して背を向けているかのようなメディア状況というほかない。

イラク情勢は混迷を続け、米メディアは開戦当時よりは冷静かつ客観的にブッシュ政権のイラク政策を報じるようになった。しかし、イラクの惨状が誰の目にも明らかになり、ブッシュ大統領の支持率が落ち込んだなかで批判するのはやさしい。本当に問われるのは、次にまた「アメリカの戦争」が起ころうとするとき、米メディアがイラク戦争の教訓を生かし、戦争を急ぐ政策の背後に何があるかを探り、開戦理由の妥当性を徹底的に洗い、外交による打開をはかるよう論陣を張り続けられるかどうか、であろう。その点で悲観的にならざるをえないのは、つまるところ米メディアも、アメリカという世界でもきわめて例外的な国の一部で、力つまり武力によって「正義」を実現することへの信奉、彼我の「非対称」を当たり前とする感覚、アメリカは特別の存在だという発想を根強くもっているとみられるからだ。『ニューヨーク・タイムズ』など主要紙による検証記事のような見事な復元力をみせるのも米メディアの力量だが、武力への信奉やアメリカは特別な存在だという意識のもとでは、戦争に向かおうとする政府を押しとどめる力はあまり期待できまい。

佐藤卓己のように、プロパガンダの時代にあって、ジャーナリズムは「異なる手段をもって継続される戦争」にほかならないと断ずる論者もいる[38]。文化や価値観の多様性を公平な目で客観的に報道し、戦争や紛争に直面したとき、自国の国益論やナショナリズムを超える視点で報道し続けることを、本来の意味での「国際報道」と呼ぶとすれば、そうしたものはほとんど実在しないといえるのではないか。原寿雄は、「報道の世界ではジャーナリストにもジャーナリズムにも国籍がある。戦争状態になるとその本質が顕著に表れる」と喝破している。[39]日本メディアの現況を振り返ったとき、こうした米メディアの状況が決して対岸の火事ではないことがわかる。巨大資本によるメディアの統合、系列化は近年のアメリカほどに進んではいない。しかし、TBSの経営に参入しようという楽天の動きなど、閉ざされた市場という色彩の強かった日本のメディア業界にも、グローバル化、業種を超えた資本の動きという潮流が押し寄せはじめている。

それ以上に、メディアとして権力の番犬（watch dog）としての役割、つまりは政治行政のチェック機能を十分果たしえているか、である。イラク戦争に踏み切ったブッシュ政権は中間選挙で大敗し、野党民主党のイラク政策批判に苦しみ、支持率低迷にあえいでいる。アメリカと歩調を合わせ、イラク戦争に率先して踏み切ったブレア英首相は国民の支持を失い、二〇〇七年六月、退陣に追い込まれた。しかし、米英のイラク戦争のわずかな支持国のひとつである日本では、小泉政権から安倍政権、さらに福田政権へとイラク戦争を支持し続ける判断の妥当性、いまだに支持の立場のまま推移していることの意味やその責任を厳しく問うメディアは少ない。すでに国際的評価が定まろうとしている戦争についてすら、その戦争に加担した政府の責任を十分に問えないメディアが、危機にあって、政府や高揚した世論に逆らうことを期待できるものかどうか。日本のジャーナリズムも、いま厳しく真価を問われている。

註記

(1)『朝日新聞』二〇〇八年三月一七日、「時時刻刻」、二頁。

(2) マーガレット・サッチャー（石塚雅彦訳）『サッチャー回顧録――ダウニング街の日々』上・下（日本経済新聞社、一九九三年）、下巻、四四一～四二頁（Margaret Thatcher, *The Downing Street Years*, London: HarperCollins, 1993）。

(3) 高木徹『ドキュメント　戦争広告代理店――情報操作とボスニア紛争』（講談社、二〇〇二年）。

(4) 石澤靖治『戦争とマスメディア――湾岸戦争における米ジャーナリズムの「敗北」をめぐって』（ミネルヴァ書房、二〇〇五年）、六二～六三頁。

(5) 杉田弘毅「後退する戦争取材」『新聞研究』六一四号（二〇〇二年九月）、一二頁。

(6) 石澤『戦争とマスメディア』、九〇頁。

(7) Richard Valeriani, "Talking Back to the Tube," Covering The War, *Columbia Journalism Review* (March/April 1991), p. 23.

(8) Arthur E. Rowse, "The Guns of August," Covering The War, *Columbia Journalism Review* (March/April 1991), p. 27.

(9) メアリー・カルドー（山本武彦・渡部正樹訳）『新戦争論――グローバル時代の組織的暴力』（岩波書店、二〇〇三年）、二八四頁（Mary Kaldor, *New and Old Wars: Organized Violence in a Global Era*, Cambridge: Polity Press, 1999）。

(10) キャロル・グラック（梅崎透訳）「九月一一日――二一世紀のテレビと戦争」『現代思想』三〇巻九号（二〇〇二年七月）、八〇頁。

(11) 池田正之「問われる米ジャーナリズム」岡本卓編『検証一年　米同時多発テロとメディア』（ＮＨＫ報道文化研究所、二〇〇二年）、四一頁。

(12) グラック「九月一一日」、八一頁。

(13) 冷泉彰彦「苦悩する米国のテレビ界」『論座』二〇〇二年五月号、一二〇頁。

(14) 池田「問われる米ジャーナリズム」、六五～六六頁。
(15) グラック「九月一一日」、七八頁。
(16) 池田正之「米巨大メディアと報道姿勢の変容」渡邊光一編『マスメディアと国際政治』(南窓社、二〇〇六年)、二二一頁
(17) 池田「問われる米ジャーナリズム」、四七および四九頁。
(18) 同前、二二一～二二三頁。
(19) "War in Afghanistan, BBC Editorial Policy Guidelines" (http://www.presswise.org.uk/BBC%20 war%20 guidelines.htm <access: September 25, 2001>) 参照。
(20) "The Role of the Press: Lessons of Wars Past," A Brookings/Harvard Forum (http://www.brookings.edu/comm/transcripts/20011031 press.htm<access: October 31, 2001>).
(21) Ibid., p. 12.
(22) "Press Coverage and the War on Terrorism: Assessing the Media and the Government," A Brookings/Harvard Forum, January 2002, p. 6 (http://www.brookings.edu/comm/transcripts<access: January 9, 2002>).
(23) グラック「九月一一日」、八六頁。
(24) Scott Shane, *New York Times*, April 28, 2007; Mark Mazzetti, *International Herald Tribune*, April 29, 2007.
(25) リチャード・パール、レオン・ファース「サダム追放策の全貌を検証する――国際協調と単独行動主義の間 (Getting Saddam: A Debate)」フォーリン・アフェアーズ・ジャパン編・監訳『アメリカはなぜイラク攻撃をそんなに急ぐのか?』(朝日新聞社、二〇〇二年、所収)。
(26) 藤田博司「イラク戦争報道に見たアメリカ・ジャーナリズムの衰退」『わからなくなった人のためのアメリカ学入門』(洋泉社、二〇〇三年)、一六六頁。
(27) NHK放送文化研究所「世界のテレビはイラク戦争をどう伝えたか――イラク戦争とテレビ放道国際比較調査研究」同編『NHK放送文化研究所年報　放送研究と調査』四八集(日本放送出版協会、二〇〇四年)、四～六頁。

(28) Michael Gordon and Judith Miller, "The Threats and Responses: U. S. Says Hussein Intensifies Quest for A-Bomg Parts," *New York Times,* September 7, 2002.

(29) 「メディア、なぜ間違えた　失敗の構図自己検証、イラク大量破壊兵器」『朝日新聞』二〇〇四年九月一七日。

(30) 石澤『戦争とマスメディア』、二九五頁、藤田「イラク戦争報道」、一六四頁。

(31) ＮＨＫ放送文化研究所「世界のテレビはイラク戦争をどう伝えたか」、二三頁。

(32) Robert Jensen, "The Military's Media," *The Progressive*（May 2003）.

(33) Jeffrey Kahn, "Postmortem: Iraq War Media Coverage Dazzled but also Obscured," UC Berkeley Web Feature（http://www.berkeley.edu/news/media/releases/2004/03/18_iraqmedia.shtml<access: March 18, 2004>）.

(34) ＮＨＫ放送文化研究所「世界のテレビはイラク戦争をどう伝えたか」、一六～一八頁、石澤『戦争とマスメディア』、二七四～七六頁。

(35) 「戦死イラク米兵の写真掲載、半年で一回、『米軍規制が一因』主要八紙誌、米紙が調査」『朝日新聞』二〇〇五年五月二三日。

(36) Jensen, "The Military's Media," p. 4.

(37) グラック「九月一一日」、八二頁、藤田「イラク戦争報道」、一六九～七〇頁、池田「マスメディアと国際政治」、三一頁。

(38) 佐藤卓己『メディア社会——現代を読み解く視点』（岩波新書、二〇〇六年）、三七頁。

(39) 橋本晃『国際紛争のメディア学』（青弓社、二〇〇六年）、四四頁、原寿雄「真実と民主主義から遠ざかる報道」原寿雄・田島泰彦・桂敬一著『メディア規制とテロ・戦争報道』（明石書店、二〇〇一年）、一四四頁も参照。

第10章　戦争の経済コスト

比較史的考察

秋元　英一

一　はじめに

戦争と経済の関連を問う作業は、きわめて多面的でありうる。そもそも戦争がどのような経済状態、あるいは景気循環のどのような局面のときに、いちばん発生しやすいか、という問題も一概にはいえない。戦争を一定期間遂行することが、国民の生命や生活にどれほどの影響を与えるかという点についても、開戦時に漠然と想像はできるものの、細かい点まで判明するわけでもない。それはひとつには、「開戦」あるいは「宣戦布告」を決めることが政治の次元の話で、とくに、ある国のある行動に対して我慢がならない、というかたちで国民の憤激が沸騰しつつあり、しかも、政治家がそれに便乗して決断をしようという場合、政治家も国民大衆もいわば一瞬判断力を喪失するからであろう。

しかしながら、戦争に乗り出すことによって、一国の経済や国民が相当程度疲弊し、しかもその状態が継続しているうちに、次の戦争にかかわることになれば、それがヘゲモン（覇権国）であれば、ヘゲモンの寿命自体を縮めるくらいに大きな影響を及ぼす可能性がある。では、ブッシュ（ジュニア）政権がテロリズムを絶対の悪としているように、戦争自体が「悪」であるから、それを避けることがいつでもいちばんよいのか、という問題次元がある。残念ながら、戦争を避けてさえいれば問題が解決するほどに人類は進化していない。ある国が国際法を侵犯してある地域や国を占領してしまった場合に、国際連合などによって制裁措置をおこない、それが有効でない場合に武力に訴えて占領を解除することまでを視野に入れることは、おそらく〈必要〉である。アフリカの民族紛争によって数十万人が殺され、さらに多くの人々が難民化しているときに、国連軍が現地に入り、対立する諸部族どうしのあいだに警察のようなかたちで駐留することはやはり〈必要〉であろう。

自制が求められるのは、ヘゲモンやそれと並ぶような大国、あるいは核保有国が、攻撃されてもいないのに、武力に訴えて戦争状態をつくりだすことである。このような問題領域の理解にとって、過去および現在の戦争の経済的コストをきちんと理解しておくことは重要である。戦争のコストは、軍事支出だけでないことは、以下の考察によってある程度は明らかになるであろう。

二　帝国のコスト

ランス・デイヴィスとロバート・フッテンバックが一九八二年に書いた「帝国のコスト」と題する論文は、いまだに帝国としてのイギリスにとって防衛費負担が過重だったか否かという論争の基本文献であり続けている。(1) 彼らは、一七五六～六三年の七年戦争後にアメリカ植民地の防衛費負担を増強しようとしたことが植民地の独立をまねく導火線になった経験に鑑みて、一九世紀末の第二の帝国においては、植民地の防衛費負担の少なさに対して自治領等のより大きな負担を要求はするものの、最終的には「母国の寛容さ」をあらわすしかなかった。その結果、イギリスの国民一人あたり防衛支出は一八九〇～九九年が一・二八ポンド、一九〇〇～一二年が二・三二ポンド、一八六〇～一九一二年全体では年平均一・三二ポンドであったのに対して、フランスとドイツはその約半額、自治領植民地は〇・一一ポンド、インドは〇・二〇ポンド、その他の植民地は〇・〇三～〇・〇五ポンドという具合であった。ジョン・M・ホブソンは、この数字の出し方に疑問を呈している。NNP（国民純生産）に対する防衛支出のシェアというかたちでなければ、正しい比較はできないというのである。(2) ただ、ホブソンはイギリス植民地と本国との比較をおこなっているわけではない。一九〇七年のイギリス防衛支出の実額は、六六〇〇万ポンド、植民地全体では八八・七万ポンドである。ジャマイカの駐屯軍は二〇世紀初頭に年間二〇万ポンドかかったが、植民地側は一切負担をしなかった。(3)

　デイヴィスらの作成した防衛費負担を示す表においては、この時期の終盤になるにつれて、支出が急増したことが見てとれる。すなわち、一八六〇～一九一二年間のイギリスの年平均防衛支出は一・一四ポンドだが、時期ごとの内訳では、一八六〇年代の〇・七四ポンドから一九一〇年代の二・〇四ポンドに増加している。後者は国民所得のほぼ四パーセントにあたる。いずれにせよ、かりにこの時期イギリスが植民地をかかえる帝国でなかったとすれば、イギリス納税者の税負担は相当減少し、消費生活のレベルを落とすことなく、より生産的な投資に向けられる資金が利用可能となったことであろう。この時期、カナダ、ニュージーランド、オーストラリアが教育費と社会間接資本投資にその所得の最大の割合を支出していた「国」となったのは偶然ではなかった。しかも、それらの国々がイギリス帝国内にあることによって、つまり傘の内に位置することで、他の諸国からの侵略を避けることができたとすれば、その利益は計り知れない。

デイヴィスらは最初の論文で、第二次世界大戦後にヘゲモンとなったアメリカのケースをとりあげて考察している。一九四九年に設立されたＮＡＴＯ（北大西洋条約機構）は、当初アメリカ合衆国とヨーロッパ諸国とのあいだで同等額を負担するというのが公式な見解だったが、ヨーロッパ諸国が「国際共産主義を利するような経済的不況を防ぐ経済施策と、侵攻を防ぐという防衛の前線とは西ヨーロッパにとって両立不可能である」との立場を示すと、プログラムのコストと西ヨーロッパ諸国による負担可能額との差額をアメリカが支出することを認めることになる。これも公式には、「当面」は最大の負担をアメリカがおこなうが、しだいにヨーロッパ諸国のシェアが増えてゆくというものだった。

ところが、一九六〇年になっても、つまり、西ドイツなどが奇蹟の経済復興をとげた後でも依然としてアメリカが圧倒的な負担をしており、逆にアメリカは国際収支の赤字に悩む局面を迎えていた。応分の負担を要請された西ドイツ側の回答は、西ドイツにおいてアメリカよりも多少福祉予算が多いのは事実だが、鉄のカーテンに隣接する国としては、資本主義体制の貧困克服を具体的に示すもので、必要だ、というものであった。一九七〇年になっても、ヨーロッパ諸国の一人あたり防衛負担はアメリカの二三パーセントだった。アメリカ側にはヨーロッパ防衛の負担の不公平をヨーロッパ側が解消する意志をもたなければ、経済的影響もあるので、アメリカ軍の一方的撤退も選択肢のうちだとする上院議員マイケル・マンスフィールドのような議論もあった。フランスや西ドイツは、アメリカ軍の一方的な削減はヨーロッパの軍事的安定にとって深刻な結果をもたらすとして、再考を求め、多少の負担増を受け入れた。他方で、日米安保条約のもとで、日本の防衛費負担も一人あたりでアメリカの軍事費の六パーセントを超えることはなかった。

そこで、かりに一九五〇〜七六年間にヨーロッパ諸国と日本が一人あたりにしてアメリカの支出の四四・九パーセントだったソ連と同じ一人あたり防衛支出をおこなった場合（その分、アメリカの支出が減る）には、アメリカの一人あたり可処分所得は実際よりも七パーセント増加し、それらがすべて貯蓄にまわされたとすれば、アメリカの一人あたり純貯蓄は六三パーセント増加するし、政府の公教育支出にまわされた場合には、教育支出は四八・七パーセント増加したであろうということになる。これらが、アメリカが「帝国の境界線」の防衛に対しておこなっている支出の機会費用ということになる。帝国を維持するコストは非常に高いのである。

ただ、前記の推計と異なる数字もある。ある論者は一九六三年におけるＮＡＴＯ諸国の完全雇用レベルのＧＮＰ比での防衛費を、アメリカ、九・三パーセント、ドイツ、六・一パーセント、イギリス、七・〇パーセント、フランス、六・九パーセントなどとしている。(4) 逆に、徴兵によって隠れたコストが負担されている可能性がある。というのは、徴兵によって軍務に服することになった兵士たちに支払われる賃金は機会費用（すなわち、もしも彼らが徴兵に応じないで民間雇用に入った場合に、稼ぐことができたであろう賃金）を下回っていたことは確実だからである。この差額は、防衛目的の課税額と言いかえることもできる。また、イギリスの例では、圧倒的に徴兵による軍隊を第二次世界大戦後に職業軍人主体に変えたが、それにより一人あたり報酬は三二六ポンドから六八〇ポンドへと一一〇パーセントも上昇した。一九五三年には徴用兵の割合が全体の三六パーセントだったが、一九六〇年には二二パーセント、そして一九六一年には一四パーセントに下がった。つぎには、援助と軍事費支出のあいだの代替的性格という側面もある。つまり、現在レベルよりもある国に対する援助支出を減らせば、おそらく国防の観点から、軍事支出を増やさなくてはならないであろう。

他方で、防衛支出がもつプラスの側面にも注意が必要である。それは防衛支出をおこなう国が戦争をおこなった場合に実現する軍事的利益である。また、軍事費とかなり代替的な援助支出も一定の政治的利益を援助する国の側にもたらす。国内的利益も発生するであろう。世界のなかには、もっぱら国内治安対策のために軍事支出を必要とする一九五〇〜六〇年代のアイルランドやオーストリアのような国もあるからである。国防支出によってテクノロジーの進歩が起きて、それが民間経済にプラスの影響を及ぼすことはよく知られており、また、防衛産業の雇用、物価安定、国際収支に及ぼす影響もカウントされなくてはならない。防衛産業の研究開発費支出は計測が難しいものの、一定の利益を民間部門に与えているとみられる。アメリカの場合、航空機産業の研究開発費の八五パーセント、電子機器のそれの六〇パーセント、通信産業のそれの五〇パーセントは国防省によって負担されている。むろん、そこに属している科学者らを雇う費用はコストとしてカウントする必要がある。したがって、理論的には、防衛支出のコスト面から利益面を差し引いたものがそれの純コストだということになる。

それでは、帝国からもう一歩進んで、ヘゲモンという地位の盛衰と軍事支出との関係はどのようなものであろうか。ある国がヘゲモンであるためには、軍事的、政治的、経済的、さらには文化的覇権を必要とする。ただ、たとえば、一九世紀のイギリスは、幸運にも大きな戦争にコミットする必要がなかった時期が長かったし、それ以外の多くの場合、二国間の戦争に対してもあまり介入しなかった。逆にアメリカの第二次世界大戦後は、朝鮮戦争やヴェトナム戦争は言うに及ばず、その他のさまざまな大小の「危機」に際してもきわめて広汎な介入をおこなっている。統計数字のうえでもイギリスはどちらかといえば、安上がりのヘゲモンだったのに対して、アメリカは核戦争の時代ということもあり、ヘゲモン維持の費用は非常に高いものになった。

デイヴィスらは、国家としてのイギリスは結局のところ帝国によって利益を受けなかったとしている。受益したのはむしろ個々の投資家たちである、と。[5] また、階層から見ると、イギリスの課税構造が逆進性の高い消費税に偏っていたこともあり、上流階級よりも中産階級がより大きな負担を強いられた。[6] そして、第一次世界大戦による経済の疲弊はイギリスの国際競争力を決定的に弱めたのだが、このことは、第一次世界大戦後にイギリスが選択した通貨体制の問題とも絡んでいる。

レイモンド・フロストは、イギリスの覇権の時代、一八五〇〜七一年（"Good Years"）とアメリカの覇権の時代、一九五〇〜七三年（「黄金時代」）とを比較し、自由貿易と固定為替相場制のパッケージがイギリスの覇権を終わらせ、それの廃棄がアメリカの覇権を延命させたのではないかと問題提起している。[7] イギリスの場合、この時期の年平均成長率は二・五パーセントだったが、一八七二〜九一年間（「大不況期」）は二・一パーセントに下がり、一八九一〜一九一三年にはさらに一・八パーセントに下がった。アメリカの場合、一九五〇〜七三年は三・六パーセントだったが、その後は二・〇パーセントに下がった。英米両国とも、自由貿易の舞台を設定し、イギリスの場合はスターリングが世界貿易の支払い手段（決済通貨）となり、かつ、金への兌換を保障したため、それら通貨の価値にはプレミアムがついた。その結果、かなり長期間にわたって、ポンドもドルも実勢に比して過大評価となった。この状態はそれぞれの国の産業にとって不利となる。輸入品が安価となり、輸出品が高価となったからである。イギリスの場合にはイングランド銀行が、アメリカの場合には連邦準備理事会が市場金利を誘導したが、たとえばイギリスの場合には、この四〇年間のうちの二五年間実質金利は五～六パーセントという高さだった。為替レートが固定されている場合には、国内賃金が上昇して、産業の国際競争力が減退した場合に、通貨を切り下げることができないので、中央銀行が金利を引き上げて、需要や雇用を圧縮することを通じて、賃金の圧下をはかるしかない。それでも賃金が下がらなければ、為替レートは過大評価のままで国内産業の競争力は回復しない。

アメリカの場合には、イギリスの場合よりは金利誘導はフレキシブルであり、インフレーションを許容するかたちであった。レーガン期の一九八〇年代前半を除いては、金利は低く、したがって成長率は高かった。しかしながら、金利のフレキシビリティは予算均衡を乱す傾向がある。アメリカの連邦財政は近年（クリントン政権期末期を除いて）赤字が恒常化しつつあるが、これに対処するために、景気回復期であろうと、リセッションであろうと、金利は望ましいレベルよりもやや高くなる傾向がある。そしてこのことは、ドル為替レートを必要以上にドル高にみちびくのである。

米英ともに、一八四〇年代と一九四〇年代後半から自由貿易政策を採用した。それにともない、関税率はイギリスの場合には一八五〇年の二二パーセントから一八七五年の五パーセントにまで下がった。とくに製造業の関税率は一八二〇年代の五〇パーセントから一八七五年にはゼロとなった。アメリカが高率保護関税から転換したのは、一九三四年の互恵通商協定法からである。関税率は一九三〇年の六〇パーセントから一九五〇年の一三パーセントまで下がった。一九世紀後半には多くの国が当初の低関税率の時代から保護主義に転じた。アメリカの第二次世界大戦後には、ＧＡＴＴのもとで、多くの国が非関税障壁に訴えた。

もしもイギリスが自らの覇権国としての立場を捨てることができれば、国際競争上の不利益を挽回するために、一八七〇年代にポンド切り下げや保護主義復帰も理論的に可能ではあった。だが、イギリスは結局どちらの選択肢にも訴えることはなかった。世界工業生産に占めるイギリス工業生産額のシェアは、一八六〇年の二一パーセントから一九一三年の一四パーセントまで縮小した。世界輸出に占めるシェアは二五パーセントから一二パーセントまで下がった。イギリスでは全般に新産業への転換プロセスには困難がともなった[8]。アメリカの工業生産シェアは一九五〇年の四五パーセントから一九八〇年の三二パーセントにまで縮小し、世界輸出に占めるアメリカ輸出のシェアは、一八パーセントから一九八九年の一二パーセントまで下がった。イギリスの場合には、第一次世界大戦後の、通常はイギリス経済の「衰退」が決定的になったといわれる時期にポンドの相当程度の過大評価をともなう金本位制に復帰したことが、イギリス経済のヘゲモンとしての地位を回復不可能なほどに弱めたのである。他方で、アメリカの場合には、一九七〇年代の危機に際して、変動相場制への移行によってドルの過大評価がかなりの程度緩和され、伝統的製造業から新産業へのアメリカ経済の転換を可能とする時間的余裕を与えたのである。

三　第二次世界大戦と戦時動員体制

アメリカの戦時動員

戦争が起きるたびに政府の規制や市場経済への関与が拡大する事情は、多かれ少なかれどこの国でも見られるものだが、アメリカの場合も第一次世界大戦においては段階的に[9]、第二次世界大戦においては一挙に指令経済（command economy）的な体制となった。ニューディール的指令経済の洗礼と二〇年前の戦時統制の経験のあとの第二次世界大戦期には、規制や介入は最初から包括的、計画的であった。ヨーロッパで戦争が始まってから二年の一九四一年一二月に日米戦争が開始されるが、この二年間はまさしく助走期と呼ぶにふさわしい。

国民や共和党の政治家には孤立主義の雰囲気が強かったが、フランクリン・ローズヴェルトの考えは違っていた。彼は、慎重に国民を戦争の方向にみちびいた。一九四〇年には陸軍はわずか四五・八万人の兵を擁していたにすぎないが、一九四〇年八月のフランス降伏後には世論の雰囲気が一変し、議会の徴兵制反対論も影をひそめた。こうして、一九四〇年九月に選抜訓練サービス法が成立した。二一～三五歳が徴兵年齢で、実際には一九四一年六月に一八〇万人が現役となった。ただ、最長一年間では不十分と思われたので、一九四一年八月には徴兵延長法が成立し、一八か月まで延長可能とした。開戦後は対象年齢が一八～四五歳となり、期間は戦争継続期間＋六か月となった。戦中に従軍した一六〇〇万人のうち、一〇〇〇万人が徴兵によるものだった。また、自発的に参加した人々も徴兵制があったから、という理由づけが多かった。六〇〇〇人が良心的兵役拒否により収監された。

第二次世界大戦中の価格その他の統制の具体的な機関等については、別のところでふれているので[10]、ここでは繰り返さないが、一九四〇年に国防諮問会議（NDAC）が組織され、一九四一年一月には、生産管理局（OPM）、四月、価格行政・民生供給局（OPACS）、八月、供給優先順位・割り当て委員会が設置された。一九四〇年八月、再建金融公社（RFC）のもとに国防工場公社（DOC）が設置され、軍需工場への融資を強化した。これらのうちで、OPACS（一九四一年八月以降はOPA）がレオン・ヘンダーソンの指揮のもと価格統制面で枢要な役割を果たした。ヘンダーソンは学者ではなかったが、産業再建局（NRA）のエコノミストとして著名であり、一九三八年の不況についても物価が賃金よりも速く上昇していて、企業が利潤をため込んでいるとの予測を示していた。OPAの価格部にはジョン・K・ガルブレイスがいた。

一般に企業家たちはニューディールの「反ビジネス」的な思想および政策によって苦しめられていたから、政府に対して良い感情を抱いていないと考えられたが、他方で戦乱の空気は重くたれ込めていた。世論調査でも、価格統制が必要だとの考え方は多数派を占めていた。一九四一年一二月には緊急価格統制法が成立して、OPAに法制面での根拠を与えた。やがてローズヴェルトは一九四二年四月に七項目の包括的インフレ対策プログラムを議会に提出した。そこに盛られたのは、増税、農産物価格を含む全面的な最高価格規制、賃金統制、配給、戦時公債売却、信用統制であった。翌日、OPAは全般的最高価格規制を発表した。一九四二年三月の価格レベルを最高価格としてそこに凍結するというものである。

ヘンダーソン＝ガルブレイスのチームに対する産業界の反撥は強く、一九四三年初頭には別のチームに代わられた。一九四三年四月、ローズヴェルトは価格の現状維持命令（Hold-the-Line-Order）を下し、価格統制は最高レベルに達した。その結果、一九四三年一二月から一九四六年六月まで、インフレはコントロールされた。公式消費者物価指数では、年平均二・八パーセントの上昇にとどまる。各産業は、一九三六〜三九年間に実現した平均の税引前利潤額を稼ぐことができた。また、各産業は主要生産ラインで発生した現金払いの経費を回復することができた。

第二次世界大戦期の価格統制の効果について、ヒュー・ロコフの議論をもとに考えてみたい(11)。それぞれの局面ごとでは、最初の選択的統制期は失敗（インフレ率一一・九パーセント）、次の最高価格規制期はインフレ率はかなり抑制された（七・五パーセント）ものの、押さえ込まれたわけではない。選択的統制期は、公式統制対象となった物価は、非公式統制対象となった物価よりも大きく上昇している。後者が失敗したのちに、前者が導入されたためである。人々のインフレ期待が変化したのは、一九四二年四月の最高価格規制宣言の時点である。もしもこの直後に抑制的通貨政策がとられていれば、その後の困難の一部は回避されたかもしれない。実質GNPの単位あたり通貨量の指数とGNPデフレーターとが交差して前者が後者を追い越すのが、一九四四年半ばである。このころから統制逃れが大きい問題となった。そもそも、統制は、政府がより少ない量の通貨創造によって同じ量の資源を獲得できることを可能にする。したがって、統制がなかったと仮定すれば、政府が実際よりも多額の通貨を創出したであろうから、価格はより高くなったであろうと考えられる。むろん、増税によって同じような効果が期待できたかもしれないが、その場合の議会などによる政治的抵抗ははるかに大きなものとなったであろう。統制の明らかな受益者は、固定的収入での生活を余儀なくされるような政治的に脆弱な社会集団であった。なお、戦時価格統制は、それらに従わないときに課せられる罰則を含めて、最高裁により合憲と判断された。

第二次世界世界大戦中に所得税率は、最高二〇万ドル以上の所得に対して九四パーセントまで上昇した。最低は、二〇〇〇ドルの所得に対して二三パーセントである。戦前には一五〇〇万人の個人が税金申告をおこなったが、一九四五年にはその数は五〇〇〇万人となった。所得税のシェアも増大した。一九四〇年には歳入の三〇パーセントだったが、一九四五年には六九パーセントに増大した。何よりも、政府介入を許容する社会的土壌が形成された。

ナチスの戦争動員体制

第二次世界大戦期にアメリカが戦争経済に突入すると、急速に完全雇用状態を実現したことは事実である。ニューディール政策は全体としてなかなか大量失業を減らすことができなかった。それに対してナチスは、選挙で他の政党と国民の支持を争っているときにも、雇用創出を経済政策の最大目標に掲げて、自らの独自性をアピールしようとした。雇用創出政策は功を奏し、ピークには六〇〇万人を超えていた失業者は、一九三七年には数十万人ほどになり、完全雇用状態となった。ただ、ナチスの景気回復はアウタルキー的な方向と再軍備計画へのスイッチが前提とされていたことと、インフレーションを忌避したことによって、特異なかたちをとった。すなわち、雇用創出と政府による投資とは、輸入の少ないセクターに集中していた。景気回復が進んで、輸入拡大が続けば、国内雇用が抑制され、国際収支問題が発生するからである。インフレーションを未然に防ぐために、賃金と物価はきびしく統制された。とくに、一九三四年になって、消費者需要が拡大しはじめると、統制はより強化される。そして代替品生産を推進するという意味での輸入代替政策を開始するのである[12]。

賃金抑制政策は、ブリューニング期の賃金物価凍結政策を継承したかたちとなった。景気回復期には再雇用を促進するために、賃金レートは削減された。初期の賃金上昇によって雇用拡大が抑制されたニューディールと対照的である。こうして、低賃金が長期的には高い輸出成長をもたらすはずであったが、マルクの過大評価と貿易統制によってそうはならなかった。低コストと低物価は国内需要を拡大するはずだったが、高課税と強制的寄付、貯蓄の増加によって、民間需要に向かうはずの資金を政府に流入させた。こうして、政府による投資と雇用が一九三三～三六年に拡大することになる。景気回復にもかかわらず低賃金にとどめられた労働者は不満を醸成し、一九三四～三五年には不穏な空気があったとされる。そこで、ナチス政権は労働時間を増加させて所得増加をはかり、労働者に対する監視を強めることで対処した。これらの政策は、「民間の消費と貿易を刺激するケインズ的な処方箋ではなく、資本市場、価格、賃金、輸入、輸出に対して厳格な統制をともなう閉鎖的経済を作り上げることに行き着いた[13]」。その結果は、生産性上昇率の鈍化と競争力の低下、国際収支への圧力であり、さらに生活水準の圧下と、労働者にとっての交渉力の低下、強制労働サービスを通じての若年労働者の軍事動員化であった。

以上のような型のナチス経済の軍事化は、ヒトラーのめざした戦争経済をフル動員するのに成功したのだろうか。必ずしもそうと言いきれない、というのがオヴァリーの結論である。まず、ナチスの政権掌握当初は、独裁政権ではあっても、国内世論を味方につける必要があり、そのために雇用創出政策によって失業を目に見えるかたちで減らさなくてはならなかった。また、ドイツの再軍備に反対する国際世論も無視するわけにゆかなかった。さらには、平和の継続と国際協力を前提としたワイマルのシステムを軍事優先の体制に変えるには、そのためのインフラを整備する必要もあった。軍事支出のGNP比は、一九三三年には一・九パーセント、一九三四年には四パーセント、一九三五年に八・七パーセントだった。ヒトラーは一九三五年にはじめてヴェルサイユ条約を破棄して再軍備を行うと公式に認めた。一九三六年一〇月に始まる第二次四カ年計画がフル軍事動員への決定的転換点だった。一九三七年には持株会社ライヒスヴェルケ・ハーマン・ゲーリングが創設され、国家が巨大企業支配の製鉄・製鋼業を統括する決断を示した。この政策の隘路は、労働力と原材料の供給確保にあった。とくに熟練労働力は不足が顕著だった。遅ればせながら一九三八〜三九年には新しい計画下で再訓練と徒弟訓練が導入された。国と民間企業がそれぞれ五〇万人ほどの再訓練をおこなった。労働者は高賃金に惹かれて消費財産業から軍事産業部門に移動した。

電撃戦開始についての、これまで普通におこなわれている説明は以下のようである。一九三九年当時、経済は完全雇用状態であり、ナチス指導者は経済的安定がこのまま継続できるとは考えず、生活レベルの危機を避けてよりいっそうの再軍備をおこない、国内政治闘争を愛国的な戦闘に変えるために、戦争を開始した。すなわち、生活レベルの維持に圧力をかけず、少ない武器により短期に終結することのできる戦争がブリッツクリークだった。

ところが実情は、一九三九年にそのような危機があった証拠はなく、労働者階級はナチスの恐怖政治によって叛乱よりはあきらめと無関心の状態にあった。むしろ、チェコスロヴァキアの解体とミュンへン危機がヒトラーに間違ったサインを与え、ポーランド侵攻を「限定戦」（全面戦争準備は一九四三〜四五年までかかるというのがヒトラーの認識だった）で戦えると考えて戦争に突入したのである。こうして、開戦とともに、数年間早くドイツ経済はフル動員体制をとることを余儀なくされた。一九三八〜三九年から一九四三〜四四年まで軍事支出は中断のない直線的な伸びを示した。ヒトラーは軍用機が平時に年産二万機、戦時には三万から四万機を必要とすると考えていた。一九三八年のほぼ三倍の年産一万四〇〇〇機が一九四一年に達成できると期待されたが、実際は一万二四七機にすぎなかった。クルマの生産も原材料と労働力が十分でなく、一九三八年の二七・六万台が最高で、一九四一年には三・五万台に減少した。住宅建築は一九四〇年が三〇・三万棟、一九四一年が八万棟だった。一九四三年には軍需は繊維生産の四四パーセント、皮革商品の四三パーセント、紙の四〇パーセントを吸収した。民間消費を押さえ込むために配給がおこなわれた。

イギリスなどと比較すると、ドイツの軍需生産は製品の質が高く、したがってひとつひとつの製品の価格が高くなった。逆に生産性は劣るのである。ほかの国並みの品質で我慢できれば、あるいは生産性がもう少し高ければ、使える武器の数はかなり大きくなったであろうと考えられる。熟練労働者が不足していたとしばしば指摘されたのは、製造工程で熟練労働に頼る割合が大きかったこと、つまり、大量生産方式が全面的には浸透しなかったことが背景にある。(14) 一九三〇年代に政府発注を受けて成長した企業は中小企業が多く、それらは異なった経営方式に移行するのに時間がかかった。一般に、軍需生産用の工場設備が整うのに時間が必要であり、また労働者用のバラックが不足していた。

ブリッツクリークが意図された戦術というよりは、結果として初期にそうなったかたちと考えたほうがよいのは、ヒトラーが長期の、全面戦争を予期していたことに関連する。とくに、一九三九年九月から一九四〇年六月までの顕著な戦果がヒトラーに全面戦争が可能だという期待を抱かせた可能性がある。

ドイツが戦時経済下で消費レベルをさして削減せずにすんだとする解釈は、実際の消費低下を過小評価するものである。まず必需品の広汎な配給制、そして配給から外れた商品の生産と販売に厳格な統制がおこなわれた。税金も増額された。緊急付加税、旅行、映画、観劇などの増税、ビール、たばこ税の増税、売上税にかかる商品の数が増加した。こうして、一九三九～四一年間に国内税収は二倍になった。一九四〇～四一年には、軍事支出は半分が課税によって、半分が政府借入および占領地からの取り立て分によっていた。収入の残りの個人余剰分に対しては、貯蓄キャンペーンが待ちかまえていた。郵便貯金通帳の発行数は、一九三九年の一五〇〇万冊から一九四二年の八三〇〇万冊へと急増した。しかも、貯金を預かった銀行や郵便局は財務省証券購入や長期借入提供を余儀なくされた。こうして、経済に高度の流動性が供給されても、それがインフレ的な圧力を加えることはなかった。しかしながら、これら究極の債権者である国民を納得させるには、きびしい価格賃金統制のあからさまな実施が不可欠である。こうして、一九三八～四四年間に一人あたり実質消費支出（一九三八年＝一〇〇）はイギリスの八八に対して、七〇となった。配給の具体例では、小さい標準石鹸が月一回、髭剃り用のスティックが五カ月に一回、集合住宅などのお湯の供給は週二回、衣類は男女各年一〇〇ポイント、女性のドレスは四〇ポイント、スーツは四五ポイント、ブラウスは一五ポイント、男性のスーツやコートは六〇ポイントだが、新品の代わりに古着を提供する条件付きだった。他方で、一九四〇年と一九四一年には、消費財の相当部分が軍隊に割り当てられた。しかも、ドイツ軍の制服や装備はヨーロッパで最高品質であり、標準そのものが高かった。

ところで、徴兵によって一九四一年に農業、金属産業、建築、輸送、ホワイトカラー労働者、その他から六六〇〇万人が労働市場から引き抜かれた。さまざまな産業で労働力不足が深刻化したが、とくに農業や建築では、一九四二年以前に外国人労働者によって一部補塡された。ナチスのイデオロギーによって女性を家庭に閉じこめたことが労働力の給源を狭めたとされる議論も再検討が必要である。実際には、一九四四年における民間労働力に占める女性の割合は、ドイツが五一パーセント、イギリスが三七・九パーセント、そしてアメリカが三五・七パーセントであった。

一九三九年に処女作『経済人の終わり』を刊行した同時代人観察者ピーター・ドラッカーは、全体主義経済の根本に完全雇用を至上の目的とする理念があり、なおかつ、資本財への投資の増大のみが雇用創出を可能にすると考えたと指摘しているが、さらに進んで、彼らは「完全雇用は、所得のうち、消費ではなく貯蓄に回す分を増加させることによってのみ達成されるとの結論を導き出す。消費は人為的に抑制しなければならない。すなわち、全体主義経済の秘密は、『消費管理』にある」としている。[15] ドイツがお手本としたソ連とちがって、ドイツやイタリアには生存水準をはるかに上回る生活水準にある膨大な数の上流階級および上層中産階級が存在する。これらの階級は、餓死や政治的抵抗にいたるまでには、相当程度消費を削減することができる。ドラッカーは続けて、全体主義経済はインフレ政策ではないことに注意が必要だとする。消費を抑え、あらゆる種類の内部留保を動員する政策は、「デフレ政策」である、と。ここにいたって、ドラッカーの結論は先のオヴァリーの結論と同じとなる。

四　イラク戦争の経済コスト

表1は、戦争の区切りごとに見たアメリカの防衛支出のGNPシェアである。GNP比で見ると、第二次世界大戦時が第一次世界大戦時のほぼ二倍であることはすぐわかる。第一次世界大戦が終わった一九二〇年代と不況の一九三〇年代は、アメリカ史上最後の軍事費の低い時代であった。リソース（設備、資金、労働力）が過少雇用の状態だったために、第二次世界大戦の軍事動員によって民間経済や国民の暮らしが悪化することは少なかったといえる。第二次世界大戦後、一時軍事費が低下の傾向を見せたが、朝鮮戦争の開始と冷戦の開始によって、GNPの一〇パーセントを超える時期が一九六三年まで続く。より最近の防衛支出については、表2が様子を伝える。一九八〇年代はレーガンのもとで軍拡が進められ、熱い戦争なしの軍事費拡大となった。これが、ジョージ・H・W・ブッシュ（シニア）を経て、クリントンの前期には冷戦の終わりを象徴するかのような「軍民転換」があり、平和の配当のかたちで軍事費のGDP比は三パーセントまで下がった。ところが、二〇〇一年の九・一一同時多

表1　政府防衛支出のGNP比，1899–1989年
（1982年ドルにもとづく）

年度	%	年度	%
1899–1916	1.4	1950–1953	14.0
1917–1918	19.8	1954–1963	12.0
1919–1929	3.4	1964–1972	9.0
1930–1940	1.9	1973–1979	5.6
1941–1945	39.1	1980–1989	6.3
1946–1949	8.0		

出所：Michael Edelstein, “War and the American Economy in the Twentieth Century,” in Stanley L. Engerman and Robert E. Gallman, eds., *The Cambridge Economic History of the United States,* Vol. III The Twentieth Century（Cambridge: Cambridge University Press, 2000）, p. 395.

表2　政府防衛支出のGDP比，1960–2007年

（単位：10億ドル；%）

年	防衛支出	GDP比	年	防衛支出	GDP比
1960	48.1	9.3	2000	294.5	3.0
1970	81.7	8.1	2001	305.5	3.0
1980	134.0	4.9	2002	348.6	3.4
1990	299.3	5.2	2003	404.9	3.7
1995	272.1	3.7	2004	465.9	3.9
1996	265.8	3.5	2005	495.3	4.0
1997	270.5	3.3	2006	535.9	4.1
1998	268.5	3.1	2007	527.4	3.8
1999	274.9	3.0			

註：2006年，2007年は予測。

出所：*Statistical Abstract of the U. S*., 2007, p. 328.

発テロ勃発後のアフガニスタン攻撃、そして対イラク戦争、対テロ戦争への流れのなかで、軍事費はふたたび際限のない増大の道を歩んでいる。

表2による二〇〇七年の防衛費予測は五二七四億ドル、二〇〇一年の一・七倍である。だが、経済が拡大しているから、GDP比では、二〇〇五年を下回るであろうと予測されている。政府予算から支出される防衛費のみがこれまでコスト計算に算入されてきた。しかしながら、たとえばイラク戦争には、財政支出以外に社会的コストがあり、さらには、マクロ経済的コストが計算されなければならない。最近、こうした試算をおこなったのが、ハーヴァード大学のリンダ・ビルムスとコロンビア大学のジョセフ・スティグリッツの共著ペーパーである[16]。彼らの試算とその意義について以下に考えてみたい。

イラク戦争で戦死した場合、アメリカ政府は本人の死亡一時金をこれまでの一万二二四〇ドルから一〇万ドルに引き上げ、さらに、家族への死亡保険金をこれまでの二五万ドルから五〇万ドルに引き上げた。しかし他方で、同じ政府でも環境保護局による働き盛りの年齢の生命の価値は、六一〇万ドルとされており、運輸省のそれは五五〇〇万ドルである。イラク戦争で命を亡くしたアメリカ人の民間企業従業員も一〇〇人いるし、ジャーナリストも四人いるが、これらは前記のコスト計算にカウントされていな

い。戦争での負傷者は障害の程度に応じた治療費と障害給付金が支払われ、それらはすぐに計算可能である。ところが、本人の将来にわたって、負傷したことによる賃金報酬の減少額（将来の期待所得額－障害給付金）などは通常計算されない。また、予備役の場合にはイラクに行くことによって賃金の減額幅が大きくなる。イラク戦争に絡むアメリカの対外信用の失墜も、通常コスト計算の対象外であるが、かなり重要な項目であることは間違いない。

表3　イラク戦争の財政上のコスト

（単位：10億ドル）

費　目	控えめな見積もり	中位の見積もり
1. これまでの支出	251	251
2. 将来の作戦費用	200	271
3. 退役軍人局費用	40	57
4. 精神障害費用	14	35
5. 退役軍人身体障害支出	37	122
6. 動員解除費用	6	8
7. 防衛支出の増加分	104	139
8. 債務利子	98	386
総　計	750	1,269

出所：Kinda Bilmes and Joseph Stiglitz, "The Economic Cost of the Iraq War: An Appraisal Three Years After the Beginning of the Conflict," p. 6, Paper prepared for the ASSA meetings, Boston, January 2006. 引用に際しては，著者の許可を得た。

アメリカ政府がイラク戦費として計上しているのは、イラクの作戦費であり、二〇〇五年では月六〇億ドルである。しかしながら、先に指摘した退役兵の障害給付以外にも、新規入隊者に対するボーナスが四万ドル、入隊勧誘者に対して一五万ドルが特別に給付されたりしている。表3の控えめな見積もりとは、イラクのすべての軍隊が二〇一〇年までに撤退し、戦費調達のための利子支払いが五年間で完済される場合を想定している。退役兵の障害交付金と健康保険が二〇年継続すると仮定し、割引率は四パーセントである。それでも政府直接経費は七五〇〇億ドルである。中位の見積もりでは、イラク駐留が断続的に二〇一五年まで継続すると考え、財政赤字が次の二〇年間続くと考えた。

すると、推計は一兆二六九ドルとなる。いずれの場合にも、これまで総額八二〇億ドルを支払い、これからも月々一〇億ドルの支出が見込まれるアフガニスタンの戦費はカウントされていない。

二〇〇五年末の時点では、イラクで負傷した兵士は開戦以降一万六〇〇〇人で、その九六パーセントは公式な終戦以降である。退役兵の医療費は、医療費として通常想定されるものは入っているが、障害者手当、住宅手当、教育手当、ローン手当などは含まない。実際、退役軍人局（VA）は、当初帰還兵のうち医療ケアを必要とするのは二万三五〇〇人程度と予測したが、二〇〇五年六月にはその数は一〇万三〇〇〇人に訂正された。イラク戦争負傷者の二〇パーセント、三二一三人が精神障害で治療を必要としているが、彼らの一生涯の治療費予測は六〇万ドルから五〇〇万ドルまでの幅がある。表3の控えめな見積もりでは、一人あたり年間一三万五〇〇〇ドルかかると予測し、一四〇億ドルという数字を得た。中位の見積もりでは、ケアの必要な年数を二〇年よりも長くとって、三五〇億ドルの数字となった。

そもそも、イラク戦争の負傷兵は平均して、ひとつの請求状が五つの別々の障害を含んでいる。ヴェトナム戦争では、それは三つであり、湾岸戦争では四つだった。二〇〇六年に記録された請求状の四分の一は八以上の障害治療を含んでいる[17]。

イラク戦争の退役兵は、最大で年間四万四〇〇〇ドルの傷病・障害手当を受け取ることができる。これは、最高一〇〇点、最低〇点の点数制によって決められる。湾岸戦争では、四週間という短期に終わったにもかかわらず、政府は現在一六万九〇〇〇件の請求に対して年間二〇億ドルを支出している。一人平均一万一八三四ドルである。死者一四八人、負傷者四六七人だったが、請求件数は二〇万を超えた。それらの多くは劣化ウラン弾被爆に関連している。イラク戦争でははるかに多くの劣化ウラン弾が使われているので、推計も大きくなる。

表3で防衛支出の増加分とは、二〇〇二年から二〇〇五年までに、防衛支出が三二五〇億ドル増加しているが、その三〇パーセントがイラク戦争関連だと仮定した。中味は、給与、研究開発、作戦、維持費、装備の更新費などである。非戦闘時に比べて、戦闘時には四、五倍の率で装備を消耗するというのが国防総省の説明である。さらに、議会予算局の推定では、今後五～一〇年間に更新費として一〇〇〇億ドルが必要だとしている。先に述べた事情も含めて、新規入隊費が一人あたり二〇〇三年の一万四五〇〇ドルから二〇〇五年の一万七五〇〇ドルに増加している。防衛費の急増にもかかわらず、すでに赤字の財政を立て直すために増税はしていないし、これから先の支出増加も国債のかたちで調達されるとすれば、金利が四パーセントで、五年完済としても、赤字はさらに二〇年間継続し、利子負担は表3のように増加する。

つぎに、経済コストは、財政上のコストとどう違うか。まず、それは、兵士や連邦政府などの直接負担者でなく、他者によって負担される。政府が支払う価格は必ずしも市場価格をフルには反映していない。また、経済コストは金利支払いを含まないが、経済成長に対して長期的に与えるインパクトを含む。

まず予備役の負担である。イラク米軍は四〇パーセントが州兵と予備役兵である。彼らの多くは、それぞれの地域コミュニティで消防士、警官、緊急医療チームの一員としての仕事をもっている。その州兵三三万人のうち、二一万人がイラクかアフガニスタンに出征している。彼らの不在によるコストを正確に評価するのは難しいが、ハリケーン・カトリーナの事例は参考になる。あのとき、ルイジアナ州の州兵三〇〇〇人とミシシッピ州州兵四〇〇〇人がイラクに派遣中であった。また、全米で四四パーセン

表4　財政上のコストに加えるべき経済的コスト

（単位：10億ドル）

費　目	控えめな見積もり	中位の見積もり
1. これまでの支出	3	8
2. 予備役の経済的コスト	3	9
3. 戦死の経済的コスト	23	29
4. 精神障害による損失	34	48
5. その他の重度障害による損失	30	64
6. その他の障害による損失	18	26
7. 差し引くべき退役軍人身体障害支出	−12	−28
8. 軍事用武器の加速償却	89	149
加算額	187	305

出所：Bilmes and Stiglitz, “The Economic Cost of the Iraq War,” p. 13. 引用に際しては，著者の許可を得た。

トの警官がイラク派遣の何らかのランクにあるとされる。スコット・ウォルステンらの推計を借用すると、現在のレベルで予備役兵（彼らは民間人としてなら平均三万三〇〇〇ドルを稼ぐ）を用いることの機会コストは、三九〇億ドルである。彼らの数字を、民間人報酬を四万六〇〇〇ドルに引き上げて用いると、表4の数字となる。

さらに、政府は死者のそれまでの所得と経済に対する貢献にもとづいて、「統計的な生命の価値」（VSL）を算出している。VSLは保険会社や民間セクターで用いられている。環境保護局によるVSLは一人あたり六一〇万ドルだが、若年者が多いことを勘案して、六五〇万ドルとした。負傷者の場合には、「統計的負傷の価値」という、その負傷を避けるために人が支払うことをいとわない価値であり、試算のベースをなすものである。また、イラク戦争に動員された五五万人の三分の一にあたる先の一六万人がかなりの程度の肉体的・精神的ダメージを受けて、そのために通常の職業に復帰できないと判定されれば、それは三〇〇〜三五〇億ドルの経済的コストとなろう。

軍事用装備の経済的コストは、装備の加速償却の場合にのみ対象となるが、それらは二〇一五年までに二五〇億ドルの追加コストとなる。

最後に、マクロ経済的コストがある。これは、前記のいずれにも属さないもので、以下のような内容である。①原油の価格上昇、②防衛支出の増加、③戦争遂行のやり方から派生する危険の増大。テロ攻撃に対処するためということで、ヒト、モノ、サービスの自由な流れに対してかなりの障壁がつくりだされた。とくに、アメリカに入国する学生数の減少は、彼らの頭脳に頼ってきた科学技術の発展にとって大きなコストである。また、危険の増大は企業活動にとってマイナスであり、投資を減速させる。原油価格は、イラク戦争前には二五ドル近辺で、二〇〇五年には五〇ドル平均となったし、二〇〇七年には七〇ドル近辺である。もしも戦争がなかったとしたら、原油価格の上昇がイラクや他の生産国の増産を通じて、価格はゆっくりと下落に転じたであろう。原油価格二五ドルの二〇パーセントだけがイラク戦争に起因すると仮定すれば、中位の見積もりとなり、年間四七・五〜五〇億ドルの原油を輸入するアメリカにとって一バレル五ドル増加による負担増は二五〇億ドルの余分な支出となる。これが五年間続けば、一二五〇億ドルの増加となる。換言すれば、その分だけアメリカは貧困化したことになる。むろん、世界経済の状態によって、あるいは政策担当者がどう反応するかによって、結果は違ってくるが、イラク戦争後の世界は主要国において商品の過剰供給（需要が産出を制限する）が見られるので、オイル乗数を一・五とすれば、控えめな

表5　イラク戦争の経済的コスト総額

（単位：10億ドル）

シナリオ	控えめな見積もり	中位の見積もり
直接コスト*	839	1,189
マクロ経済的コスト	187	1,050
総計	1,026	2,239

註：*表3の総計－債務利子＋表4の加算額

出所：Bilmes and Stiglitz, “The Economic Cost of the Iraq War,” p. 30. 引用に際しては，著者の許可を得た。

マクロ経済的コストは一八七〇億ドルとなる。一九七〇年代初頭の第一次オイル・ショックは、世界経済がすでにインフレーション的圧力にさらされているときに起きた。しかも、マネタリズム的ドクトリンのもとで原油価格上昇に対して過剰反応が起きた。現在は、グローバリゼーションが価格全般に対して下向圧力を加えており、インフレーションは前よりも小さい。国によっては物価に神経質すぎて、原油の経済縮小的圧力を悪化させているが、以前のオイル・ショックよりは政策の影響は小さい。

企業業績の好調にもかかわらず、株価がそれほど伸びなかったことに対しても、あるいは原油価格の上昇が寄与している可能性がある。また、将来的な原油価格の動向の不透明さが投資を延期させている可能性もある。しかしながら、これらのコストは加算されていない。以上の計算により、イラク戦争の経済的コスト総額、表5を得る。控えめな見積もりでも、一兆ドル（一〇八兆円）で、二〇〇七年の防衛支出の二倍、中位の見積もりでは、二・二兆ドル（二一六兆円）で、同年防衛支出の四倍以上となる。

五　おわりに

マックス・ブートは、二一世紀に入ってからのアメリカの軍事力は世界最大、最強、最速であり、それらが情報化時代の到来と軌を一にしていることに注意を喚起している。もっとも、兵員数ではとくに多いというわけでもない。現役の兵員は約一四〇万人、予備役が一二〇万人であり、NATOのヨーロッパ加盟国が二二〇万人、中国も同じ、ロシアでは現役兵が九六万人、予備役が二四〇万人、北朝鮮が一〇〇万人の現役兵、予備役は四七〇万人といわれることからしても、飛び抜けているわけでもない。むしろ、その強さは、量にでなく質の面にある。兵員の武装は情報化時代の装備で固められており、その質が世界一だというのである[18]。本稿では、ヒトラーの戦略の誤りに注目したが、そのことはしばしば、独裁体制にありがちな綿密な状況や戦況や彼我の戦力の分析の欠如に帰せられることが多かった。しかしながら、出征して闘う兵士の動機ひとつをとってみても、民主主義体制のほうが彼らにとっての闘う理由をよりよく与えてくれるわけではない。ただ、一般的には、民主主義体制のほうが、チェック・アンド・バランスのしくみがよく備わっているので、大きな戦略上の誤りを犯すことが少なかった、とはいえるだろう。だが、アメリカもヴェトナム戦争ですでに失敗したし、今回のイラク戦争では、首都の奪取まではラムズフェルド流の効率的攻撃によって成功したのかもしれないが、ほんとうの戦争はその後にやってきた。インテリジェンスと重装備で固めたアメリカ兵も、自爆テロ的な攻撃や待ち伏せ攻撃には、必ずしもうまく対処できていない。というよりも、あれだけの装備で闘っているせいで、死者数が少なくてすんでいる、ともいえるかもしれない。逆に、負傷者の精神・肉体両面の障害は前代未聞の複雑さである。まだ戦争は終わりを迎えてはいないが、これまでとこれから、空前の規模の戦費と社会的・経済的コストがかかると予測されている。

また、イラク戦争がひとつの要因となったとみられる原油価格の上昇、それと連動する各種商品価格の上昇は、資源の豊富な、しかし民主主義の未熟な諸国において、彼らの政治的、外交的立場をこれまでになく強めている。トマス・フリードマンは、「原油価格と自由への歩みのペースはいつも反対の方向に動く」と主張する。フリードマンは、はたしてイランのアフマディネジャド大統領は、原油が六〇ドルでなく、二〇ドルでも「ホロコーストは神話だった」と言うだろうかと自問する。あるいは、ロシア、ソ連邦は公式には一九九一年のクリスマスに崩壊したが、そのときの原油価格は一七ドル近辺だった。原油価格の低迷は、たしかに、エリツィン政府が法の支配、諸外国に対する開かれた態度、そしてグローバルな投資家たちに対する鋭敏さを示す助けになっただろう。プーチン大統領は、現在は七〇ドル原油のタナボタをもって巨大な石油会社、ガスプロムを国有化し、新聞やテレビをはじめ、多くのかつて独立していた機構を国有化している。このような「原油独裁主義」(petro-authoritarianism)の跋扈《ばっこ》によって、ベルリンの壁崩壊のときには、自由な選挙が世界に急速に普及すると見られていたにもかかわらず、原油が高止まりした現在ではその歩みは遅い。このような原油価格と自由への歩みの関係をフリードマンは「石油政治の第一の法則」と呼んでいる[19]。

本稿の文脈からいえば、アメリカのイラク戦争は、原油価格をより高くする方向に向かわせる力学をもっていたがゆえに、資源豊富な民主主義未熟国の政治的・軍事的立場を強化する径路を通じて、アメリカのヘゲモンの弱化に貢献したといえよう。

註記

(1) Lance E. Davis and Robert A. Huttenback, "The Cost of Empire," in Roger L. Ransom, *et al.* eds., *Explorations in the New Economic History: Essays in Honor of Douglass C. North* (New York: Academic Press, 1982), pp. 41–69.

(2) John M. Hobson, "Two Hegemonies or One? A Historical-Sociological Critique of Hegemonic Stability," in Patrick Karl O'Brien and Armand Clesse, eds., *Two Hegemonies: Britain 1846–1914 and the United States, 1941–2001* (Aldershot: Ashgate Pub., 2002), pp. 308–09.

(3) Lance E. Davis and Robert A. Huttenback, *Mammon and the Pursuit of Empire: The Economics of British Imperialism* (Cambridge: Cambridge University Press, 1988), pp. 128–29.

(4) Jacques van Ypersele de Strihou, "Sharing the Defense Burden among Western Allies," *The Review of Economics and Statistics*, Vol. 49, No. 4 (November 1967), p. 528.

(5) Ibid., p. 267.

(6) イギリスでは一八三二年の選挙法改正後、中産諸階級が勃興し、政治的支配を弱めた貴族・地主階級(ジェントルマン)と最底辺に位置した労働者階級とのあいだで三階級鼎立構造が形成された。ただ、それらの階級の物的基盤は明瞭に区別されることは困難で、とくに境界線はあいまいであった。一九世紀の第4四半期にイギリスは大衆政治の時代に入り、少なからず身分や社会的ヒエラルキーを前提としていた階級区分が、「金持ち」「中産階級」(あるいは中庸を得た生活者)「労働民衆」(あるいは貧困者)のように、より多く、経済生活の中味によって区分されるようになった。両大戦間期になると、中産階級は上下に拡大してゆく。Cf. David Cannadine, *The Rise and Fall of Class in Britain* (New York: Columbia University Press, 1999), Chaps. 2, 3, and 4.

(7) Raymond M. Frost, "Losing Economic Hegemony: U. K. 1850–91 and U. S. 1950–90," *Challenge*, Vol. 35, No. 4 (July-August 1992), pp. 30–34.

(8) H・W・リチャードソンは、両大戦間期にイギリスの新産業(自動車、レーヨン、家電、ラジオ・電気工学製品、合成染料、薬品など)がドイツやアメリカに後れをとったことは事実ではあるが、他方で、この時期にイギリスの新産業が後の発展の基礎を築いたことも事実であり、産業構造転換にともなう諸困難を理解すべきだとしている。H. W. Richardson, "The New Industries between the Wars," *Oxford Economic Papers*, Vol. 13 (1961), pp. 217–41.

(9) 紙幅の都合で、第一次世界大戦における動員については省略する。

(10) 秋元『アメリカ経済の歴史、1492–1993年』(東京大学出版会、一九九五年)、二一六〜二二〇頁。

(11) Hugh Rockoff, *Drastic Measures: A History of Wage and Price Controls in the United States* (Cambridge: Cambridge University Press, 1984).

（12） R. J. Overy, *War and Economy in the Third Reich*（Oxford: Clarendon Press, 1994）, pp. 56–57.

（13） Ibid., p. 67.

（14） 一九世紀末以降のドイツ産業の急拡大は、経済の別のセクターを遅らせたままで進行した。新興産業が保護関税によくまもられていたことのほかに、「たとえば、製造業の驚くほどに大きな領域が手工プロセスと家内生産に頑固にしがみついていた。そして、イギリスがその農業のあまり儲からない部分を切り捨てていたのに対して、ドイツの人口の相当部分が土地に住み続けていた。換言すれば、ドイツ経済はわれわれが二重構造と呼び、それを急激、かつ不均衡成長と関連づけて考えるようになった、先進セクターと後進セクターのあいだのコントラストを体現していたのである」。David S. Landes, "Some Reason Why," in H. J. Habakkuk and M. Postan, eds., *Cambridge Economic History of Europe*, Chapter V, Vol. VI（Cambridge: Cambridge University Press, 1965）, pp. 557–558; Charles Finestein, ed., *The Economic Development of the United Kingdom since 1870,* Vol. I（Cheltenham: An Elgar Reference Collection, 1997）.

（15） ピーター・F・ドラッカー（上田淳生訳）『経済人の終わり』（ダイヤモンド社、一九九七年）、一五七頁（Peter F. Drucker, *The End of Economic Man: The Origins of Totalitarianism*［London: W. Heinemann, 1939］）。

（16） Linda Bilmes and Joseph Stiglitz, "The Economic Cost of the Iraq War: An Appraisal Three Years After the Beginning of the Conflict," Paper prepared for the ASSA meetings, Boston, January 2006.

（17） On the Hill: Linda Bilmes Testifies Before House Subcommittee on Veterans' Health Care Costs Testimony before US House of Representatives Veterans Affairs Committee: Subcommittee on Disability Assistance and Memorial Affairs, March 13, 2007, Washington, D. C.（http://www.ksg.harvard.edu/ksgnews/OntheHill/2007/bilmes_031307.html）.

（18） Max Boot, *War Made New: Technology, Warfare, and the Course of History, 1500 to Today,*（New York: Gotham Books, 2006）, pp. 429–30.

（19） Thomas Friedman, "The First Law of Petropolitics," *Foreign Policy*（May/June 2006）, pp. 28–36.

第11章　アメリカ独立戦争とワシントン神話の形成

油井大三郎

一　はじめに

二〇〇一年九月一一日に発生した同時・多発テロ事件後のアメリカ社会では、いたるところに星条旗がはためき、政治家は「ゴッド・ブレス・アメリカ」を連発するという超愛国的な雰囲気が充満していた。しかし、植民地時代には一三の植民地に分割されていて、「アメリカ人」という共通意識は存在していなかっただけに、いつからこの共通意識が形成されたのか、が問題となる。当然、独立戦争の体験とその指導者、ジョージ・ワシントンの存在が重要な意味をもってくるが、「国父」として崇められているワシントン評価には「神話」化されている面も多い。そこで、本稿では、独立戦争体験とその記憶の形成について、ワシントンの戦争指導に注目して検討してみたい。それは、アメリカにおける「戦争の記憶」と「アメリカニズム」と呼ばれるアメリカのナショナリズムの関連を考えるうえで原初的な意味をもつと思われる。

二　独立戦争の始まり

一七五六年から六三年までヨーロッパで戦われた七年戦争は、北米にも波及し、「フレンチ・アンド・インディアン戦争」として戦われたが、フランスが敗北した結果、北米大陸からフランス軍が撤退したため、北米英領植民地の住人はイギリス軍への依存を弱めはじめていた。にもかかわらず、この戦争でイギリスは勝利したものの、戦後にも北米の西部では先住民諸部族の抵抗が継続し、イギリス正規軍の派遣を維持する必要が生じていた。

そのうえ、戦争による財政赤字の解消のためもあり、イギリス政府は、まず、一七六五年に税収確保を目的として、証書や新聞に印紙を貼ることを命じる印紙条例を制定したり、一七六七年にはタウンゼント条例を制定したが、植民地側の抵抗が激しく、本国議会は茶を除く課税の撤廃に追い込まれた。また、本国政府は一七七三年五月に北米植民地における茶の販売を東インド会社に独占させる茶条例の制定を強行したのに対して、同年一二月にボストン港に停泊していた東インド会社の船舶から茶箱を海中に投げ捨てる事件が発生したため、本国議会は懲罰のためボストン港の閉鎖を決定した。

このようにニューイングランドを中心として本国との対立が激化するなかでも、南部の大プランター層のなかには親英的な態度を維持する者が多かった。しかし、ジョージ・ワシントンの場合、家具や工具への課税が強化されたり、鉄工場の開設が禁止されたうえ、タバコ販売の手数料が引き上げられるなどの影響に反発を強めていた。そのうえに、フレンチ・アンド・インディアン戦争期にイギリス軍将校への任用を拒否されたという差別体験に加え、利権を持っていたアパラチア山脈以西の土地への入植を一七六三年の宣言条例で禁止されていたことへの反発が加わって、本国への不満を強めていた。とくに、印紙条例が可決された直後には、ヴァジニアの植民地議会でも印紙条例の拒否が提案され、ワシントンも賛成し、可決された。また、ボストン港閉鎖が強行された直後にはイギリス製品の不買運動が決定されたが、それに対抗してヴァジニア総督のダンモアは植民地議会の解散を命令したため、ワシントンらの議員たちはマサチュセッツ植民地議会が提案した大陸会議の開催に賛成する意向を固めていった。そして一七七四年九月から一〇月にかけてフィラデルフィアで開催された第一回大陸会議にはジョージアを除く一二植民地の代表が集まり、国王への忠誠を表明しつつも、植民地側の自治権を守るため、必要なら武力抵抗も辞さないことを決定した(1)。

また、イギリス領の北米植民地では、一七三〇年代ごろからニューイングランドを中心として個人的な回心体験を重視する「大覚醒」と呼ばれるプロテスタントの信仰復興運動が各地に広まり、既存の教会制度からの個人の自立を促進していたが、それが本国からの独立心を助長する機能を果たした。そのうえ、一七七四年五月に本国議会が係争の地であるオハイオ渓谷をケベック植民地に編入させたうえで、フランス系住民を宥和するため、カトリックをケベック植民地における公認宗教と認定したため、宗派的な反感がいっそう独立への道を助長することになった。ワシントン自身は、元来、イギリス国教会のメンバーであったが、この大覚醒運動の影響を受けて、有徳で質素な生活の重要性を主張するようになった(2)。

一方、イギリス本国ではジョージ三世とノース首相を中心として、本国の権威を守るために軍隊を増派して、抵抗を軍事的に平定する路線が強まっていった。その結果、抵抗の中心となっていたボストンでの緊張がもっとも高まった。当時のマサチュセッツ植民地の総督には、北米派遣軍の総司令官でもあったトマス・ゲイジ将軍が就任していたが、ゲイジはまずボストン近郊の都市に集積されていた武器や弾薬の押収を目的として、合計一四〇〇人の部隊をレキシントンとコンコードに派遣した。それに対してそれらの地方の住民は、数分で招集可能であるという意味で「ミニットマン」と呼ばれた民兵を総勢四〇〇〇人くらい招集して対抗したため、一七七五年四月一九日に武力衝突が発生した。レキシントンではイギリス軍が勝利したものの、コンコードではゲリラ戦法で戦った抵抗派の圧勝となり、抵抗への確信と「民兵神話」を強める結果となった(3)。

この武力衝突を受けて、翌五月に第二回の大陸会議が開催され、武力抵抗を全植民地規模で遂行するため、大陸会議を常設機関にするとともに、民兵だけでは不十分として「大陸軍」の創設を決定した。この会議にワシントンはヴァジニア代表のひとりとして参加していたが、軍事的な抵抗姿勢を明示するため、唯一人植民地軍将校の青い軍服を着用して参加しており、大陸軍総司令官の有力候補となった。当時の抵抗派のなかにはチャールズ・リーやホレーショ・ゲイツのような元イギリス軍将校で輝かしい軍歴をもった人物もいたが、ワシントンの場合は、フレンチ・アンド・インディアン戦争中辺境地での小規模な戦闘の体験しかなく、砲兵戦や騎兵戦の指揮はまったく未経験であった。しかし、ワシントンは、軍歴と議員歴の両方をもっており、大陸会議が大陸軍を統制し、「文民統制」を維持するためには適切な人物であった。そのうえ、マサチュセッツ代表のジョン・アダムズが全植民地の一致した抵抗姿

勢を示すため、総司令官は南部から任命するとして、ワシントンを推薦した。(4)

それに対してワシントンは、イギリスの国力が絶大であるのに、反乱側は何の準備もないと受け止め、妻マーサへの手紙に書いたように、「この信任は私の能力には大きすぎる」と感じていた。事実、当時のイギリスの人口は八〇〇万人であったのに対して反乱側は二五〇万人にすぎなかったし、大西洋の制海権はイギリス海軍が握っていたから、ワシントンの不安は当然のことであった。しかし、彼は「剣は必要という金床で鍛えられる」という心境で総司令官を受諾したが、その際、個人的な利益による受諾でないことを示すため、必要経費だけを請求し、個人的には無給で勤めることを表明、一七七五年七月に大陸軍総司令官に就任した。(5)

総司令官の検討が進んでいた一七七五年六月半ば、ボストンではバンカー・ヒルをめぐる熾烈な攻防が繰り返された。丘の上に陣取った植民地民兵側に対して、イギリス正規軍はヨーロッパ式の整列進軍、一斉射撃を三度も繰り返したため、二五〇〇人中一〇〇〇人もが死傷したのに対して反乱側は四〇〇人強の死傷者にとどまったが、最後には植民地民兵側は弾薬が尽きて丘を明け渡した。この戦いは植民地側の軍事的抵抗力が侮れないものであることをイギリス軍側に見せつけることになり、戦闘に消極的であった総司令官のゲイジは本国に召還され、代わってウィリアム・ハウが総司令官に就任した。総司令官に就任したてのワシントンを待っていたのは、このボストンをイギリス軍から解放する難題であった。

しかし、このバンカー・ヒルでの激しい抵抗を目撃したイギリス側は一七七五年八月に国王名で植民地側の抵抗を「反徒」決めつける宣言を発表したため、国王への忠誠を維持していた「忠誠派」の影響力は一挙に弱まり、独立をめざす「愛国派」の影響が増加していった。なかでも、トマス・ペインが一七七六年一月に刊行した『コモン・センス』では、君主制や貴族制の非民主的性格を完膚なきまでに暴露していたが、発売から三カ月で一二万部も売れるベストセラーになり、植民地人の心を君主制から引き離すうえで絶大な効果を発揮した(6)。

一方、ボストン近郊に到着したワシントンは、民兵を中心として一万四〇〇〇にもなったニューイングランド軍を指揮することになったが、制服もなく、なかには靴も履いていないうえ、銃もない兵もいるありさまだった。銃の多くは七年戦争時に支給されたもの約二万丁くらいで、すでに旧式になっていた。銃の生産は少しずつ始まっていたが、自給にはほど遠く、新式の銃はほとんどフランスやオランダからの輸入に頼らざるをえなかったので、資金が間に合わず、慢性的な武器不足に悩まされることになった。しかも、大陸会議には課税権はなく、ワシントンは各邦の長に武器や食料の調達を懇願しなければならなかった。また、民兵には半年から一年くらいの任期がついていたため、増減が激しかったうえ、民兵将校の任命が選挙でおこなわれたり、各植民地が任命していたため、大陸軍の規律の確立も難題であった(7)。

それでも、ワシントンは、イギリス軍の拠点であったカナダに進攻する作戦を計画し、一七七五年九月にベネディクト・アーノルド大佐に指揮を命じたが、武器や食糧の不足で実施が長引くなか、イギリス軍の防備強化や厳寒の気候などに阻まれ、同年末には失敗に終わった。しかし、カナダに通じる要衝の地、タイコンデロガ砦を急襲したヘンリー・ノックス大佐が砦から数門の大砲をボストンに持ち帰ったのに助けられ、ワシントンはそれをボストン港の高台に配置して、イギリス軍を威圧した。そのため、イギリス軍のハウ司令官は一七七六年三月にボストンからの撤退を決断、約一〇〇〇人の王党派ととに、船でハリファックスへ脱出したため、ワシントンはボストンへの無血入城を果たした。マサチュセッツ議会はワシントンに感謝の決議と記念の金メダルを授与したが、同時に、市民たちは一斉に留守になった王党派の家を襲い、家財の略奪に走ったほど、王党派への憎しみが増大していた。他の植民地でも政府の要職から王党派は一斉に追放され、愛国派が指導権を握っていった(8)。

このボストン解放は、愛国派に大きな自信を与え、マサチュセッツとヴァジニアが主導するかたちで、独立宣言の起草が始まった。ヴァジニアには王党派も多かったが、一七七五年一一月にダンモア総督がイギリス軍を強化するために、イギリス軍に参加する奴隷の解放を宣言していたため、多くのプランターは反発し、愛国派に同調していった。独立宣言の草案は、ヴァジニアのトマス・ジェファソンによって起草され、一七七六年七月四日にアメリカの独立が宣言された。しかし、イギリスがそれを承認しなかったため、独立の成否はその後の戦争の帰趨にかかることになった。独立宣言の署名者は、もし戦争に負ければ真っ先に処刑されることを覚悟のうえでの署名となった。

三　初期の孤立した戦い

独立戦争は、イギリス本国と植民地との戦闘であるとともに、本国の立憲君主制と植民地の側の共和主義というイデオロギー戦争の性格ももった。そのうえ、植民地内の愛国派と王党派の内戦という性格ももったし、先住民との戦争という性格も加味された。それは、宣言条例によってアパラチア山脈からミシシッピ川までの土地が先住民に保証されていたため、多くの先住民諸部族がイギリス側についたためであり、当時、その地域に居住していた約二〇万の先住民中、一三万人がイギリス側についたといわれている。そのうえ、後にフランスとスペインが参戦してからは大国間戦争の性格も加わるのであり、独立戦争はきわめて複合的な戦争となった(9)。

案の定、初戦では苦戦が続いた。ボストン撤退後のイギリス軍は、反英闘争の牙城であったニューイングランドを親英派の多い南部から切り離すため、ニューヨークの占領を図った。ハウ司令官は、十分な火器を装備し、ドイツの傭兵ヘッセン兵も加えた三万二〇〇〇の精鋭と水兵一万を、一〇隻の戦艦と二〇隻の護衛艦からなる艦隊に分乗させて、ロング・アイランドへの上陸をめざした。ワシントンは、ニューヨークを確保する戦略的重要性を十分理解していたが、迎え撃つアメリカ軍は、装備もみすぼらしく、訓練不足の兵一万九〇〇〇からなっていた。その結果、八月二二日には上陸を許してしまったうえ、司令官のひとりジョン・サリヴァンが捕虜となり、スティアリング指揮の部隊は降伏した。ワシントンは司令官の四分の一、兵の二分の一を失い、司令部をマンハッタンに後退せざるをえなかった(10)。

このロング・アイランドの戦いでイギリス軍は圧勝したが、犠牲を最小限にして、戦功をあげることを良しとする一八世紀型の戦法に固執していたハウ将軍は、それ以上ワシントン軍を追撃しなかったため、ワシントンは九死に一生をえた。この戦いでワシントンは、手痛い敗北を喫したが、同時に、カリブ海のネビス島生まれで、貴族の家系出身のアレキサンダー・ハミルトンという有能な副官をえた。他方、ハウ将軍は、和平提案を伝えるため、捕虜にしたサリヴァンを首都のフィラデルフィアに送ったが、アメリカの独立はあくまで否認したため、和平は実現しなかった(11)。

その後、戦闘はマンハッタン島に移り、ハーレム・ハイツに司令部を移したワシントン軍はイギリス軍と激しい攻防を繰り返した後、ついに一一月に入り、マンハッタン島から退却を余儀なくされ、ニュージャージーに入った。しかし、そこでは親英派がイギリス軍を歓迎する動きを示したため、ワシントンはさらにデラウェア川を渡って一二月七日にはペンシルヴェニアに逃げ延びた。このときワシントンはすでに二九〇〇名の兵を失っていたし、大陸会議はフィラデルフィアからボルティモアに移動せざるをえなくなった。そのうえ、多数の民兵が一二月末には期限切れで退役が予定されていたため、アメリカ軍側はパニック状態に陥った。(12)

当然、司令官としてのワシントンの資質に対する疑念が生じた。とくに、一七七六年六月に南部のチャールストン占領を狙うイギリス軍を撃退して、名声を博していたチャールズ・リーは、戦争指導におけるワシントンの「不決断」を疑問視するワシントンの副官に同調する手紙を送った。そのなかで、リーは、「戦時における決定的な不決断は、愚鈍さや個人的な勇気の欠如よりもずっと大きな欠陥である」と述べていたが、この手紙はワシントンの目に触れることとなり、彼に大きな衝撃を与えた。当時のワシントンは、兵力の点でイギリス軍が圧倒的に優位に立っていたとの判断から、正面攻撃は避け、長期的な消耗戦に引き込み、フランスやスペインの参戦を待つ戦法を考えていただけに、他の司令官から「不決断」と取られかねない状況にあった。(13)

しかし、皮肉なことに、ワシントン軍の応援に駆けつけたリー自身がイギリス軍に包囲され、その捕虜となったため、当面、ワシントンの総司令官としての地位は安泰となり、大陸会議は、一二月一三日に戦争遂行の一元的な権限をワシントンに付与する決定を下した。また、『コモン・センス』の著者、トマス・ペインは戦況の悪化に対応して「アメリカの危機」という小論を執筆して、兵士に独立戦争の完遂を訴えた。ワシントンは、この小論を兵士に配付して、戦闘意欲の再生に努めたし、ニュージャージーなどの一般市民のあいだでは、進駐したイギリス軍やヘッセン兵による略奪や強姦に対する怒りが広がり、親英派は徐々に影響力を弱めていった(14)。

他方、イギリス軍内では一挙にフィラデルフィアを占領するように主張したヘンリー・クリントンに対して、ハウ司令官はあくまで決戦を避け、和平を探る戦法に固執したため、対立がくすぶっていた。しかも、ハウは厳冬の戦闘を避ける傾向があり、降雪にあい、デラウェア川の渡川を断念し、一部の兵をニュージャージーに残して、自らはニューヨークに帰還した。その結果、ワシントンは、戦線の伸びきったイギリス軍の側面をたたくことを計画し、クリスマスの夜に、凍てつく寒さを堪えて、夜陰に乗じてデラウェア川を渡り、ヘッセン兵が駐留していたトレントンに奇襲攻撃をかけた。この作戦は見事に成功し、自信を回復したワシントンは、除隊間近の兵たちに一〇ドルの賜金などで除隊の延期を説得することにも成功した。そのうえで、急を聞きつけて引き返してきた名将チャールズ・コーンウォリスの部隊に対してワシントンはプリンストンにおいて奇襲攻撃をかけたうえ、自ら先頭に立って馬上攻撃もしかけ、イギリス軍を撃退した(15)。

このトレントンとプリンストンでの勝利は、ワシントンに小規模兵力でも機動的に戦えば勝利が可能という自信を与え、独立派を勇気づけ、それまでは北米植民地で発行されていた四四紙の新聞中、三分の一しか独立を支持していなかったのが、ほとんど全紙が支持するようになった。また、ハウは春まで戦闘を延期することにしたため、ワシントンはモリスタウンに本部を置いて大陸軍を再建する時間的な余裕を得たうえ、大陸会議もフィラデルフィアに復帰することができた。しかし、ワシントン自身は、一七七七年二月に入り、歴戦の疲れや大陸会議などとのあいだでの大陸軍再建をめぐる交渉の負担、さらに、母メアリーが親英的な姿勢をとっていたことによる心労が重なっていたうえに、三五年ぶりという寒波で風邪をこじらせて、病床に伏せることになった。一向に回復しないなかで、最悪の場合にはナザニエル・グリーンに総司令官の地位を譲ることまで遺言したが、急を聞きつけた妻マーサが三月半ばに駆けつけ、糖蜜やタマネギを使った献身的な看病の甲斐あって、ワシントンは一命を取りとめることができた(16)。

他方、一七七七年の春を待って、イギリス軍は第二の攻勢を準備していたが、カナダから南下してオルバニーをめざすジョン・バーゴインの部隊と、ニューヨークからフィラデルフィア占領をめざすハウの部隊との連携が十分とれないままに進行していった。ハウは独立派の首都フィラデルフィアを占領して、大陸会議を解散させることによってイギリス軍の勝利を目論んでいたのに対して、バーゴインの側は独立派の牙城となっていたニューイングランドの分断を重視して、カナダからニューヨークに南下する作戦を構想していた。しかし、イギリス本国の植民地相ジョージ・ジャーメインの優柔不断やアメリカ軍の戦闘能力への蔑視のため、この二大作戦は同時進行することになった(17)。

まず、バーゴインの部隊は六月に、約四〇〇〇人のイギリス兵と三〇〇〇人のドイツ人傭兵に約一四〇〇人の先住民部隊を結集して、カナダを出発し、セント・ローレンス川からシャンプレーン湖を通って、アメリカ軍が確保していた要衝、タイコンデロガ砦に六月末に接近した。そのため、大陸会議はゲイツ将軍の指揮下にベネディクト・アーノルドとベンジャミン・リンカン両少将の部隊を急遽北上させた。しかし、バーゴインのイギリス軍は多数の大砲のみならず、女性まで引き連れた大部隊で、進軍に大幅な時間がかかったうえ、道々での略奪で近隣の住民の反感をかっていた。タイコンデロガ砦は、セント・クレア少将のもと、ポーランドから義勇兵として応援に駆けつけたタデウシュ・コシチュシュコ大佐も含めて、約二〇〇〇人の兵士と三〇〇人の砲兵で防衛されていたが、兵役満了とともに退役する民兵の数も多く、大量のイギリス軍の接近を前にセント・クレアは戦わずして、砦を明け渡して退去してしまった[18]。

他方、ハウ司令官は、クリントンの指揮下に約七〇〇〇人の守備隊をニューヨークに残し、自らは七月二三日、一万四〇〇〇もの兵士を二六〇隻の軍艦に乗せてニューヨークを出発、八月二五日にメリーランドに上陸し、フィラデルフィアに向かって北上を開始していた。ワシントンは、当初、オルバニーをめざして南下するバーゴインの部隊を迎え撃つべく北上を検討したが、ハウ部隊の南下を知り、司令部を置いていたモリスタウンから一五〇〇人の兵士をフィラデルフィアに転送した。両軍は九月一一日、ブランディワイン河畔で激突、アメリカ軍側にはフランスからの義勇兵ラファイエットも含まれていたが、アメリカ軍の指揮官サリヴァンの油断もあり、大敗を喫して撤退した。そのため、大陸会議は九月二一日、フィラデルフィアからヨークへ移動を余儀なくされ、ハウの部隊は親英派の住民から歓迎を受け、九月二六日に何の抵抗も受けず、フィラデルフィアを占領した。ワシントンの衝撃は大きかった[19]。

もう一方のバーゴイン隊のほうは、長期に及ぶ戦闘で食糧不足に陥っていたうえ、南からアメリカ軍をたたくように依頼していたニューヨークのクリントン隊が呼応しなかったため、徐々に後退を余儀なくされていた。アメリカ軍のほうでは、ゲイツ司令官のもとに続々近隣の地域から民兵が参集し、七〇〇〇人の規模に膨れあがっていたのに対し、バーゴイン隊の兵力は五二〇〇人に縮小していた。そのうえ、アメリカ軍は森林地帯でのライフル銃による攻撃をしかけたり、アーノルド大佐による勇猛果敢な攻撃を展開したため、バーゴイン隊は多数の死傷者を出し、ついに一〇月一三日、ニューヨーク邦のサラトガで降伏した(20)。

サラトガで勝利したゲイツ、フィラデルフィア占領を許したワシントン、この明暗は大陸軍のなかに動揺をもたらした。「トレントンの救済者」と讃えられたワシントンはいまや「ブランディワインの失敗者」と呼ばれるようになり、総司令官をゲイツに交代させようとする意見が大陸軍内だけでなく、大陸会議の議員たちのあいだでも巻き起こった。かつてワシントンを総司令官に推薦したジョン・アダムズでさえ、ワシントンが一向にフィラデルフィア奪還に動かず、新たに司令部を置いたヴァレー・フォージに立てこもる姿勢を見せたことに失望を表明した。また、ドイツ人の義勇兵であったヨハン・デ・カルブ男爵は、「ワシントンは誰よりも優しくて、親切で、高潔な人物だが、将軍としてはあまりに決断が遅く、怠惰で、弱い」と酷評した(21)。

なかでも、アイルランド出身で、フランス軍で長く戦ったトマス・コンウェー准将は一一月にゲイツに総司令官就任を促す手紙を送った。そのなかで、コンウェーは「天は貴国を救うように決断されていた。さもなければ、一人の弱い将軍と悪い議員達が貴国を滅亡させていたでしょう」と書いていた。この手紙はワシントンの知るところとなり、彼を激怒させたが、大陸会議のほうでは、軍事評議会の議長にゲイツを任命するとともに、コンウェーを軍事物資の視察官に任命した。しかし、ヴァレー・フォージの司令部ではラファイエットをはじめとして、むしろワシントンを擁護する動きが強まった。それは、大陸軍の将校のあいだではサラトガの戦功はゲイツよりアーノルドに帰すべきものと知られていたうえ、ワシントンが部下の意見をよく聞いたうえで、決断したことは実行する人物であり、無給、無休暇で献身していたことを部下たちがよく知っていたからであった。その結果、視察官の職はコンウェーからほどなくドイツ人で兵員訓練に才能を発揮していたフリードリヒ・ヴィルヘルム・フォン・シュトイベンに交代させられた。また、コンウェーはワシントン支持の軍人から申し込まれた決闘で傷つき、結局、フランス軍に復帰することになり、ワシントンの失脚を狙った「コンウェーの陰謀」は失敗に終わった。(22)

サラトガでの大陸軍の勝利はそれまで隠密裡の資金提供や武器供給に限定してきたフランスの姿勢を大きく変えることになった。ベンジャミン・フランクリンは、一七七六年の暮れからフランスに渡り、フランスの参戦を働きかけてきたが、イギリスとの衝突を恐れるシャルル・ヴェルジェンヌ外相はなかなか対米同盟に踏み切らなかった。しかし、サラトガでの敗北にショックを受けたフレデリック・ノース英首相が一七七七年一二月に大陸会議に対して和平を提案すると、ヴェルジェンヌ外相はにわかに対米同盟に積極的になった。大陸会議としては独立を認めないイギリスの和平提案を受け入れるわけにはゆかず、一七七八年二月に米仏同盟条約に調印した。フランス側は、アメリカの独立を承認するとともに、ミシシッピ以東の領土の領有権を放棄したが、アメリカ側もイギリスに対して単独で講和をしないことを約束した。ここにアメリカの独立戦争はフランスを巻き込んだ国際戦争に発展することになり、事実、同年六月には英仏間に海戦が始まった。フランスからすれば七年戦争での敗北に対する報復戦の始まりであった。また、フランスの要請でスペインも、翌一七七九年六月に対英参戦に踏み切った。(23)

四　フランスとスペインの参戦

　アメリカの側では、独立戦争を戦うなかで兵隊や軍事物資の調達、さらには将校の昇進決定まで各邦ごとにばらばらでおこなわれていることへの不自由が痛感され、一七七七年一一月に連合規約が大陸会議で採択された。ここでは、主権をもつ各邦の連合体として連合会議を発足させるとともに、国名を「アメリカ合衆国」とすることが定められた。しかし、発効は一七八一年三月まで待たなければならなかったし、ワシントンが一貫して願っていた強力な中央政府の樹立にはほど遠く、軍隊への命令権は連合会議に残されたし、物資調達の分散状況も改善されなかった。そのため、一七七七年から七八年にかけての厳寒のなかで、一万余の兵隊のなかで約二〇〇〇人が栄養不良や疫病で死亡したという[24]。

　イギリス軍側では、まず、サラトガでの敗北の責任をとって、バーゴインが本国に召還されただけでなく、一七七八年三月、大陸軍との決戦を避け続けたハウが総司令官を解任され、代わってクリントンが後任となった。また、米仏同盟の成立は、戦場が北米だけに限定されず、ヨーロッパやカリブ海、西アフリカ、インドにも拡大することを意味したし、大西洋におけるイギリスの制海権の動揺も意味した。その結果、クリントンはフランス海軍からの攻撃を恐れ、六月にフィラデルフィアからイギリス軍を撤収し、ニューヨークの防衛を強化することにした。撤退するイギリス軍を追って、ワシントンはモンマウスで攻撃をしかけたが、捕虜交換で現役に復帰したチャールズ・リーはクリントン軍に圧倒され、後退したため、クリントン軍のニューヨーク復帰を許すことになった。この失敗でリーは退役を余儀なくされたため、ワシントンの一元的な指揮権が強まった。また、これ以降、クリントンはニューヨークに拠点を置きつつ、親英派が多い南部や西部での占領拡大を重視するようになった(25)。

一方、ワシントンは、一七七八年七月から一年間、ニューヨークのイギリス軍の北上を阻止するため、ハドソン川を挟んだウエストポイントに司令部を移し、シュトイベンに命じて大陸軍将兵の軍事訓練を徹底させていた。しかし、イギリス軍のほうはむしろ親英派が多かったジョージアの平定をめざして、一七七八年一一月にサバンナに派兵、呼応した親英派が蜂起し、ジョージアでは独立派とのあいだで内戦の様相も呈したが、結局、一二月末にはサバンナの占領に成功した。以後、イギリス軍はジョージアを拠点として北上し、支配をサウスカロライナに拡大しようとしたため、南部での戦闘が激化した(26)。

また、イギリス軍は、先住民の対米反抗を助長し、とくに、それまで中立であったイロコイ同盟を分裂させ、オナイダとタスカローラの二部族以外がイギリス軍側についたうえ、西部の親英派も呼応したため、ナイアガラなどの西部地域での戦闘も激しくなった。ワシントンは、一七七九年八〜九月にジョン・サリヴァン少将の軍を派遣したが、その際、「単なる平定」だけでなく、焦土作戦を展開して、西部から敵対する先住民を一掃するように命令した。それはいずれイギリスと講和交渉をする際に西部地域を獲得したいと考えたためであったが、その後も先住民諸部族の抵抗は、南部も含めて、終戦後も継続することになった(27)。

その後、一七七九年六月にスペインも対英参戦し、ジブラルタルやカリブ諸島でイギリス領を攻撃しただけでなく、ミシシッピ川の下流域からイギリス軍を一掃した。そのため、ニューヨークに駐留していたクリントン軍は約八〇〇〇人の兵をカリブ海域に転送せざるをえなくなった。このようなフランスやスペインの参戦によってイギリスは兵力を北米だけに集中できなくなったし、大西洋の制海権も動揺しはじめたため、北米の反乱軍と戦うイギリス軍に対する人的・物的支援も不安定になっていった。しかし、国際的には有利になってきた大陸軍であったが、長引く戦争によって兵力の動員や財政基盤はきわめて脆弱になってきていた。まず、大陸軍の兵員は登録上は二万七〇〇〇人に達していたが、一七七七年初めに始まった三年の任期が切れ、一七八〇年五月には九五〇〇人に減少していたのに対して、イギリス軍は二万八〇〇〇に増員していた。また、大陸会議には課税権が認められておらず、物資の調達は各邦の協力しだいであったため、絶えず食糧や衣料が不足していた。そのため、大陸会議は独自の紙幣を発行して、軍艦の建造や武器の購入を何度もおこなったため、貨幣価値が急速に下落し、悪性のインフレ状態に陥っていた(28)。

その結果、一七八〇年五月には、コネティカットから動員された八〇〇人の兵隊が給与の遅配や食糧不足から反乱を起こすにいたった。驚愕したワシントンは大陸会議に対して、「彼らの苦痛はあまりに大きく、彼らは服務に対する救済と実質的な補償をただちに支給するように求めています。……この反乱はいままで起こったどの出来事よりも重大な憂慮を私に引き起こさせています」と手紙で訴えた。と同時に、ワシントンは、首謀者一名だけを処罰し、他の兵は赦免して、原隊に復帰させた。この時期、フランスから相当数の武器援助が届きはじめていたが、ワシントンはアメリカ側の窮乏がフランスの援助姿勢を弱めることも憂慮していた(29)。

そのうえ、一年半も大きな戦闘なしにニューヨークに立てこもっていたクリントンは、本国からの強い圧力に押されて、一七七九年末から大船団を率いてサウスカロライナのチャールストンに上陸、南部での占領拡大に乗り出した。チャールストンではリンカン将軍指揮下の大陸軍が防衛にあたったが、一七八〇年四月初めからイギリス軍による一斉砲火が始まった。リンカン隊は奴隷に急造させた砦に立てこもったが、圧倒的な火器の攻勢を受け、ついに五月一二日に降伏した。約六〇〇〇人の兵士、水兵、民兵に加えて、三〇〇門もの大砲や五隻の軍艦がイギリス軍の手に落ちた。独立戦争始まって以来、最大の損害を大陸軍は被った(30)。

このチャールストンの陥落で南部におけるイギリス軍支配が強まったことは明らかだったが、クリントンは、これ以降の南部平定をコーンウォリスに委ね、自らはニューヨークに帰還した。苦境に陥ったワシントンとしては、形勢の一挙逆転を狙って、イギリス軍の本拠ニューヨーク攻撃を計画した。とくに一七八〇年七月にフランス艦隊が七隻の軍艦と五隻のフリゲート艦に五〇〇〇人の兵士を乗せて、ニューポートに到着したため、ニューヨーク攻撃の条件が整ったかに見えた。しかし、部下のベネディクト・アーノルドの裏切りでこの作戦も日の目を見なかった。アーノルドは、サラトガの戦いで活躍し、イギリス軍撤退後のフィラデルフィアの軍政長官に任命されたものの、その時代の不正追及を受けていたが、ワシントンからのサポートを得て、ウェストポイントの司令官に任命されたにもかかわらず、自らの保身のために、大陸軍のニューヨーク攻撃作戦計画をイギリス側に通牒していたことが一七八〇年九月に露見したのであった(31)。

そのうえ、一七八一年に入り、財政状態の悪化に苦しみだしていたフランスのヴェルジェンヌ外相は当時の現状を維持するかたちでの和平案を模索しはじめていた。もしこの和平案が実現すれば、イギリスはニューヨーク、ジョージア、サウスカロライナなどを保有し続けることになり、ワシントンにとっては何のための独立戦争だったかわからなくなる提案であった。しかも、大陸会議の財政事情は一向に改善しない状態で、パリにいたフランクリンは必死になって借款の増額を求めたが、フランスの反応は消極的であった。それだけに、ワシントンとしては起死回生の勝利を手に入れるしか局面打開の方法はなくなっていた[32]。

そこで、ワシントンは再度、イギリス軍本隊が駐留するニューヨーク攻撃を計画したが、一七八一年五月末、ラファイエット軍を追って、コーンウォリス軍がヴァジニアに進攻した知らせを聞くと、南部での戦いも重視するようになった。そのうえ、八月に入り、フランス海軍のコント・ド・グラス大佐率いる戦艦三隻と三〇〇〇人の海兵隊がチェサピーク湾に接近しているとの知らせを受ける一方、ニューヨークにはドイツ人傭兵の増援がなされたこともあり、ワシントンはベンジャミン・リンカンに指揮させた主力部隊を密かに南下させ、ヨークタウンに集結していたコーンウォリス軍を壊滅させる作戦を決断した。他方、アメリカ軍のニューヨーク攻撃があるものと待ち受けていたクリントンは、コーンウォリスの援軍要請には消極的であったし、フランス艦隊を迎撃すべく南下したトマス・グレーヴス率いるイギリス艦隊は九月初めにチェサピーク湾の外海でグラスのフランス艦隊と接触したが、主力艦に損傷を受けると、そのままニューヨークに帰還してしまった[33]。

その結果、ヨークタウンに集結していた約七〇〇〇人のコーンウォリス軍は海上をフランス艦隊に封鎖されたうえ、陸上では一万六〇〇〇の米仏連合軍に包囲される状況に追い込まれた。一〇月初め、米仏連合軍の猛砲撃が始まった。クリントン軍の救援を期待したコーンウォリスは籠城作戦に出たが、長期に包囲されていたため、食糧や弾薬が不足したうえ、クリントン軍の救援が遅れたため、ついに一〇月一八日、コーンウォリス軍は降伏した。ワシントンは、両軍の捕虜交換を約束させたうえで、二度と米仏両軍と戦わないことを誓約させて、イギリス本国への帰還を認めた。コーンウォリス以下、六〇〇〇人の将兵と八四〇人の水兵が武器を放棄して、イギリスに帰国していった。イギリス軍の戦死者は一五六人、アメリカ軍は二四人、フランス軍は六〇人で、米仏連合軍の圧勝であった[34]。

名将コーンウォリスが降伏したという知らせは一一月二五日にロンドンに届いた。ノース首相は弾丸を胸に受けたかのようにうめき、「ああ、これで万事休すだ」と叫んだが、国王ジョージ三世は戦争の継続を望んだ。しかし、イギリス議会下院では終戦を望む声が強く、一七八二年二月には終戦要求の決議が二三四対二一五で可決され、ノース首相は辞任に追い込まれた。代わってロッキンガムが首相に就任したが、同年七月には死去したため、植民地相のシェルバーンが首相に昇格した。自由貿易論者であったシェルバーンは広大な領土をもつアメリカの市場価値を重視して独立承認に転換し、一一月末から英米間で講和の予備交渉がパリで開始された[35]。

イギリスは、当時、まだニューヨーク、チャールストン、サバンナを占領し、約二万の兵力を北米に残していたが、スペインに西フロリダを占領され、カリブ海ではジャマイカがフランス海軍に攻撃され、地中海ではミノルカやジブラルタルがフランスの手に渡っていた。そのような全体的な戦況を考えて、シェルバーン首相は独立後のアメリカを抱き込むことを重視して、むしろアメリカの完全独立の承認を決断した。その結果、パリで交渉にあたったフランクリンの要求中、カナダの併合は認められなかったものの、ミシシッピ川以東の広大な土地がアメリカに割譲されたし、ノヴァスコシアやニューファウンドランド島沖の漁業権も認められた。アメリカにとってはきわめて有利な仮条約となったため、イギリス本国では再交渉の声もあがり、シェルバーン首相は辞任に追い込まれたが、後継のポートランド政権もほぼ同様の講和条約に一七八三年九月三日調印せざるをえなかった[36]。

ここに、当初の予想を大幅に上回って、八年もの長きにわたって継続したアメリカ独立戦争はついにアメリカ側の勝利に終わった。しかし、長期の苦戦に次ぐ苦戦を耐えながら、十分な手当が支給されていなかった将兵の不満がくすぶっていた。財務総監のロバート・モリスは連邦関税を設定して、連邦政府の財政力を強化しようとしたが、一七八二年秋になり、休戦の可能性が強くなると、各邦のあいだでは連邦政府強化策には警戒が強まり、連邦関税案は不成立に終わった。その結果、モリスは一七八三年一月、財務総監を辞任した。この経過を見た将校のあいだでは、不満が一挙に高まり、一七八三年三月、ニューヨーク邦のニューバーグに集まった一部の将校が講和条約後の軍隊の維持と将兵の待遇改善を求める声明を発表した。起草にはゲイツ将軍の副官があたったといわれ、しかも、要求実現に向けて連合会議に圧力をかけるため、フィラデルフィアに進軍する計画さえ練られた。これは一種のクーデターであり、「ニューバーグの陰謀」とも呼ばれるが、この動きを知ったワシントンはショックを受け、ただちに連合会議を説得して、特別手当として将校には退役後五年間の給与支払い、兵卒には四カ月の支払いに加えて、オハイオ地方の土地、約二万平方メートルの分配を約束させて事態を収拾した[37]。

この折、ワシントンがもしこのクーデターに同調していれば、アメリカにも、イギリスにおけるクロムウェル独裁や、後のフランスにおけるナポレオン独裁、さらに、後の中南米における軍部独裁と似たような政権が成立していた可能性があった。しかし、彼がこの不穏な動きを抑制する方向に動いたのは、生粋の軍人というより、大陸会議の議員出身でもあり、独立戦争中は一貫して、軍と大陸会議の調整に尽力する立場にあったからであった。その点でワシントンは「文民統制」を身をもって体現していた。また、アメリカ人のあいだには常備軍に対する警戒心が根強いことを身をもって知っていたし、独立戦争自体も苦戦に次ぐ苦戦であって、ナポレオンのような軍事的カリスマを求めることも困難であった。

その結果、ワシントンは、古代ローマに独裁制をもたらしたシーザーではなく、共和制を救ったキンキナトゥスになぞらえられるようになった。また、独立戦争を戦った将校たちはワシントンを会長として、一七八三年五月にキンキナトゥスの英語表記であるシンシナティ協会（Society of Cincinnati）を結成し、退役軍人の要求実現をめざしていった[38]。

それでも、財政基盤の脆弱な連合会議には将兵への給与支払い能力に欠けることが多く、六月にはペンシルヴェニアの部隊の一部が反乱を起こしたが、ワシントンは鎮圧軍を派遣して平定した[39]。このように退役軍人の処遇問題は戦後の連合会議にとって悩みの種になり続けるのであり、独立戦争を戦った将校のあいだでは、ハミルトンのように強力な連邦政府の樹立を求めるものが多かった。

この強力な連邦政府を求める点はワシントンも同じであり、彼は、連合会議が一七八三年四月に設置した大陸軍の将来を検討する委員会の質問に対して、①西部防衛のため小規模軍隊の存続、②民兵の全国的組織化、③兵器工場の充実、④軍事学校の設置を提言した。これらの趣旨はハミルトンを委員長とするこの委員会報告に盛り込まれたが、連合会議は一七八四年六月、この報告書を否決し、大陸軍の解体を決定するとともに、先住民との戦争を念頭において、新たに任期一年で七〇〇名規模の民兵隊の結成を決定した[40]。

このように独立戦争が終結しても、革命指導者のあいだでは常備軍を危険視して、引き続き民兵制を重視する雰囲気が強かったのであり、戦後にも強力な正規軍の存続を願った退役軍人とのあいだにギャップが発生していた。そのため、ワシントンは、大陸軍の解体が決定されるとすぐ、総司令官辞任を希望する書簡を連合会議の議員などに宛てて発送した。そして、一七八三年一一月にすべてのイギリス軍がアメリカ領から撤退したのを受けて、一二月二三日、連合会議が開催されていたアナポリスに出向き、ワシントンは正式に総司令官辞任を申し出た。連合会議が総司令官ワシントンに感謝を決議したうえで、解任を了承したのを受けて、翌日、彼は故郷のマウント・ヴァーノンに帰還したのであった(41)。

五　おわりに

結局、八年にも及んだ独立戦争によるアメリカ側の犠牲者は、民間人も含めると二万五〇〇〇人くらいであり、実際に動員された正規兵と民兵の合計約二〇万人の一二・八パーセントもが犠牲になったことになる。また、当時のアメリカの人口は白人約二〇〇万、黒人約五〇万人であったから、黒人も含んだ全人口の一パーセントが犠牲になったことになり、この数値は犠牲者が全人口の一・六パーセントに達した南北戦争に次ぐ高い比率となった。そのうえ、約一〇万人の親英派がカナダやカリブ海のイギリス領に亡命したから、独立戦争はアメリカにとってはきわめて犠牲の多い戦争となった。それは、「ほとんどすべての戦闘で負けたにもかかわらず、戦争に勝った」といわれる戦争の展開に由来していた(42)。

それは、兵力や戦力の点でイギリスが圧倒的に有利であったし、多くの戦闘でイギリス軍が勝利したからであるが、にもかかわらず、最終的にイギリス軍が敗北したのは、サラトガの戦いでの大陸軍の勝利によってフランスが対英参戦を決意し、アメリカ独立戦争が世界戦争の一環として戦われたからであった。そのうえ、イギリス側が当初、和平交渉による決着を期待して徹底攻撃を避けたことや、戦争遂行における指揮の不統一もアメリカ軍側に有利に作用した。

そのうえ、アメリカ側の主体的条件の面では、大陸会議の財政難や不統一の影響で大陸軍はきわめて不十分な装備や食糧で戦わざるをえなかったにもかかわらず、勝利できたのは、第一に、アメリカ人の長期に及ぶ交戦意識の持続であり、兵士の戦死や民兵の任期切れで兵力が減退しても、すぐ各邦から正規兵や民兵が補充されたことが決定的であった。その背後には反英戦争を通じてアメリカ人の愛国心がますます高揚していったことが作用していた。

つまり、アメリカ独立戦争は、絶対君主の常備軍による「限定戦争」の時代が終わり、「国民戦争」時代の到来を予告する戦争となった。絶対君主の常備軍は、多くの場合、国籍を問わない傭兵であったため、命がけの戦いを避ける傾向にあったし、身分制の影響を受けて、お互いに将校を狙い撃ちしない「礼儀」があった。しかし、独立戦争でアメリカ側はイギリス軍将校をむしろ狙い撃ちしたため、イギリス側は大陸軍を「野蛮」だとして反発したことはこのギャップを示していた。つまり、アメリカ軍側はその戦闘意欲の点で、民兵の意識も含めて、「国民軍」的な様相を見せはじめていたのであり、その点をワシントンは一七八三年春に「自由な政府の保護を享受しているあらゆる市民は、彼の財産の一部だけでなく、財産を守るための個人のサービスの一部でさえ支払う」べきであると述べ、後の徴兵制につながる考え方を披瀝していたのである[43]。

第二に、アメリカ側は、独立の根拠を啓蒙思想の主張する社会契約論においただけでなく、戦争遂行の方法においても「文民統制」を貫いたことが多くのアメリカ人の交戦意欲を支えた面も無視できない。それは戦争遂行における大陸会議の主導性として現われ、一面では各邦の不統一や財政不足から戦力低下の要因にもなったが、戦争後にクロムウェルやナポレオンのような独裁者の発生を抑止する要因になった。

第三に、これらの要因に加えて、ワシントンの戦争指導の要因も無視できない。ワシントンは決してナポレオンのような軍事的天才ではなく、むしろ部下の意見をよく聞き、大陸会議とのあいだを取り持つという「調整型」の指導者として力を発揮した。また、戦力の点で圧倒的優位に立つイギリス軍に対して、フランスなどの援軍がくるまで正面攻撃を避け、後の言い方でいえば、ゲリラ的戦法を駆使した持久戦の戦法が効果をあげた面が重要だろう。もちろん、この持久戦の戦法はなかなか勝利の快感が得られない点でワシントンへの不満を惹起し、何度か解任の危険に直面した。しかし、無給・無休暇で献身し、衆議のうえいちど決定したことは断固として貫こうとした姿勢に加え、実子がおらず、部下を我が子のように可愛がったため、多くの部下の信頼を獲得し、解任の危機を乗り切った面も重要であった[44]。

このように、ワシントンは軍人でありながら、戦争中にも「文民統制」を身をもって貫いた指導者として貴重な存在であった。それゆえ、戦争に対しても限定的な見解をもっていたのであり、彼は独立戦争の初期の段階でこう語っていた。「剣は自由を保持するための最後の頼りであるので、これらの自由が確固として確立されたあかつきには剣は最初に放棄されるべきである[45]」と。

このような戦争を限定的に位置づけるワシントンの姿勢は、一七九〇年から一七九八年まで二期大統領をつとめた間に発生したフランス革命戦争の際に、中立を維持する政策として貫かれた。また、一七九六年九月の大統領辞任を示唆する「告別演説」でヨーロッパ列強と恒常的な同盟関係に入らないように警告する演説を残したのも、同様な姿勢の表われと評価できるだろう。ただし、このような「限定姿勢」は西欧列強の戦争に対してであり、対先住民戦争では異なっていた。それは、イギリスとの講和条約で勝ち取ったミシシッピ川以東の領土における先住民諸部族の平定では、部下が非戦闘員や農作物も焼き払うような焦土作戦を強行することを黙認したからである。つまり、独立達成後のワシントンは西欧大国との戦争には不介入という「限定」姿勢を見せながら、自らが利害をもっていた西部開発に関わる対先住民戦争では「無限定戦争」の姿勢を貫くという二面性も示していたのである。[46]

また、ワシントンを「国父」として敬う風潮は独立当初から見られたわけではなかった。たとえば、ハミルトン財務長官がワシントンの大統領在職中の一七九二年にアメリカ貨幣にワシントンの肖像を刻印しようと提案したときには、リパブリカンの反対で実現をみなかった。

その後、一七九九年一二月一四日、ワシントンが六七歳で死去した後に、彼自身もメンバーだったといわれる「フリーメーソン」や独立戦争の従軍将校の組織である「シンシナティ協会」を中心として、彼を「国父」と呼ぶキャンペーンが始まった。また、メイソン・ウィームズによる『ワシントンの生涯』という少年向けの伝記がワシントンの死後数カ月して出版され、一八一五年までに四〇版を重ねるほどのベストセラーとなった。少年時代のワシントンが父の愛していた桜の木を斧で試し切りしたが、正直に父に告白したため、父からほめられたという有名な話はこの本のなかでウィームズによって創作されたものであったことが、今日では明らかになっている。[47]

しかし、ワシントンが亡くなっても、フェデラリストとリパブリカンの党派対立は持続しており、毎年の独立記念日の式典さえ党派別におこなわれるありさまであった。また、ワシントンの記念碑の建設も容易には実現しなかった。現在、首都のホワイトハウス近くにそびえ立つ巨大なオベリスクであるワシントン記念塔の建設は、一七八三年には決定されていたが、ワシントンが死去した後になっても党派対立の影響を受けて、容易に進展しなかった。むしろ第二次米英戦争の結果、戦争に反対したフェデラリストの影響が急減し、また、独立革命を指導した世代が相次いで死去した結果、独立記念日の式典をめぐる党派対立が減退するなかで、各地にワシントン記念碑建設協会が設立されていった。その際、「シンシナティ協会」などの退役将校団体が主導的な役割を果たした。その結果、連邦議会はワシントンの生誕一〇〇周年にあたる一八三二年に民間の寄付によって記念碑建設を開始すると決定したが、デザインやカトリック教徒からの寄付をめぐる対立などのためさらに遅れることになり、礎石工事が始まったのが一八四八年で、実際に完成したのは南北戦争後の南北和解を求める風潮がアメリカで高まっていた一八八五年のことであった。[48]

註　記

（1）Bruce Chadwick, *George Washington's War* (Naperville, Ill.: Sourcebooks, Inc., 2004), pp. 61–66; 有賀貞ほか編『アメリカ史1』（山川出版社、一九九四年）、一二〇〜一二一頁を参照。

（2）Chadwick, *George Washington's War*, pp. 108–110.

（3）R・A・グロス（宇田佳正・大山綱夫訳）『ミニットマンの世界――アメリカ独立革命民衆史』北海道大学図書刊行会、一九八〇年、一六九頁（Robert A. Gross, *The Minutemen and thier World* [New York: Hill and Wang, 1976]）。

（4）Chadwick, *George Washington's War*, pp. 38–40.

（5）*Ibid*., pp. 39, 69; Allan R. Millett and Peter Maslowski, *For the Common Defense: A Military History of the United States of America*, Revised and expanded edition（New York: Free Press, 1984）, p. 55.

（6）H・H・ペッカム（松田武訳）『アメリカ独立戦争――知られざる戦い』（彩流社、二〇〇二年）、三七～四二頁（Howard H. Peckham, *The War for Independence: A Military History*, Revised edition [Chicago: Chicago University Press, 1979]）; Millett and Maslowski, *For the Common Defense*, p. 65; 有賀ほか編『アメリカ史1』、一三〇～一三一頁を参照。

（7）ペッカム『アメリカ独立戦争』、四八頁、Michael A. Bellesiles, *Arming America: the Origins of National Gun Culture*（New York: Alfred A. Knopf, 2000）, pp. 179–84を参照。

（8）Robert Leckie, *George Washington's War: the Saga of the American Revolution*（New York: Harper Perennial, 1993）, pp. 239–42.

（9）斎藤眞『アメリカ革命史研究――自由と統合』（東京大学出版会、一九九二年）、二〇七～二一一、三三四～三三六頁。

（10）Leckie, *George Washington's War*, pp. 258–64.

（11）*Ibid*., pp. 268–270; Millett and Maslowski, *For the Common Defense*, p. 68.

（12）Leckie, *George Washington's War*, pp. 277, 294–95.

（13）*Ibid*., p. 310; Chadwick, *George Washington's War*, p. 117.

（14）Leckie, *George Washington's War*, pp. 313–15; ペッカム『アメリカ独立戦争』、七四～七五、八〇～八一頁を参照。

（15）ペッカム『アメリカ独立戦争』、八二～八八頁。

（16）Chadwick, *George Washington's War*, pp. 31–33, 132–35.

（17）ペッカム『アメリカ独立戦争』、九〇～九二頁、Millett and Maslowski, *For the Common Defense*, p. 70を参照。

（18）ペッカム『アメリカ独立戦争』、九三～九八頁、Leckie, *George Washington's War*, pp. 346–47を参照。

（19）ペッカム『アメリカ独立戦争』、一〇三〜〇九頁、Leckie, *George Washington's War*, pp. 349–56 を参照。

（20）ペッカム『アメリカ独立戦争』、一〇九〜一六頁。

（21）Leckie, *George Washington's War*, pp. 445–46.

（22）*Ibid.*, pp. 445–51; Chadwick, *George Washington's War*, pp. 253–61; ペッカム『アメリカ独立戦争』、一二八〜二九頁を参照。

（23）ペッカム『アメリカ独立戦争』、一二九〜三五頁。

（24）Reginald C. Stuart, *War and American Thought*（Kent, Ohio: The Kent State University Press, 1982）, pp. 34–35; 有賀ほか編『アメリカ史1』、一五四〜五五頁を参照。

（25）ペッカム『アメリカ独立戦争』、一三七〜四〇頁、Leckie, *George Washington's War*, pp. 475–89 を参照。

（26）Leckie, *George Washington's War*, pp. 493–94.

（27）Millett and Maslowski, *For the Common Defense*, pp. 78–79; W・E・ウォシュバーン（富田虎男訳）『アメリカ・インディアン――その文化と歴史』（南雲堂、一九七七年）、一五二頁（Wilcomb E. Washburn, *The Indian in America* [New York: Harper & Row, 1817]）を参照。

（28）Leckie, *George Washington's War*, pp. 495–96; ペッカム『アメリカ独立戦争』、一八四〜八八頁を参照。

（29）Chadwick, *George Washington's War*, pp. 387–88.

（30）ペッカム『アメリカ独立戦争』、一八九〜九三頁。

（31）同前、一九六〜二〇二頁、Chadwick, *George Washington's War*, pp. 367–76 を参照。

（32）Leckie, *George Washington's War*, pp. 632–34.

（33）ペッカム『アメリカ独立戦争』、二三〇〜四一頁。

（34）同前、二四七〜五三頁、Leckie, *George Washington's War*, pp. 656–58 を参照。

（35）Leckie, *George Washington's War*, p. 659; ペッカム『アメリカ独立戦争』、二六一〜六二頁、今井宏編『イギリス史2　近世』（山川出版社、一九九〇年）、三五四〜五六頁を参照。

（36）　ペッカム『アメリカ独立戦争』、二六五～六六頁。

（37）　有賀ほか編『アメリカ史1』、二〇一～〇二頁、ペッカム『アメリカ独立戦争』、二六七頁、Chadwick, *George Washington's War*, pp. 441–42 を参照。

（38）　Millett and Maslowski, *For the Common Defense*, p. 89; Garry Willis, *Cincinnatus: George Washington and the Enlightenment*（Garden City, N. Y.: Doubleday and Co., 1984）, pp. 20–23, 226.

（39）　ペッカム『アメリカ独立戦争』、二六八頁、Willis, *Cincinnatus*, pp. 6–8 を参照。

（40）　Millett and Maslowski, *For the Common Defense*, pp. 90–91.

（41）　ペッカム『アメリカ独立戦争』、二七二～七三頁。

（42）　同前、二七六～七九頁、Millett and Maslowski, *For the Common Defense*, p. 82 を参照。

（43）　Millett and Maslowski, *For the Common Defense*, p. 83.

（44）　D・ヒギンボウサム（和田光弘ほか訳）『将軍ワシントン――アメリカにおけるシヴィリアン・コントロールの伝統』（木鐸社、二〇〇三年）、一一三、一三一頁（Don Higginbotham, *George Washington and the American Military Tradition*［Athens: University of Georgia Press, 1985］）。

（45）　Chadwick, *George Washington's War*, p. 450.

（46）　Willis, *Cincinnatus*, p. 94; Neil Longley York, *Turning World Upside Down: the War of American Independence and the Problem of Empire*（Westport, Conn.: Praeger, 2003）, p. 157; 富田虎男『アメリカ・インディアンの歴史』第三版（雄山閣、一九九七年）、一〇六～〇七頁を参照。

（47）　M・カンリッフ（入江通雅訳）『ワシントン』（時事新書、一九五九年）、二四二頁（Marcus Cunliffe, *George Washington: Man and Monument*［Boston: Little Brown and Co., 1958］）、本間長世『共和国アメリカの誕生――ワシントンと建国の理念』（NTT出版、二〇〇六年）、九八～九九頁。

（48）　G. Kurt Piehler, *Remembering War the American Way*（Washington, D. C.: Smithsonian Institution Press, 1995）, pp. 12, 18, 27–30, 75.

第12章　戦争の克服と「和解・共生」

ヴェトナム帰還米兵による「ミライ平和公園プロジェクト」再論

藤本　博

一　はじめに

本稿は、ヴェトナム戦争体験をもつヴェトナム帰還米兵を対象に、「戦争の克服」を念頭に置きながら「和解・共生」を志向するアイデンティティが形成される一事例を考察することを目的としている。この点について興味深いことは、戦争での従軍体験をもつヴェトナム帰還米兵の一部が、戦争時にアメリカ軍がヴェトナム民衆にもたらした「被害」に着眼し、「他者」へのまなざしの視点を獲得することによって、従軍よる「非人間化」という精神面での自らのトラウマの克服をめざすとともに、「他者」としてのヴェトナム民衆に対する戦争後遺症克服のための復興支援活動、ひいては平和創造活動をおこなうことで、ヴェトナム民衆との「和解・共生」に向けた試みを進めていることである。

本稿では、こうした活動のなかでも注目すべき活動のひとつとして、ヴェトナム帰還米兵であるマイク・ベイム主宰のもとで一九九四年に開始された「ミライ平和公園プロジェクト」[1]（My Lai Peace Park

Project）をとりあげる。本稿で「ミライ平和公園プロジェクト」に注目する理由は、ヴェトナム帰還米兵のベイムが、このプロジェクトを通して、ヴェトナム戦争を象徴する「ソンミ虐殺」の記憶継承を目的として、この虐殺の記憶の継承にとどまらず、ヴェトナム民衆の戦争犠牲への着眼を通して得た「他者」へのまなざしをもとに自己の精神的トラウマを「癒し」ながら、「戦争の暴力」を超える試みを念頭に「和解・共生」を志向するアイデンティティを育んできていることによる。

筆者は、この「ミライ平和公園プロジェクト」の具体的内容に関して、これまで二つの論考を発表してきた。まず「『ヴェトナム戦争の記憶』と『癒し、和解、相互理解、共生』――『ソンミ虐殺』の記憶継承と『ミライ平和公園プロジェクト』（My Lai Peace Park Project）をめぐって」（二〇〇五年、以下、「二〇〇五年拙稿」と略記）と題する論考において、ハノイ北部と旧ソンミ村における「平和公園」建設ならびに旧ソンミ村での小学校建設への資金援助について（現在、虐殺があった当時のソンミ村はティケー村と呼称されていることから、本稿では以下、虐殺の地について言及する場合に、「旧ソンミ村」という表現を使用する）、そして、「戦争の体験・記憶と『和解・共生』意識の形成――ヴェトナム帰還米兵マイク・ベイムと『ミライ平和公園プロジェクト』をめぐって」（以下、「二〇〇六年拙稿」と略記）と題する論考においては、少数民族を含む貧困女性に対する「資金貸付プロジェクト」（The Loan Fund）と「女性たちの出会いプロジェクト」（Sisters Meeting Sisters）についてそれぞれ紹介した。そして、後者の論考においては、マイク・ベイムが「ミライ平和公園プロジェクト」を開始する背景ともいうべき、ベイムの従軍体験とそのトラウマの克服について言及した(2)。

前記二つの論考を発表した後、「ソンミ平和公園プロジェクト」の考察に関連して四つの新たな展開があった。ひとつは、デヴィッド・ギフィ編『*Long Shadows: Veterans' Paths to Peace*』（二〇〇六年）が刊行されたことで、この書物において、スペイン市民戦争、第二次世界大戦、朝鮮戦争、ヴェトナム戦争、湾岸戦争、イラク戦争などの戦争に従軍した退役軍人で、自ら従軍した戦争への疑念から平和活動に携わることになった一八名のひとりとしてベイムが寄稿している（この書物で執筆している退役軍人ではヴェトナム戦争関係がもっとも多く、ベイムのほか一〇名が掲載。序文は歴史家ハワード・ジンが執筆）[3]。

第二に、ベイムは、二〇〇五年五月の初来日の後、二〇〇六年八月、二〇〇七年五月と八月に再来日しているが、その折に、旧ソンミ村の枯葉剤後遺症に苦しむヴェトナム民衆を対象に、安心して住める住宅の建設を目的とする「枯れ葉剤犠牲者支援プロジェクト」（Agent Orange Project）と「愛情の家」（Compassion House）プログラムという新たな活動を展開していることを筆者は知ることになった。

第三に、ベイムは、二〇〇五年と二〇〇六年に広島を訪問したことを契機に、二〇〇八年三月一六日のソンミ虐殺四〇周年追悼式典に広島・長崎で被爆体験をもつ被爆者を招いたことである。

そして、第四に、筆者は二〇〇七年三月、米国ウィスコンシン州の州都マディソン市を訪問する機会があり、「ミライ平和公園プロジェクト」の資金的スポンサーである Madison Quakers, Inc. の関係者と面談する機会をもつとともに、「ミライ平和公園プロジェクト」のひとつのプログラムである「絵を通した文通」（Art-Pen-Pals, 旧ソンミ村とマディソン市の子どもたちによる絵の交換）プログラムを進めているマディソン市内のマーケット小学校（Marquette Elementary School）を訪問する機会を得たことである[4]。

そこで、本稿では、これまでの論考で十分言及できなかった「絵を通した文通」プログラムと新たに展開されている「枯れ葉剤犠牲者支援プロジェクト」・「愛情の家」プログラムを紹介するとともに、ソンミ虐殺の地に被爆者を招くベイムの想いを検討することで、「ミライ平和公園プロジェクト」の活動内容とその意義についてあらためて考察することにしたい。

これまで、とくに「二〇〇六年拙稿」において「ミライ平和公園プロジェクト」の意義として、第一に、「貸付資金プロジェクト」にみられるように、ヴェトナム民衆との直接的触れ合いを重視し、とくに精神的な（spiritual）意味合いを込めた絆の構築を進め、「憎しみを希望へ」をモットーに「過去の克服」と「和解・共生」にもとづくアメリカの人々とヴェトナムの人々のあいだにおける平和的関係の構築を生み出していること、そして第二に、「女性の出会いプロジェクト」（戦争による荒廃によって女性が直面する問題を議論するための、ヴェトナムとエルサルバドル両国における女性組織の交流）の着想にみることができるように、「和解・共生」にもとづく平和的関係の構築をトランスナショナルな次元に広げ、「平和創造」の普遍的試みとして展開されていることを明らかにした(5)。

以下、本稿では、まず第二節において、ヴェトナム帰還米兵マイク・ベイムによる「他者」へのまなざしの獲得について述べ、そして第三節では、「絵を通した文通」プログラムと「愛情の家」プログラム・「枯れ葉剤犠牲者支援プロジェクト」の紹介を通して前記第一の論点を、次いで第四節において、広島・長崎の原爆体験をもつ被爆者をソンミ虐殺の地に招くベイムの着想を紹介することで、第二の論点について深めることを目的とする。第一の論点については、ベイムがヴェトナム民衆との「和解・共生」意識をもつことができた背景として、アメリカという「一国的《ナショナル》に閉ざされた」枠組みではなく、外に開かれたトランスナショナルな「戦争の記憶」の獲得のプロセスがあったことを、第二の論点については、戦争にまつわる「憎しみ」を乗り越えて「希望」を育むことを活動理念の中心に掲げ、「戦争の暴力」を克服して平和創造へとつなげる普遍的な試みとして、ベイムが自らの活動を位置づけていることに着眼したい。そして最後に、第五節において、「ミライ平和公園プロジェクト」の意義とその歴史的意味について総括的に述べる。

二　ヴェトナム帰還米兵ベイムによる「他者」へのまなざしの獲得

「絵を通した文通」プログラムや「愛情の家」プログラム・「枯れ葉剤犠牲者支援プロジェクト」を紹介するにあたって、その前提として、ベイムが自国政府の戦争行為に対する自責の念に苛まれた精神的トラウマを克服してゆくなかで、「他者」へのまなざしをもとに、ヴェトナムの人々との「和解・共生」意識を育んでいったことに言及しておきたい。ベイムによる「他者」へのまなざしの獲得と「和解・共生」意識の形成については、「二〇〇六年拙稿」において考察したが[6]、ベイムによる「他者」へのまなざしの獲得の契機として、「二〇〇六年拙稿」では言及できなかった次の二つ事実を付加しておく。

第一に、彼の人生上の転機となるのだが、ベイムがプエルト・リコにおいてハリケーン被害を被った家屋の修復に携わったことに関してである。

ベイムは一九八〇年半ばからの掘っ立て小屋生活を通して大工仕事に興味を抱くようになり、一九九一年に、たまたま読んでいた大工仕事関連の雑誌『*Fine Homebuilding*』のなかで、ニューヨーク州オールバニーに住む大工がプエルト・リコでのハリケーン被害を蒙った家屋を修復する社会貢献活動を呼びかけていることを知る。ベイムはこの呼びかけに積極的に応え、プエルト・リコにて家屋修復という社会貢献活動に加わることになった。ベイムは、プエルト・リコでの社会貢献活動をするなかで、家屋修復に携わったプエルト・リコのひとつの島の三分の二が米海軍の射撃場として使用され、射撃訓練に使われた不発弾により島民が死傷している現実や、この訓練にともなう化学物質の堆積が原因でガン発生率が相対的に高い事実を知り、ヴェトナム戦争に対して抱いていた嫌悪感と同様な気持ちをもつことになった。ここで注目すべきは、ベイム自身、現実に苛まれている島民に支援ができた満足感もあって、このような嫌悪感によって塞ぎ込むのでなく、「他者」との関係のなかで自分が何らかの社会貢献をすることに意義を感じはじめ、このようなささやかな支援活動をヴェトナムでできないかを、自問しはじめることになったことである。(7)

そして、ベイムはプエルト・リコから帰国後、「帰還兵ヴェトナム復興プロジェクト」(Veterans Vietnam Restoration Project: VVRP)という組織の紹介を受け、この組織の目的、すなわちヴェトナム帰還米兵がヴェトナムの人々との協働のもと診療所建設をおこなうことで「和解」をめざし、帰還兵自らの精神的傷痕を「癒す」という目的に共感したのである。

第二は、こうしてベイムはVVRPが派遣するチームに翌一九九二年二月参加して、サイゴン北東約一〇〇キロの村での診療所建設を通し、ヴェトナムの人々の犠牲や戦争後遺症の現実を知り、彼の心のなかに「他者」へのまなざしが生まれたことであった。

ベイムは診療所建設後、診療所建設に携わった数人の帰還米兵と旧ソンミ村を訪問する。虐殺現場にあたる「ソンミ遺跡地区」の慰霊碑前で殺害された村人五〇四人を追悼するために、自ら持参したバイオリンで「タプス」(Taps)を演奏した。ここで興味深いことは、「タプス」はもともと南北戦争の戦闘における南軍・北軍の死者を共に追悼するものだが、ベイムは、「物理的に痛めつけられた」ヴェトナムの人々の死者と「精神的に内面を破壊された」米軍人の死者の双方に対して追悼の意を表する気持を込めたと、後に作られた彼の活動を題材としたドキュメンタリーの最後で語っていることである。(8) このような発言から、この時点で彼がナショナルなレベルでの「閉ざされた」戦争の記憶から解放され、「他者」であるヴェトナムの人々にもまなざしを向け、戦争の克服をめざして、トランスナショナルな視点から「戦争の死者」を追悼するようになったことが理解できるであろう。

三 「和解・共生」にもとづく平和的関係の構築

アメリカとヴェトナム双方の人々による草の根レベルでの「和解と共生」にもとづく平和的関係の構築については、「二〇〇五年拙稿」で考察した「ミライ平和公園」建設と「二〇〇六年拙稿」で言及した「資金貸付プロジェクト」のほか、旧ソンミ村とベイムが在住するウィスコンシン州マディソン市との子どもたちが絵を交換する「絵を通した文通」プログラムや、最近開始した「愛情の家」プログラム・「枯れ葉剤犠牲者支援プロジェクト」がある。このいずれの活動においても、前述したように、ベイムのなかで、ヴェトナム民衆に対する「他者」へのまなざしを前提に、戦争の克服をめざして、外に開かれたトランスナショナルな「戦争の記憶」の獲得と「和解・共生」を志向するアイデンティティの形成があることに注目したい。

まず、以下、「絵を通した文通」プログラムについて紹介する。

「絵を通した文通」プログラム

「ミライ平和公園」建設や「資金貸付プロジェクト」など、ベイムが進めるほとんどの活動が、「クァンガイ省女性同盟」やベイムのヴェトナム側コーディネーターを務めるファン・ヴァン・ドからの要請、つまりはヴェトナム側の要請で生まれたものであるのに対して、この「絵を通した文通」プログラムは、一九九六年にベイム自身が考えて始められたプロジェクトであることに特徴がある。(9) ベイムは、「貸付資金プロジェクト」にみられる経済的支援プログラム以外に、財政的支援のレベルを超えて、ヴェトナムの人々との絆の拡大をもちたいと望んだのであった。

注目すべきは、「ミライでの虐殺や戦争全般にみられる悲劇の根源のひとつには、他者を自分とは異質なものと考え、自分より劣ったものと見なすことがある」と、ベイム自身述べているように、「他者」理解の欠如や「他者」への蔑視が戦争の根源のひとつをなすとの認識から、彼がこのプロジェクトを発案するにいたったことである。(10) こうした認識のなかには、ベイムの「他者」へのまなざしをもとに、戦争の克服をめざしたトランスナショナルな次元での「戦争の記憶」の獲得が投影されていると考えることができる。そして、未来を担う子どもたちの「相互理解」を促進することによって、「ソンミ虐殺」

に象徴されるような殺戮や戦争が起こることを防ぐことができるというのがベイムの認識であり、このことは、次のベイムの言葉から理解できる。

隣の人のことをほとんど知らないことを考えると、世界の反対側にいる人々のことについて私たちはいかに知らないのか、そしてそうした人々と戦争することがいかに簡単なことなのかが見えはじめます。両国の子どもたちが絵の交換をおこなうことで、将来その子どもたちどうしが戦争を始めることを考えなくなることを私たちは期待しています。[11]

ベイムは、このような認識をもとに一九九六年一一月、旧ソンミ村の小学校の副校長に絵を通した文通を提案し、このプログラムが開始される。現在では、ウィスコンシン州マディソン市のほとんどの小学校が「絵を通した文通」プログラムに参加しており、アメリカ国内の他の地域における小学校もこのプログラムに関わっているとのことである。

筆者は、二〇〇七年三月下旬にマディソン市を訪問した際に、このプログラムに関わっている市内のマーケット小学校を訪れ、「絵を通した文通」プログラムに携わっている生徒および同校教諭と懇談する機会を得た。そこで生徒らは、地球のほぼ反対側にいるヴェトナムの子どもたちと相互の生活・文化を知り合ううえでこの活動が素晴らしいことを口々に語ってくれた。そして、教諭の方によれば、この活動が同学校の生徒たちの心と生活を豊かにする契機ともなっているとのことであった。たとえば、「他者理解」の欠如が身近な近所でのいざこざの原因になっており、近所の「争い」をなくすうえで心の通い合いを通じた友情を育む大切さを認識できること。また、ヴェトナムの子どもたちとの心のつながりをもつことで素晴らしいことをしているとの自覚を生徒が持て、しかも生徒どうしが自分たちの絵を紹介しあうことでクラス内の相互理解を促進するきっかけともなっている、とのことであった[12]。

この「絵を通した文通」プロジェクトに関して付言すれば、一九六五年に米国防総省（ペンタゴン）の建物の前で焼身自殺したクエーカー教徒ノーマン・モリソン[13]の娘であるクリスティーナ・モリソンが、子どもたちの絵のなかからよく描けたものを選び、グリーティング・カードを作成している（このグリーティング・カードは、「ミライ平和公園プロジェクト」のひとつのプログラムである学校建設の資金として活用されている）。ノーマン・モリソンの未亡人アン・モリソンともうひとりの娘エミリー・モリソンが「ミライ平和公園プロジェクト」を知り、称賛の手紙をベイムに書き送ったことから、アン・モリソンと二人の娘エミリーとクリスティーナは一九九九年にヴェトナムを訪問する。彼女たちはこの訪問中に「ミライ平和公園プロジェクト」の資金によって建設された小学校を訪問し、この「絵を通した文通」プログラムを知ることになったのだった[14]。クリスティーナは、画家であり詩人でもあるが、グリーティング・カード作成の着想について次のように述べている。

私はヴェトナムの子どもたちにはいつも特別の想いを抱いてきました。幼いころ、私は戦争でヴェトナムの子どもたちが犠牲となっていることにかなり心を痛めていました。私の父［ノーマン・モリソン］は、ある意味では、ヴェトナムの子どもたちの犠牲が減ることを願って自らの命を捧げました。父の死は私にとって辛いものがありましたが、ヴェトナムの子どもたちの辛さはもっと大

きいものであることを知っていました。〔中略〕
私にとってヴェトナムでの旅でもっとも思い出深いことは、平和な場所で生活している子どもたちの美しく楽しそうな笑顔を見たことでした。マイク［・ベイム］さんは「絵による文通」プログラムのために描かれた素晴らしく、楽しそうな絵のいくつかを私たちにくれました。帰国途上、この絵はもっと多くの人の目にふれる価値があると思うにいたったのです。(15)

「愛情の家」プログラムと「枯れ葉剤犠牲者支援プロジェクト」

①「愛情の家」プログラム

二〇〇四年から「ミライ平和公園プロジェクト」の新たなプログラムとして展開されているのが、「愛情の家」と呼ばれるプログラムである。一九九四年から開始されている「貸付資金プロジェクト」が、貧困女性（ヴェトナム戦争未亡人が最優先されている）や少数民族を対象にして彼らの自立を図る試みであるのに対して、この「愛情の家」プログラムは、ヴェトナム戦争未亡人の家族のなかで粗末な家屋に住んでいる家族が対象で、きれいな床としっかりした屋根を備え、レンガやセメントで建てられた二部屋ある新しい「愛情の家」を提供するものである。

この「愛情の家」プログラムの目的は、風雨やモンスーンをしのげる安全な家屋である「愛情の家」を提供することで、戦争によって稼ぎ手を失って苦悩と劣悪な環境のなかで失望感を抱いている家族が安心して住め、生活に対する「希望」を育んでもらうことにある。ここにも、「他者」としてのヴェトナムの人々が被ってきた戦争による犠牲に対するベイムの暖かいまなざしと、トランスナショナルな次元での「戦争の記憶」の獲得を見ることができる。こうしたベイムの認識にもとづき、「愛情の家」プログラムのもとで、「貸付資金プロジェクト」と同様、ヴェトナムの人々に「希望」を育んでもらうことで、両者の「和解・共生」が可能になっているといえる。これまで一〇戸の「愛情の家」が建設されてきている（二〇〇六年時点で「愛情の家」一軒あたりの建設資金は約九〇〇ドルである）[16]。

②「枯れ葉剤犠牲者支援プロジェクト」への拡大へ

興味深いことは、ベイムがヴェトナムにおいて枯れ葉剤の後遺症の問題が重要視されつつあることを念頭に、二〇〇五年五月よりこの「愛情の家」プログラムを枯れ葉剤犠牲者にも対象を拡大し、「枯れ葉剤犠牲者支援プロジェクト」として展開していることである。

「枯れ葉剤犠牲者支援プロジェクト」の内容と目的について理解するためにも、枯れ葉剤とその後遺症をめぐる現状について簡単に述べておきたい。

アメリカ軍は、ヴェトナム戦争中の一九六一年から七一年の約一〇年間に、南ヴェトナム解放民族戦線が潜むヴェトナム中部と南部のジャングルを丸裸にすることを目的として、発ガン性の猛毒ダイオキシンを含む枯れ葉剤約九万キロリットルを大量に散布した（オレンジ色の容器に入っていたことから、アメリカでは一般的に「エージェント・オレンジ（オレンジ剤）」と呼称される）。枯れ葉剤散布は、ヴェトナムの散布地域を中心に人体や環境に深刻な被害をもたらし、ヴェトナムにおいては、約二一〇〜四八〇万人が枯れ葉剤を浴び、約二〇〇〜三〇〇万人が枯れ葉剤の被害を受けている[17]。現在、枯れ葉剤被害は、直接の影響だけではなく、遺伝子や染色体の異常を生み、奇形児が生まれる状況は、子どもや孫の世代にも及んでいるといわれる。枯れ葉剤の後遺症は、ヴェトナムにとどまらず、参戦したアメリカ、韓国、オーストラリア、ニュージーランドの兵士ならびにその子どもたちにも見られる。
このような実情がありながらも、アメリカ政府は、帰還米兵に対して被害認定した場合には月額最高約一五〇〇ドルを支給しているものの、ヴェトナムでの枯れ葉剤被害については責任を回避してきており、ヴェトナム枯れ葉剤犠牲者への補償は一切おこなっていない。唯一、アメリカ政府の対応としては、クリントン米大統領が二〇〇〇年一一月、ヴェトナム戦争後、現職の大統領としてはじめてヴェトナムを訪問した際に枯れ葉剤被害の科学的調査に応じることを約束したにすぎない[18]。

以上が枯れ葉剤とその後遺症をめぐる現状であるが、ベイムは、こうした状況のなかで、アメリカ政府が枯れ葉剤散布に対する責任をとり、ヴェトナム人枯れ葉剤犠牲者に対して補償をおこなうよう引き続き問題にしてゆく必要性は認識しつつも、枯れ葉剤犠牲者の一部が抱いている戦争による「憎しみ」や「悲しみ」を克服できるような具体的対応を講ずることを優先する必要がある、とのスタンスをとっている。この彼のスタンスは、ソンミの虐殺をはじめとするアメリカの戦争による「憎しみ」と「悲しみ」を克服して、「希望」を育む目的で展開されてきている、「ソンミ平和公園プロジェクト」の中心をなす「ミライ平和公園」建設や「貸付資金プロジェクト」などにおいても貫かれているスタンスである[19]。

枯れ葉剤犠牲者に対しての最初の「愛情の家」が建てられたのはグエン・ティ・ハさん家族に対してである。枯れ葉剤を浴びた夫とのあいだに生まれた娘が枯れ葉剤の影響と考えられる先天的障害に見舞われたことがわかると夫は逃げ出し、生活への支援をその夫がその後まったくしなかったこともあって、ハさん家族は、当初は苦難のなかで生活していた。二〇〇五年当時、娘は一五歳になっていたが、先天的障害のため、光や声などの音にかすかに反応するのみで意識はまったくなく、ハさん家族にとっては、娘の世話を一日中せざるをえない状態が続いていた。
ベイムは、こうした枯れ葉剤犠牲者家族を前に、枯れ葉剤による先天的障害を完治することは不可能であり、しかもアメリカ政府がヴェトナム人枯れ葉剤犠牲者に対して補償することは当面考えられないことから、枯れ葉剤被害者をもつ家族が何らかの心の「癒し」を得て生活への「希望」を持てるようにすることを優先的に考え、安心して生活できる環境を保障する手段として「愛情の家」を枯れ葉剤犠牲者に提供する「枯れ葉剤犠牲者支援プロジェクト」を開始したのだった。ベイムは、「愛情の家」の提供によって、枯れ葉剤犠牲者家族が自分たちを支援してくれる人の存在を知って孤立した生活から脱却でき、精神的「癒し」を得て、生活に対する「希望」をもつことができると考えたのである。[20]
つまり、「貸付資金プロジェクト」でも重視されているように、この「愛情の家」の建設では、生活環境整備という単なる経済的支援を超えて、枯れ葉剤犠牲者の人々に精神的な「癒し」と精神的安らぎを提供し、生きる力を回復する契機を与えることが重視されている。ベイムは、枯れ葉剤犠牲者の人々がアメリカ民間人による資金提供を受けているのを知ることで、戦争による「憎しみ」と「悲しみ」を克服して「希望」を生み出すことを期待するのである。ここでも「貸付資金プロジェクト」などの活動に見られるように、ベイムが枯れ葉剤犠牲という戦争で生み出された悲しみを「他者」としてのヴェトナムの犠牲者の人々と共有しながら、「和解・共生」意識を育んでいることが理解できよう。[21]
アメリカ政府による枯れ葉剤犠牲者に対する何らの補償がないなかで、ヴェトナム政府は枯れ葉剤被害認定者に対してドル換算で毎月五ドルを支給している。もとよりこれでも十分ではなく、数多くの枯れ葉剤被害者を守るため、治療のみならず、教育や職業訓練、住宅の提供、収入を得る仕事の確保などの生活支援が必要であり、[22] 現在、これらの援助のためにヴェトナム赤十字社を中心に「枯れ葉剤被害者支援基金」が設置されている。「ヴェトナム枯れ葉剤被害者協会」（The Vietnam Association of Victims of Agent Orange: VAVA、二〇〇四年一月に結成）は、住宅の提供を枯れ葉剤被害者に対するもっとも重要な支援であると位置づけており、同会として、ベイムに対して「愛情の家」が引き続き建設されることを希望しているようだ。そこで、ベイムは二〇〇八年夏時点で、枯れ葉剤被害者家族のために一〇戸の「愛情の家」を完成させているが、彼は現地のニーズを重視して活動することを前提としていることもあって、現在、より多くの「愛情の家」を建設することに向けさらに資金を用意することを準備している。[23]

四　「和解・共生」にもとづく「平和創造」の普遍的試み――「ソンミ」と「ヒロシマ・ナガサキ」

第三節において、「絵を通した文通」プログラムと「愛情の家」プログラム・「枯れ葉剤犠牲者支援プロジェクト」においても、「貸付資金プロジェクト」や「平和公園」建設など他の「ミライ平和公園プロジェクト」と同様、アメリカとヴェトナム両者の人々のあいだでの精神的絆の構築やヴェトムの人々による精神的安らぎと生きる「希望」の創出をもとに、「和解と共生」にもとづく平和的関係の構築を進めるものであることを明らかにしてきた。同時に、われわれは、次のベイム自身の言葉にあるように、彼がこれらの諸活動を「平和創造」の普遍的試みとしても位置づけている点に注目したい。

将来の世代が足場とする何かが持てるよう、世界の正義のために闘い続ける力を私たちが持ち続けるためには、見つけられるどこおいても希望を認識し大切にする必要があることです。私にとっては、希望はミライ（ソンミ）の人々を助けるためにヴェトナムとアメリカの人々が一緒に力を合わせることから生まれました。ヴェトナムの人々やアメリカの人々だけでなく、世界中の人々が尊敬と謙虚さをもって一緒に座り、進んでお互いの話を聞いたり学んだりするならば、どんなことでもできるということがわかりました。なぜなら、ミライの灰燼から希望が湧き上がれば、どんなところにも希望が湧き上がるからです(24)。

この点で、ベイムが自らのプロジェクトを普遍的なものと把握するこのような視点から、「和解・共生」にもとづく平和的関係の構築をトランスナショナルな次元に広げることも視野に置き、ヴェトナム戦争を象徴する虐殺の地である「ソンミ」を媒介として、アメリカとヴェトナム以外の戦争犠牲者・戦争体験者とのネットワークづくりを構想していることが興味深い。この一環としてベイムが念頭に置いているのが、本節で紹介する核兵器の惨劇を象徴する「ヒロシマ・ナガサキ」を「ソンミ」と結びつけようとする試みである。

ベイムは二〇〇五年と二〇〇六年の二回にわたって広島を訪問し、二〇〇五年には広島平和記念公園と広島平和資料館を見学した。ベイムはこの訪問を契機に、「ヒロシマ」と「ソンミ」が惨劇の悲劇を乗り越えて、「和解」ならびに「非戦と平和」の原点になっている点で両者が共通していることに着眼するにいたるのである。最近、自身のホームページに公開している「ミライとヒバクシャ」と題するエッセイのなかで、広島・長崎への原爆投下とソンミには次の共通性があると述べている。

二つの場所［広島・長崎とソンミ］は恐るべき殺戮がなされたところである。この両者は合衆国政府によって無視され続けている。また、この二つの場所では、性格は異なるものの同様の遺産、すなわち兵器がもたらした長期的影響に今なお苛まれている。つまり放射能と枯れ葉剤が原因でガンによる死亡率が高く、しかも遺伝子的影響が後の世代にも続いている。しかし、ソンミの犠牲者とヒバクシャが共通に抱いていることは、希望が両者の場所から湧き上がっていることである。(25)

ベイムは、このような認識に立って、ソンミ虐殺四〇周年にあたる二〇〇八年三月に広島・長崎で原爆体験をもつ被爆者四人を旧ソンミ村に招いた。被爆者が滞在中、「戦争の暴力」を克服して「平和」への希望を確認すべく、被爆者とソンミの現地の人々を中心に「非戦・平和」のアピールが出されたのだった。(26) 将来ベイムは、「ソンミ」を媒介に、南京やカンボジアなど歴史的に多くの殺害がおこなわれた地域の戦争犠牲者・戦争体験者をも視野に入れたネットワークを形成し、トランスナショナルなレベルでの戦争犠牲者・戦争体験者による連帯の構築を視野に入れている。彼は、自らの「ミライ平和公園プロジェクト」の「平和創造」の普遍的意味をもとに、「平和への共感」を世界大に広げてゆくことを期待しているといえる。(27)

五 「ミライ平和公園プロジェクト」の意義とその歴史的意味

この節では、本稿で紹介したプログラムとともに、他のプログラムも視野に入れながら、「ミライ平和公園プロジェクト」意義について整理し、そして、ベイム自身が今日的状況のなかで自らのプロジェクトの歴史的意味をどのように考えているのかに関して言及しておきたい。

まず、「ミライ平和公園プロジェクト」意義については、次の二点を指摘できる。(28)

第一に、「貸付資金プロジェクト」や「ミライ平和公園」建設のプログラムとともに、本稿で紹介した「絵を通した文通」プログラムや「愛情の家」プログラム・「枯葉剤犠牲者支援プロジェクト」の特徴から理解できるように、ベイムは、ヴェトナム戦争中に生み出され、しかもヴェトナム戦争後も残っている、戦争当事者間での「戦争の暴力」にともなう「憎しみ」を克服することをまずは優先的に念頭に置いて、「希望」を生み出すひとつの方法として、「戦争当事者」であったアメリカとヴェトナム両者の人々のあいだでの精神的な感情の絆の構築を重視していることである。したがって、ベイムが、両者によるこの精神的な心の通いを通じた「相互尊重と協力への共通の土俵」を見つけることが可能であると考え、このことを土台に「和解・共生」にもとづく両国の人々のあいだにおける平和的関係の構築をめざしていることに注目すべきであろう。そして、ベイムがヴェトナム民衆とのこうした「和解・共生」意識をもつことができた背景として、アメリカという「一国的《ナショナル》に閉ざされた」枠組みではなく、

「他者」へのまなざしをもとに、外に開かれたトランスナショナルな「戦争の記憶」の獲得のプロセスがあったことが前提にあることを指摘しておきたい。

なお、この点で補足的に述べれば、「ミライ平和公園プロジェクト」の諸活動がヴェトナムの民衆はもとより、行政当局側からも信頼を得るなかで展開されていることが注目される。たとえば、二〇〇四年三月に開催された「資金貸付プロジェクト」発足一〇周年を記念する集《つど》いで、「クァンガイ省女性同盟」の副議長は、「貸付資金プロジェクト」の活動を高く評価した。そこで彼女は、「ミライ平和公園プロジェクト」の資金的支援組織 Madison Quakers, Inc. がクァンガイ省で人道支援活動をおこなっている唯一の組織であり、しかも同省内の少数民族を対象に活動をおこなうことを許されている唯一の組織であることを強調したのだった。近年、「クァンガイ省女性同盟」の要請もあって、旧ソンミ村近くに居住する少数民族ハレ族（H're）に対する「資金貸付プロジェクト」が展開されており、過去五年間のあいだに発足した七つの村における貸付資金プロジェクトは、すべてこのハレ族を対象とするものである。ヴェトナム戦争中にアメリカ政府とサイゴン政権が少数民族を利用して解放勢力に敵対的態度をとるよう扇動した経緯があるだけに、ヴェトナム政府はＮＧＯ団体などが国内の少数民族と接触することに対してきわめて神経質である。この意味からも、少数民族のひとつであるハレ族を対象に「貸付資金プロジェクト」をおこなっているベイムの活動が、いかにヴェトナム側の信頼を勝ち得て展開されているかが理解できる(29)。

第二の意義としては、グローバルな視点から「平和」への想いを育むという、その普遍的試みにある。ミライ虐殺三六周年にあたる二〇〇四年三月一六日の「ミライ平和公園」でのアメリカ人女性イチェル・コリー（彼女は二〇〇三年三月一六日、イスラエル軍によるパレスチナ人の建物の破壊を「人間の盾」となって止めようとして、イスラエル軍によって轢殺された）を追悼する試みのほか[30]、「虐殺」（戦争）の精神的後遺症を克服して自立を実現しつつある旧ソンミ村女性による「和解と共生」の経験を、中米のエルサルバドルの女性と共有することを目的とする「女性の出会いプロジェクト」の構想にも[31]、こうしたベイムの普遍的試みを看取できる（ただし、「女性の出会いプロジェクト」は、資金難の理由で現在にいたっても実現していない。ベイムは当初、ヴェトナムとエルサルバドルとの出会いを先例として、将来はニカラグアやボスニア、イラクなどにもこのプログラムを拡大することを構想していた）。

今日的状況のなかでベイム自身が自らの「ミライ平和公園プロジェクト」の歴史的意味をどのように考えているかに関わって、政府の戦争責任と民衆の責任の問題についてふれておきたい。彼の諸活動においては、本稿で述べたように、「精神的」（spiritual）な視点を重視して、アメリカとヴェトナムの人々との「和解と共生」が志向されており、必ずしもアメリカ政府の戦争責任を前面に出しているわけではない。したがって、アメリカ政府の戦争責任を民衆が引き受け（民衆に転嫁し）、アメリカの戦争責任を曖昧にするものではないかとの批判がありうる。ベイムは、このような批判を念頭に入れてのことだと推察されるが、つい最近刊行されたエッセイのなかで、直接的には「貸付資金プロジェクト」に言及しながら、「ミライ平和公園プロジェクト」が次の三点で歴史的意味をもつものであることをしだいに認識するようになった、と述べている[32]。

一、アブグレイブ収容所でのアメリカ軍による捕虜虐待が明るみになり、その類似として「ソンミ虐殺」が多くの機会に話題になったが[33]、無視ないしはアメリカ軍の行為に対する憤り、ある場合には

「責任の所在」をめぐる犯人探し（finger pointing）に終始し、「人間」の視点から「ソンミの虐殺」の現実が意味することを直視できていない。

二、現実を直視できないのは、アメリカはつねに「正しい」（goodness）という「神話」に人々が呪縛されているからであり、その「神話」のもとに「ソンミ虐殺」という非人間的な「悪事」（evil）。が起こった。地球上のあらゆる人間は「悪事」にコミットしてしまう可能性がある〔人間一人ひとりの問題であるとの視点〕。このことを認識しない限り、「ソンミ」や「アブグレイブ」で起こったことを理解できない。

三、「ミライ平和公園プロジェクト」を歴史的なものにしているのは、「悪」の精神や憎しみを克服することによって、「ソンミ」で起こったことに対する、アメリカ政府が果たそうとしない責任を引き受けることができている点である。

以上のような考え方の背後には、近い将来においては、アメリカ政府が「ソンミ虐殺」に対する謝罪はもとより、戦争責任を果たすことは不可能であるとのベイムの認識があるといえる。ただ、「ミライ平和公園プロジェクト」の場合、活動のなかでアメリカの戦争責任には触れず、アメリカ政府の「ソンミ虐殺」の歴史的事実についての教育的な啓蒙活動もその視野の外に置いていることは否定できない。したがって、長期的にみれば、ベイムの「憎しみを超えて希望を」というモチーフや自分の問題に引きつけて虐殺などの問題を考えるべきだとの発想を重視しながらも、つねにアメリカが正義の側にあるとの「神話」を生み出す世論操作や「人間」を「殺しの機械」に変えてしまう軍隊の本質的性格にも着眼し、政府の政策のあり方をも問うような「戦争（＝「ソンミ虐殺」）の記憶」の定着が望ましい。

ただ、「九・一一」以後のアメリカの政治風土の状況のもとでは、先のベイムの認識にもとづいた「ミライ平和公園プロジェクト」の活動をむしろ積極的に評価すべきというが筆者の見解である。その理由は、ヴェトナムへの戦争犠牲者に対するアメリカ政府の戦争責任は今後の課題として残されているとはいえ、戦争を「人間」のレベルで捉え、戦争によって個人が抱く「憎しみ」や「悲しみ」を超えることを最優先して何ができるかを課題としているからである。いいかえれば、アメリカとヴェトナム双方の草の根レベルにおける「人間」的な精神の絆をもとに、「和解・共生」にもとづく両国の人々のあいだでの平和的関係の構築をめざし、しかもこの活動に「平和創造」への普遍的意味をもたせて、世界の他の地域との戦争犠牲者・体験者との連帯を視野に入れている「ミライ平和公園プロジェクト」に、「戦争の克服」へのひとつの今日的示唆を得ることができるように思われるからである。

六　おわりに

ジョージ・W・ブッシュ大統領は二〇〇七年八月二三日、イラク撤退論を掲げる民主党や世論を牽制するためもあって、ヴェトナム軍事介入の正当性を強調するとともに、一九七三年の米軍戦闘部隊撤退後の「ボート・ピープル」やカンボジアの悲劇を引き合いに出し、イラク早期撤退の危険性を強調する演説をおこなった(34)。この演説では、アメリカ軍の泥沼的介入によってヴェトナムにおいて約三〇〇万人の死者や、同規模の約三〇〇万人の枯れ葉剤犠牲者がもたらされことはまったく無視されており、トップの米指導者レベルにおいて、「他者」=ヴェトトナム民衆への「まなざし」をもつことが依然としていかに困難かを示している。

しかし一方で、イラク戦争の大義に疑念を抱くイラク帰還米兵や従軍兵士、その家族を中心に、ヴェトナム戦争以来の規模で反戦活動・兵役拒否などの運動が展開されていることが注目される。[35] なかでも、戦争の現実を知る帰還米兵や従軍兵士によって、つねに正義の側にあるとの「神話」を生み出す政府の世論操作や「人間」を「殺しの機械」に変えてしまう軍隊の本質が問われている。歴史的に見れば、このような問いかけが広範囲になされているのは、ヴェトナム反戦運動が展開されて以来のことである。ヴェトナム戦争の従軍体験をもつ一ヴェトナム帰還米兵によって推進されてきている「ミライ平和公園プロジェクト」は、アメリカの戦争政策の象徴ともいうべき「ソンミ虐殺」の記憶の風化を防ぎ、戦争の悲惨さおよび戦争に「大義」はないことを想起させるとともに、「他者」への「まなざし」をもとに「他者」の戦争犠牲に着眼することの大切さと精神的な絆の構築をもとにした「和解・共生」の重要性を提起している。この意味で、「ミライ平和公園プロジェクト」が、戦争を克服する視点から、「アメリカの相対化」はもとより、世界における「平和創造」に向けた世論形成に今後一定の影響を与えることを期待したい。

註記

(1) 一九六八年三月一六日に起こったアメリカ軍による五〇四名の村民への虐殺について、虐殺が起こった村が米軍使用の地図で「My Lai 4」(ミライ第四地区)にあったため、アメリカでは一般的に「ミライの虐殺」(My Lai

Massacre）と呼んでいる。マイク・ベイムもこの虐殺に言及する際にはMy Lai Massacreと呼び、かつて虐殺があった村の呼称としても便宜的にこのMy Laiを使用し、自らのプロジェクトを「ミライ平和公園プロジェクト」（My Lai Peace Park Project）と呼んでいる。一方、ヴェトナムや日本では、「ミライ第四地区」を含むより大きな集落（village）が「ソンミ」（Son My）という名称だったこともあって、「ソンミ虐殺」という言い方が一般的である。そこで本稿では、ベイムがプロジェクトの名前の一部にMy Laiが使われている場合には「ミライ」と表記し、虐殺の呼称ならびにその場所に言及する場合には、「ソンミ」と表記する。

（2）藤本博「『ヴェトナム戦争の記憶』と『癒し、和解、相互理解、共生』——『ソンミ虐殺』の記憶継承と『ミライ平和公園プロジェクト』（My Lai Peace Park Project）をめぐって」愛知学院大学国際研究センター編『英米の政治外交』（愛知学院大学国際研究センター地域研究叢書第三巻、二〇〇五年）、九七〜一二〇頁、同「戦争の体験・記憶と『和解・共生』意識の形成——ヴェトナム帰還米兵マイク・ベイムと『ミライ平和公園プロジェクト』をめぐって」『アメリカ史研究』第二九号（二〇〇六年八月）、五五〜七〇頁。なお、「ミライ平和公園プロジェクト」については、最近ウェブ・ページが更新され、http://www.mylaipeacepark.org/から、各プロジェクトについての最新の詳細な情報を得ることができる。

（3）David Giffey, ed., *Long Shadows: Veterans' Paths to Peace* (Madison, WI: Atwood Publishing, 2006).

（4）Madison Quakers, Inc. は、マイク・ベイムをはじめ五名による理事会によって運営されており、そのうち三名がヴェトナム帰還米兵であり、のべ三名がクエーカー教徒である。Madison Quakers, Inc. の理事会の中心的メンバーのひとりがクエーカー教徒でもあるジョセフ・エルダー（ウィスコンシン大学社会学教授）である。筆者は、マディソン市訪問の際に、エルダー教授とも面会する機会を得ることができた。エルダー教授は、一九六一年よりウィスコンシン大学マディソン校社会学教授として教鞭をとってきている。また彼は、世界の紛争地域において非公式の調停ならびに支援活動をおこなってきているクエーカー教徒の組織（the Religious Society of Friends）の代表的人物として、これまで一九六五年にはインドのインディラ・ガンジー首相とパキスタンのアユブ・カーン大統領との和解調停にあたっただけでなく、ヴェトナム戦争中の一九六九年六月と九月には、クエーカー教徒の平和組織

ＡＦＳＣ（American Friends Service Committee）の理事会メンバーのひとりとしてヴェトナム民主共和国（北ヴェトナム）を訪問した経験をもつ。エルダー教授はヴェトナム戦争中、民間人犠牲者救済のため医療支援などにおいて中心的役割を果たした。そして、最初のヴェトナム訪問直後の一九六九年七月、ＡＦＳＣの一員として当時のヘンリー・キッシンジャー国家安全保障担当大統領補佐官とヴェトナム和平の展望について会談している。エルダー教授は現在も、地元における平和に関する数々のシンポジウムなどでパネラーとして活躍するなど、マディソン市地区における平和活動に重要な役割を果たしている。この意味で、ベイム主宰の「ミライ平和公園プロジェクト」の活動が可能になっていることを考えるうえで、エルダー教授をはじめとする地元のクエーカー教徒の役割が無視できない。なお、ヴェトナム戦争中のエルダー教授のヴェトナム民主共和国訪問については、Mary Hershberger, *Traveling to Vietnam: American Peace Activists and the War*（Syracuse, N. Y.: Syracuse University Press, 1998）, pp. 134–37; Paul Galloway, "Words of Peace: Nations Put Faith in Quaker's Impartiality to Temper the Language of War," *Chicago Tribune*, August 8, 1989 に詳しい。エルダー教授を含むＡＦＳＣ代表団とキッシンジャーとの会談については、当時ＡＦＳＣの事務局長としてこの会談に参加したブロンソン・Ｐ・クラークによる以下の回想録を参照。Bronson P. Clark, *Not by Might: A Viet Nam Memoir*（Glastonbury, Conn.: Chapel Rock Publishers, 1997）, pp. 135–55. Madiosn Quakers, Inc. の理事会の構成も含め以上の記述は、筆者によるエルダー教授へのインタビュー（二〇〇七年三月二五日、マディソン市）ならびに米議会図書館での文献調査による。マディソン市における筆者の訪問をアレンジし、インタビューの機会をいただいたジョセフ・エルダー教授に謝意を表しておきたい。

（５）藤本「戦争の体験・記憶と『和解・共生』意識の形成」、六六頁。

（６）同前、五八～五九頁。

（７）Giffey, ed., *Long Shadows*, pp. 88–89.

（８）ベイムの活動は、「ソンミ虐殺」三〇周年にあたる一九九八年に、『ミライのバイオリンの音色（*The Sound of the Violin in My Lai*）』（チャン・ヴァン・トゥイ監督）の題名にてドキュメンタリー化されている（一九九九年にタイのバンコクで開催された第四四回アジアパシフィック映画祭最優秀短編賞を受賞）。この短編映画の最後の部分で、ベイムがバイオリンで「タプス」を弾く場面がある。この『ミライのバイオリンの音色』については、“Vietnamese Documentary Film-The Sound of the Violin in My Lai”<http://www.isop.ucla.edu/cseas/showevent.asp?Eventid＝482>（二〇〇五年二月二八日）。また、このドキュメンタリーの目的と主旨については、チャン・ヴァン・トゥイ監督に対する以下のインタビューを参照。Dinh Trong Tuan, “The Vietnamese Association of Chinematography: On seeing The Sound of the Violin in My Lai”<http://www.mylaipeacepark.org/moviepg3.html>.

（9）　Mike Boehm, “Hope Rises from the Ashes of My Lai: The Madison Quakers Projects in Vietnam,” *Nanzan Review of American Studies,* Vol. XXVII（2005）, p. 49.

（10）　Mike Boehm, “Child to Child Exchange,” *Winds of Peace* #1（October 1999）. *Winds of Peace* は「ミライ平和公園プロジェクト」の機関紙で毎年秋に刊行されている。二〇〇七年秋に第一四号が刊行されている。

（11）　Boehm, “Hope Rises from the Ashes of My Lai,” p. 49.

（12）　ウィスコンシン州マディソン市マーケット小学校教諭ペギー・ムーアと、彼女の四年生クラス生徒数名へのインタビューによる（二〇〇七年三月二三日、マディソン市）。このような機会を与えていただいたペギー・ムーア氏に感謝の意を表しておきたい。

（13）　ノーマン・モリソンが焼身自殺した当時の国防長官ロバート・マクナマラは、ヴェトナム戦争終結から二〇年を経た一九九五年に刊行した自らの回顧録のなかで、ノーマン・モリソンの焼身自殺の様子と彼自身の反応について述懐し、そしてモリソンが亡くなった後に妻のアンが発表した声明を引用している。ロバート・マクナマラ（仲晃訳）『マクナマラ回顧録』（共同通信社、一九九七年）、二九二～九三頁参照（Robert S. McNamara with Brian Van DeMark, *In Retrospect: The Tragedy and Lessons of Vietnam*［New York: Times Books, 1995］）。

（14）　ノーマン・モリソンの未亡人アン・モリソンと娘のエミリーとクリスティーナのヴェトナム訪問については、Boehm, “Hope Rises from the Ashes of My Lai,” pp. 40–41.

（15）　画家であり詩人でもあるクリスティーナによるグリーティング・カードの発案については、http://www.mylaipeacepark.org/op_art_greetingcards.lasso を参照。

（16）「愛情の家」については、http://www.mylaipeacepark.org/op_compassion_houses..lasso を参照。二〇〇六年、二〇〇七年、二〇〇八年の七月、高校生を対象にした途上国へのスタディ・ツアーを企画しているPutney Student Travelとの連携事業として、各約二〇名のアメリカとカナダの高校生がこの「愛情の家」の建設に協力している。詳しくは、http://www.mylaipeacepark.org/op_putney..lasso を参照。なお、ここで言及した「貸付資金プロジェクト」について詳しくは、藤本「戦争の体験・記憶と『和解・共生』意識の形成」、六一〜六三頁、Boehm, "Hope Rises from the Ashes of My Lai," pp. 31–35 を参照。「貸付資金プロジェクト」は、グラミン銀行の発想をもとに一九九四年に開始されて以来、旧ソンミ村を含む一七の村の二五〇〇人以上を対象に小規模無担保融資をおこなってきている。旧ソンミ村には、二〇〇七年にいたるまで一万三〇〇〇ドルの資金が投入されてきた。

（17）この数字は、ヴェトナム枯れ葉剤（エージェント・オレンジ／ダイオキシン）被害者協会（The Vietnam Association of Victims of Agent Orange/Dioxin）のパンフレットによる。

（18）二〇〇四年、枯れ葉剤被害者一〇〇人は、米ニューヨーク・ブルックリン連邦地方裁判所に対し、枯れ葉剤を生産していた三〇のアメリカ企業に対し損害賠償と汚染土壌除去を求める損害賠償訴訟を起こしたが、翌二〇〇五年三月一〇日、同連邦地方裁判所は「枯れ葉剤と障害の因果関係は証明できない」として棄却した。その後、原告である枯れ葉剤被害者らは二〇〇五年九月、第二審の連邦巡回控訴裁判所に控訴した。二〇〇七年六月一八日に第二審の審理が開始され、この集団訴訟は現在も続いている。枯れ葉剤被害を含め、詳しくは、藤本博「戦争の克服と『和解・平和・共生』——ヴェトナムにおける枯れ葉剤被害をめぐって」加藤哲郎・國廣敏文編『グローバル化時代の政治学』（法律文化社、二〇〇八年）、二三七〜五七頁。

（19）「ミライ平和公園」建設について詳しくは、藤本「『ヴェトナム戦争の記憶』と『癒し、和解、相互理解、共生』」、一〇五〜一一一頁参照。「貸付資金プロジェクト」については、前掲註（16）参照。

（20）枯れ葉剤犠牲者へのベイムの対応ならびにハさん家族の実情も含め、以上の叙述については、http://www.mylaipeacepark.org/op_agent.lasso を参照。

（21）ここで言及した「貸付資金プロジェクト」の意味については、藤本「戦争の体験・記憶と『和解・共生』意識の形成」、六三頁参照。

(22)「枯れ葉剤被害　今も全容不明」『毎日新聞』二〇〇七年三月二九日、「知ってほしい被害実態」『毎日新聞』二〇〇五年五月九日を参照。

(23) *Winds of Peace*, #13 (October 2006), p. 15.

(24) Boehm, "Hope Rises from the Ashes of My Lai," p. 50.

(25) "My Lai and Hibakusha"<http://www.mylaipeacepark.org/op_hibakusha..lasso>.

(26) ソンミ虐殺四〇周年をめぐっては、共同通信配信の記事（平林倫・ハノイ特派員執筆）が各紙に掲載された。たとえば、「ソンミ村虐殺四〇年で追悼式」『信濃毎日新聞』二〇〇八年三月一七日に掲載。ほかに、山本大輔「ベトナム・ソンミ村虐殺四〇年――被爆者、国越え反戦訴え」『朝日新聞』二〇〇八年三月一八日参照。

(27) Ibid.

(28) 以下に述べる「ミライ平和公園プロジェクト」の二つの意義については、すでに藤本「戦争の体験・記憶と『和解・共生』意識の形成」、六六頁にて論じたことがある。本稿では、一部重複するが、論点をより明確にした。

(29) 以上の記述については、Giffey, ed., *Long Shadows*, pp. 95–98. ベイムからの筆者宛電子メール（二〇〇七年三月一二日付け）にて提供された情報によれば、過去五年間に展開されたこの七つのプロジェクトに対しては各平均八〇〇〇ドルが融資されてきている。

(30) この点については、藤本「『ヴェトナム戦争の記憶』と『癒し、和解、相互理解、共生』」、一一一頁で言及した。

(31)「女性の出会いプロジェクト」について詳しくは、藤本「戦争の体験・記憶と『和解・共生』意識の形成」、六三～六六頁、Boehm, "Hope Rises from the Ashes of My Lai," pp. 46–48 を参照。

(32) Giffey, ed., *Long Shadows*, p. 93. ここに述べた「ミライ平和公園プロジェクト」の歴史的意味についてのベイムの言及とこれに対する筆者の評価については、長崎平和研究所主催二〇〇六年「長崎平和研究講座」第六回における筆者の講演「ヴェトナム戦争の克服――『加害』認識の継承と米越市民レベルにおける『和解・共生』」において述べたことがある。したがって、ここでの記述は、本講演の講演録の一部（長崎平和研究所編『長崎平和研究』第二五号、二〇〇六年四月、一二一～一二二頁）と重複している。

（33）この「アブグレイブ」の問題に加えて、イラクの「武装勢力」に対する軍事掃討作戦が展開されるなかで二〇〇五年一一月のハディーサでの民間人殺害が露見し、「イラクのミライ」ともいわれているように「ソンミ（ミライ）虐殺」が再度想起される状況にある。関連して二〇〇六年八月六日付け『ロサンゼルスタイム』紙（電子版）は、米国立公文書館所蔵の米陸軍ヴェトナム戦争犯罪作業班文書など九〇〇〇ページにわたる関係史料をもとに、ヴェトナム戦争時においてアメリカ軍が「ソンミ虐殺」以外にも三二〇件以上の民間人に対する残虐行為をおこなった事実を明らかにしている。Nick Turse and Deborah Nelson, "Verified Civilian Slayings," *Los Angeles Times*, August 6, 2006を参照。電子版は、http://www.latimes.com/news/printedition/asection/la-na-vietnam 6 aug 06,1,2479259.story を参照。

（34）このブッシュ演説全文は、http://www.whitehouse.gov/news/releases/2007/08/20070822-3.html を参照。

（35）島川雅史「イラク戦争　軍人たちの反戦運動――『第二のベトナム』と『対抗文化』ふたたび」『歴史地理教育』二〇〇七年三月号を参照。

あとがき

本書は、基盤研究A（1）「アメリカの戦争と世界秩序形成に関する総合的研究」（二〇〇四〜〇六年）（研究代表者：菅英輝）の成果の一部である。

この研究プロジェクトは当初、以下一五名のメンバーでスタートした。初瀬龍平（京都女子大学）、岩下明裕（北海道大学スラブ研究センター）、松田武（大阪大学）、松岡完（筑波大学）、我部政明（琉球大学）、橋口豊（龍谷大学）、中嶋啓雄（大阪大学）、秋元英一（帝京平成大学）、大津留（北川）智恵子（関西大学）、土佐弘之（神戸大学）、油井大三郎（東京女子大学）、藤本博（南山大学）、柄谷利恵子（関西大学）、李鍾元（立教大学）、寺地功次（共立女子大学）。二年目からは寺地氏が在外研究のためプロジェクトから離なれざるをえなくなった以外は、幸いにも、メンバー構成に変更もなく研究を進めることができた。

二〇〇三年三月にブッシュ政権による対イラク戦争が開始され、五月には戦闘終結宣言が出されたものの、その後イラクは内戦状態に陥った。一方、二〇〇一年九月一一日の「米国同時多発テロ事件」の衝撃も冷めやらないうちに、米英軍によるアフガニスタン空爆作戦が開始された。だが、その後アフガニスタン情勢もまた、タリバン勢力が盛り返すなか、悪化の一途をたどり、現在にいたっている。

われわれは、ブッシュ政権がしかけた「対テロ戦争」の推移と、それが国際政治に及ぼすさまざまな影響を観察しながら、研究会を重ねることになった。このような時期に、本プロジェクトへの助成が採択されたのは幸運であった。その意味で、まず、日本学術振興会に心よりお礼申しあげたい。

研究会の多くは、分担者の所属する大学を回るかたちで開催された。このため、分担者の方々の積極的な協力なしでは、このプロジェクトが、これほど充実した成果を挙げることはできなかったであろう。参加メンバーのご協力に感謝の意を表したい。

プロジェクト開始後の最終年度にあたる二〇〇六年七月一五、一六日、関西大学法学研究所との共催で国際ワークショップを開催したが、この集まりはたいへん思いで深いものになった。このワークショップの開催にあたっては、大津留先生にことのほかお世話になった。あらためてお礼を申し上げたい。

関西大学千里山キャンパスで開催された国際ワークショップは、コールゲート大学のアンドリュー・ロッター（Andrew Rotter）、オハイオ州立大学のロバート・マクマン（Robert McMahon）両教授の参加を得て、たいへん充実した研究会となった。お二人と編者との付き合いはかなり長いが、その後も日本で開催される学術会議、ワークショップ、セミナーなどでお目にかかり、そのつど刺激を受けている。

両氏とも家族同伴であったため、ワークショップ終了後の歓談の席では、和気あいあいとした雰囲気のなか、楽しく過ごすことができた。ロッター氏は、編者が新幹線のなかで撮った家族写真を気に入ったようで、大学の研究室に飾っているそうだ。彼はまた、アメリカ外交史学会（ＳＨＡＦＲ）終了後の野球観戦には、日本滞在中に手に入れた阪神タイガースのＴシャツを着て現われるなど、茶目っ気も発揮しているようだ。一方、マクマン氏は、ＳＨＡＦＲの会長も務めたことのあるアメリカ外交史学会の重鎮だが、気さくで明るい人柄であるため、家族同伴で拙宅を訪問された折には、わが家族もすぐに意気投合したようで、大いに話しに興じていた。彼はまた、アメリカ外交史研究者にとって不可欠な資料集となっている国務省歴史編纂室『アメリカ対外関係史』（ＦＲＵＳ）の編集に助言をする有識者会議のメンバーでもあり、冷戦史に関する必要情報を知らせてくれる貴重な存在だ。

また、この三年間の研究会を通して、大阪大学の秋田茂先生が主催されるグローバル・ヒストリー研究会（基盤研究Ａ）とも交流を深めることができたのは幸いであった。前記ワークショップには秋田科研メンバーも参加され、討論に貢献していただいた。この間、秋田先生には、最新の研究動向を踏まえた、一九五〇年代の東アジア国際経済秩序の形成に関する報告をしていただいただけでなく、山下範久（立命館大学）先生からは、「帝国論」に関する刺激的な知見を提供していただいた。お二人にも心より感謝したい。

知見提供者として有意義な報告をしていただいた、以下の諸先生にも感謝したい。五十嵐武士（東京大学）、古矢旬（東京大学）、佐々木雄太（愛知県立大学学長）、石井明（当時、東京大学）、下斗米伸夫（法政大学）、納家政嗣（青山学院大学）、森聡（法政大学）。また、たいへん多忙ななか、三浦俊章（朝日新聞論説委員）および梅原季哉（朝日新聞外報部ワシントン特派員）のお二人には、現場体験を踏まえて、戦争とメディアに関する啓発的な報告をしていただいた。三浦、梅原両氏の報告は、それぞれ、ワシントン特派員時代の取材体験とユーゴ内戦の取材体験を踏まえたものであり、研究会のメンバーにとって、たいへん興味深い報告であった。野村彰男氏には、安倍フェローシップ選考委員会のメンバーとしてご一緒して以来、現在にいたるまで、いろいろとご教示をいただいているが、今回は、ジャーナリストとしての豊富な現場体験を踏まえて、「戦争とメディア」に関する論文を執筆していただいた。このテーマは本研究に欠けていた点であっただけに、ご協力に深く感謝したい。

くわえて、このプロジェクトを有意義なものにしてくれた海外の研究協力者にも感謝したい。アジア冷戦史に関する注目すべき研究を続けている二人の気鋭の研究者、チャン・ツアイ（Qiang Zhai）（オーバーン大学）とイリア・ガイドゥク（Ilya Gaiduk）（ロシア科学アカデミー世界史研究所上級研究員）、それに東アジア外交史研究の権威ブルース・カミングス（シカゴ大学）の協力に感謝したい。なかでも、カミングス教授は三年間のプロジェクト期間中、毎年研究会に参加された。たいへん忙しいなか、毎回ペーパーを提出しての参加と、その誠実な研究姿勢には、日本側参加者としては学ぶべき点が多いと感じた。海外からの参加者はすべて、ペーパーを提出しての参加であるのに比べて、われわれ日本側参加者は、レジュメを配布して報告するというのが一般的だからだ。

本書には、カミングス、ロッター両氏の論文が収められている。論文の翻訳は、アメリカ外交史の研究をしている川上幸平（九州大学比較社会文化学府博士課程終了）君が初訳をおこない、それを編者の菅が全面的に見直すという方法をとった。また、川上幸平、森實麻子（九州大学比較社会文化学府博士課程終了）のお二人は、プロジェクトのアシスタントとして、研究会をさまざまな側面から支えてくれた。感謝したい。福岡アメリカンセンターのレファランス・ライブラリアン野田朱美さんにも、この場を借りてお礼申し上げる。毎度の勝手なお願いにもかかわらず、いつも快く資料提供に応じていただいているのは、非常にありがたい。

最後になったが、出版事情の厳しいなか、研究成果を評価され、出版を快諾していただいた法政大学出版局編集部の勝康裕氏に心からお礼申し上げたい。本書に収録されていない論文については、勝氏の協力を得て、冷戦史に関する別巻の刊行に向けて目下準備中である。勝氏の支援と助言がなければ、このようなかたちで研究成果を世に問うことはできなかった。

二〇〇八年九月二〇日　北京出発を前に

編　者

人名・事項索引

[ア　行]
IAEA（International Atomic Energy Agency）
→「国際原子力機関」の項をみよ
IMF（International Monetary Fund）　33, 34, 46, 49–51, 53–55
アギナルド，エミリオ Aguinaldo, Emilio　83, 199
悪の帝国　149
アジア通貨基金構想　48, 55
アジェンデ，サルバドール Allende, Salvador　152
アジズ，タリク Aziz, Tarik　276
アダムズ，ジョン Adams, John　338, 347
アダムズ，ジョン・クインジー Adams, John Quincy　87, 93, 103
「新しい戦争」“new war”　285
アチソン，ディーン Acheson, Dean Gooderham　65, 90, 91
アーネット，ピーター Arnett, Peter　278, 288
アーノルド，ベネディクト Arnold, Benedict　340, 345, 347, 347, 352
アフガニスタン　282, 284
アフガニスタン攻撃／戦争　2, 32, 47, 220, 249, 260, 266, 273, 285, 286, 299
アブグレイブ（Abu Ghraib）刑務所（問題）　19, 233, 289, 385, 392
アフマディネジャド，マフムド Ahmadinejad, Mahmoud　331
アーミテージ，リチャード Armitage, Richard Lee　7, 128
「アーミテージ報告3」　7
アミン，サミール Amin, Samir　34
アメリカ
「アメリカ合衆国の愛国者の法律」 USA PATRIOT Act　201, 222
アメリカ国益検討委員会　127
アメリカ中央情報局 CIA: Central Inteligence Agency　5, 19, 56, 152, 234, 291
インフォーマルな帝国　43
価格行政・民生供給局（OPACS, 1941年8月以降はOPA）　315
『9. 11委員会報告』　207
国務省内の人口・難民・移住局　188
互恵通商協定法　313
市民部隊 “Citizens Corps”　224
「自由部隊」“Freedom Corps”　224
選抜訓練サービス法　314
退役軍人局（VA）　326
「統計的な生命の価値」（VSL）　328
独立宣言　341
奉仕教育 Service Learning　224
防諜法案 Espionage Bill　201
アメリカ帝国論　31, 34, 38, 53, 55
アメリカ帝国主義論　31, 34, 45, 53
アメリカ同時多発テロ　→「9.11事件」の項をみよ
アメリカ革命／独立戦争　335, 341, 342, 348, 356, 357
イロコイ同盟　350
印紙条例　336, 337
インディアン戦争　20

353
グラスピー，エプリル Glaspie, April 93
グラック，キャロル Gluck, Carol 282, 283
グラムシ，アントニオ Gramsci, Antonio 37
グラント，ユリシーズ Grant, Ulysses Simpson 69
クランボーン卿 Marquess of Salisbury（Lord Cranborne） 107
クリストル，アーヴィング Kristol, Irving 38, 102
グリーン，グレアム Greene, Graham 259
グリーン，ナザニエル Greene, Nathanael 345
クリントン，ビル Clinton, Bill 102
——政権 14, 52, 179, 292, 323
クリントン，ヘンリー Clinton, Henry 344, 346, 349, 351, 353
クレイ，ヘンリー Clay, Henry 66
クレイトン，ウィル Clayton, William 212
クレイトン・コンプレックス 212
グレーヴス，トマス Graves, Thomas 353
グレナダ侵攻 6, 149, 192, 299
グローバル化 58
クロムウェル，オリヴァー Cromwell, Oliver 355, 359
軍事革命 RMA: Revolution in Military Affairs 274
軍事主義 231
ゲイジ，トマス Gage, Sir Thomas 338, 339
ゲイツ，ホレーショ Gates, Horatio Lloyd 345, 346, 347, 355
啓蒙思想 359
ケインズ，ジョン Keynes, John Maynard 37
ケインズ主義 56, 318
限定戦争 358
原爆 214
原油価格 329
原油独裁主義 petro-authoritarianism 332
ゴア，アル Gore, Jr., Albert Arnold 292
交戦法規《ユス・イン・ベロ》 *jus in bello* 195, 210, 214
構造調整 structural adjustment 33, 46, 53 →「IMF」,「世界銀行」の項もみよ
国際原子力機関（IAEA） 120, 290, 294
国際通貨基金 →「IMF」の項をみよ
国際通貨体制 34
国際労働機関 ILO: International Labour Organization 162
国民戦争 358
コクラン，バーバラ Cochran, Barbara 285
国連監視検証査察委員会（UNMOVIC）→「イラク，大量破壊兵器」の項をみよ
国連難民高等弁務官事務所（UNHCR） 22, 159, 185, 187
——とアメリカ外交 159
一般プログラム General Programmes 169
執行理事会 Executive Committee 162
追加予算 Supplementary Programme Budget 181
特別プログラム Special Programmes 169
年間プログラム Annual Programme 170
年次予算 Annual Programme Budget 180
「予防的保護」“preventive protection” 178
コシチュシュコ，タデウシュ Kościuszko, Tadeusz 346
コソヴォ 52, 63, 264

［タ 行］

[ハ　行]
ハイチ　116
「ハイテク戦争」　17
ハウ，ウィリアム　Howe, Sir William　339, 342, 344, 346
ハーヴェイ，デイヴィッド　Harvey, David　46
パウエル，コリン　Powell, Colin Luther　294
バーガー，サミュエル　Berger, Samuel Richard　14
バーゴイン，ジョン　Burgoyne, John　345–347, 349
パーシング，ジョン　Pershing, John Joseph　111
ハース，リチャード　Haass, Richard　6, 39
ハースト，ウィリアム　Hearst, William Randolph　80
ハディーサ虐殺事件　The Killings in Haditha　19
ハート，マイケル　Hardt, Michael　39–41, 45, 147
バトラー，ジュディス　Butler, Judith P.　249, 251
バトラー，スメドリー　Butler, Smedley　113, 119
パナマ　108
パナマ運河　108
パニッチ，レオ　Panitch, Leo　46, 47, 49
ハブ・スポーク（・システム）　44, 51, 54, 55
ハミルトン，アレキサンダー　Hamilton, Alexander　342, 356, 360
ハリケーン・カトリーナ　327
ハリルザード，ザルメイ　Khalilzad, Zalmay 141
パール，リチャード　Perle, Richard Norman　292
「ハル・ノート」　18
パール・ハーバー　Pearl Harbor　281　→「真珠湾攻撃」の項もみよ
バルフォア，アーサー・ジェームズ　Balfour, Arthur James　107
パレスチナ問題　231, 283　→「イスラエル＝パレスチナ紛争」の項もみよ
反戦運動　56, 230
ハンチントン，サミュエル　Huntington, Samuel Phillips　130, 250
バンディ，マクジョージ　Bundy, McGeorge　65, 92
非公式《インフォーマル》（の）帝国　informal empire　35, 39, 41, 47, 53, 55　→「ギャラハー＝ロビンソン説」もみよ
「非対称な戦争」　285
ヒッチコック，イーザン　Hitchcock, Ethan Allen　68
ピノチェト，アウグスト　Pinochet, Augusto　152
BBC（British Broadcasting Corporation）　287
ビュノー＝ヴァリラ，フィリップ　Bunau-Varilla, Phillipe　108
ヒーリー，デイヴィッド　Healy, David　109
ヒル・アンド・ノールトン社　Hill and Knowlton, Inc.　277
ビルミス，リンダ　Bilmes, Linda　324
ピンカス，ウォルター　Pincus, Walter　295
ビンラディン，オサマ　bin Ladin, Usama　151, 208, 281, 286, 291　→「アフガニスタン攻撃／戦争」，「9.11事件」の項もみよ
ファーガソン，ニール　Ferguson, Niall　38
ファース，レオン　Fuerth, Leon Sigmund　292
フィリピン　112
フィルモア，ミラード　Fillmore, Millard

73
フーヴァー，ハーバート Hoover, Herbert Clark 115
フェデラリスト Federalist 361
フォーク，リチャード Falk, Richard A. 253
FOX（Fox Broadcasting Company） 292, 293, 297
「複合的緊急事態」“complex emergencies” 177
フクヤマ，フランシス Fukuyama, Francis 104, 130, 250
不後退防衛線演説 91
藤原帰一 39, 41, 42
「付随的被害」“Collateral Damage” 16
フセイン，サダム Hussein, Saddam 93, 135, 208, 275
——政権 12, 140, 276, 290
プーチン，ウラディーミル Putin, Vladimir Vladimirovich 332
ブッシュ（シニア），ジョージ・ハーバート Bush, George Herbert Walker 133, 134, 137, 213, 275, 279, 323
——政権 52, 128, 138
ブッシュ（ジュニア），ジョージ Bush, George Walker 9, 41, 52, 63, 93, 101, 102, 118, 119, 134, 135, 217, 224, 236, 241, 306, 386
——政権 6, 9, 12, 46, 51, 138, 141, 179, 181, 208, 219, 230, 233, 249, 306
ブッシュ・ドクトリン 18, 63, 93, 144
「ブッシュの戦争」 217, 274 →「イラク戦争」の項もみよ
フッテンバック，ロバート Huttenback, Robert A. 306
ブート，マックス Boot, Max 45, 102, 330
フランク，アンドレ Frank, André Gunder 34
フランクリン，ベンジャミン Franklin, Benjamin 353, 354
フランス革命戦争 360
フリードマン，トマス Friedman, Thomas 331
ブレア，トニー Blair, Tony 287
ブレトンウッズ体制 48, 49
ブレマー，ポール Bremer, L. Paul 51
フレモント，ジョン Fremont, John Charles 70
フレンチ・アンド・インディアン戦争 336–338
フロスト，レイモンド Frost, Raymond M. 311
フロンティア神話 20
フロンティア・テーゼ 262, 263
文民統制 338, 356, 359
「文明の衝突」“the clash of civilizations” 130 →「ハンチントン」の項もみよ
ヘイ，ジョン Hay, John Milton 105
ベイカー，ジェイムズ Baker, James 136, 137, 276
ヘイグ，アレクザンダー Haig, Alexander 5
米西戦争 81, 88, 105, 112
米比戦争 198
米墨戦争 64, 95
ヘイ・ビュノー゠ヴァリラ条約 108
米仏同盟 349
——条約 348
ベイム，マイク Boehm, Mike 365, 388
ペイン，トマス Paine, Thomas 339, 344
『コモン・センス』*Common Sense* 340, 343
「ベヴァリッジの病」“Beveridge’s Disease” 210
ヘゲモン（覇権） 305, 306, 310, 313, 332 →「アメリカ帝国」，「アメリ

カ帝国主義」の項もみよ
覇権安定論　35
ヘッジス，クリス Hedges, Chris　205
ペトラス，ジェームズ Petras, James　46, 52
ペリー，マシュー Perry, Matthew Calbraith　72
ベル，ダニエル Bell, Daniel　148
ヘンダーソン，レオン Henderson, Leon　315, 316
変動相場制　313
ベイシェヴィッチ，アンドリュー Bacevich, Andrew J.　13, 38
ホイットマン，ウォルト Whitman, Walter　77
ホーガンソン，クリスティン Hoganson, Kristin L.　105
ポーク，ジェームズ Polk, James Knox　64
ボスニア・ヘルツェゴヴィナ　264
ボスニア紛争　277
ホッブズ，トマス Hobbes, Thomas　197
ボート・ピープル　386
ポピュラー・カルチャー　255, 261, 263, 265, 266　→「映画」の項もみよ
ホーフスタッター，リチャード Hofstadter, Richard　105
ホブソン，ジョン・アトキンソン Hobson, John Atkinson　37
ホブソン，ジョン Hobson, John M.　307
ホフマン，スタンリー Hoffmann, Stanley　39
ポメランツ，ケネス Pomeranz, Kenneth　97

［マ　行］
マグドフ，ハリー Magdoff, Harry　34, 46
マクナマラ，ロバート McNamara, Robert Strange　150, 390
マグーン，チャールズ Magoon, Charles Edward　109
マッカーサー，アーサー MacArthur, Jr., Arthur　82
マッカーサー，ジョン MacArthur, John R.　277
マッキンリー，ウィリアム McKinley, William　80, 105, 199
マッケイン，ジョン McCain, John Sidney　218
マデロ，フランシスコ Madero, Francisco I.　111
Madison Quakers, Inc.　388　→「ミライ平和公園プロジェクト」の項もみよ
マードック，ルパート Murdoch, Rupert　292
マルチチュード Multitude　40, 41
マロクイン，ホセ Marroquín, José　108
マン，トーマス Mann, Thomas　204
マンスフィールド，マイケル Mansfield, Michael Joseph　309
「見えない戦争」 275, 280
ミサイル防衛　221
「ミニットマン」 338　→「アメリカ革命／独立戦争，民兵」の項もみよ
ミライとヒバクシャ　380
「ミライの虐殺」“My Lai Massacre”　387
ミライ平和公園プロジェクト My Lai Peace Park Project　365
「絵を通した文通」プログラム　372–375
「愛情の家」プログラム　375–376
「枯れ葉剤犠牲者プロジェクト」　376–379
民主主義体制　331
無限定戦争　360
ムンロー，ダナ Munro, Dana G.　118, 120
メイ，アーネスト May, Ernest R.　120
「明白な運命」(Manifest Destiny) 論　10

「メイン号」*USS The Maine*　80, 83
メディア　223, 233, 242, 262, 265, 274, 301
アメリカの――　288, 292, 296
アメリカのメディア監視団体FAIR（Fairness Accuracy in Reporting）284
アメリカのメディア規制　275
権力の番犬 watch dog　301
9.11事件と――　280
ジェシカ・リンチ上等兵救出劇　298
従軍報道　296
プール取材　278, 279, 285
ラジオ・テレビ報道責任者協会 RTNDA: Radio–Television News Directors Association　285
メルヴィル，ハーマン Melville, Herman　77, 146
モリス，ロバート Morris, Robert　355
モリソン，ノーマン Morrison, Norman　374, 390
モンロー，ジェームズ Monroe, James　103
モンロー・ドクトリン　103, 104, 106, 107, 109, 119
ローズヴェルト系論　104, 109

［ヤ　行］
「野蛮な戦争」“savage war”　263
「野蛮な世界」　264
山本五十六　90
山本吉宣　39, 42, 45, 55
UNHCR　→「国連難民高等弁務官事務所」の項をみよ
「良い戦争」“The Good War”　202
「良い暴力」“good violence”　263

［ラ　行］
ライス，コンドリーザ　Rice, Condoleezza　286, 294
ラザー，ダン　Rather, Jr., Daniel Irvin　282
ラセット，ブルース Russett, Bruce M.　202
ラファイエット侯爵 Marquis de La Fayette　346, 347, 353
ラミス，チャールズ Lummis, Charles F.　78
ラムズフェルド，ドナルド Rumsfeld, Donald Henry　286, 291, 294
ランシング，ロバート Lansing, Robert　111, 112
リー，チャールズ Lee, Charles　338, 343, 349
「リアル・ウォー」“real war”　16
リビー，ルイス Libby, Jr., Lewis　141
リンカン，ベンジャミン Lincoln, Benjamin　345, 352, 353
ルーカス，ジョージ Lucas, Jr., George Walton　260
「ルシタニア号」*RMS Lusitania*　88
ルーダー・フィン社 Ruder Finn, Inc.　277
ルート，エリュー Root, Elihu　80, 106
冷戦終焉　261
レーガン，ロナルド Reagan, Ronald Wilson　4, 133, 149, 192, 237, 261
――政権　3, 5, 6, 116, 260, 297, 312, 323
「歴史の終焉」（“the end of history”）論　104, 130　→「フクヤマ」の項もみよ
レセップス，フェルディナン・ド Lesseps, Ferdinand de　108
レテリア，オルランド Letelier, Orlando　153
レーニン，ウラディーミル Lenin, Vladimir Ilyich　34, 35, 37, 86
『帝国主義論』*Imperialism, the Highest Stage of Capitalism*　34
ロイ，アルンダティ Roy, Arundhati　153

ロウズ，アーサー Rowse, Arthur E.
280
ローズヴェルト，セオドア Roosevelt, Theodore 13, 80, 102, 118, 119, 199
ローズヴェルト病 210
ローズヴェルト，フランクリン Roosevelt, Franklin Delano 86, 104, 314, 316
ロッジ，ヘンリー Lodge, Henry Cabot 80
ロールズ，ジョン Rawls, John 247

［ワ 行］
ワインバーガー，キャスパー Weinberger, Caspar Willard 3
ワインバーガー・ドクトリン 4
ワインバーガー＝シュルツ論争 3
ワシントン，ジョージ Washington, George 335, 336, 338–340, 342–347, 349–360
ワシントン・コンセンサス Washington Consensus 46
ワース，ウィリアム Worth, William J. 67
湾岸戦争 2, 32, 135, 264, 275, 279, 280, 299, 326 →「イラク戦争」,「メディア」の項もみよ

アンドリュー・J・ロッター（Andrew J. Rotter）［第6章］
1953年生まれ。現在，コールゲート大学教授。専攻はアメリカ外交史。主な著書に，*The Path to Vietnam: Origins of the American Commitment to Southeast Asia*（Ithaca: Cornell University Press, 1987），*Comrades at Odds: The United States and India, 1947–1964*（Ithaca: Cornell University Press, 2000），*Hiroshima: The World's Bomb*（Oxford & New York: Oxford University Press, 2008），ほか。

大津留（北川）智恵子（おおつる〔きたがわ〕ちえこ）［第7章］
1958年生まれ。現在，関西大学法学部教授。専攻はアメリカ政治・外交。主な著書に，『アメリカが語る民主主義』（共編著，ミネルヴァ書房，2000年），『戦後アメリカ外交史』（共著，有斐閣，2002年），『アメリカ外交の諸潮流』（共著，日本国際問題研究所，2007年），ほか。

土佐 弘之（とさ ひろゆき）［第8章］
1959年東京生まれ。現在，神戸大学大学院国際協力研究科教授。専攻は国際関係論・政治理論。主な著書に，『グローバル／ジェンダー・ポリティクス——国際関係論とフェミニズム』（世界思想社，2000年），『安全保障という逆説』（青土社，2003年），『アナーキカル・ガヴァナンス——批判的国際関係論の新展開』（御茶の水書房，2006年），ほか。

野村 彰男（のむら あきお）［第9章］
1943年生まれ。元朝日新聞アメリカ総局長・論説副主幹。専門は国際関係・メディア論。主な著書に，『日本と国連の50年——オーラルヒストリー』（共編著，ミネルヴァ書房，2008年），『社会的責任の時代——企業・市民社会・国連のシナジー』（共編著，東信堂，2008年），ほか。

秋元 英一（あきもと えいいち）［第10章］
1943年年生まれ。現在，帝京平成大学教授。専攻はアメリカ経済史。主な著書に，『アメリカ20世紀史』（共著，東京大学出版会，2003年），『グローバリゼーションと国民経済の選択』（編著，東京大学出版会，2001年），『豊かさと環境』（シリーズ・アメリカ研究の越境　第3巻）（共編著，ミネルヴァ書房，2006年），ほか。

油井 大三郎（ゆい だいざぶろう）［第11章］
1945年生まれ。現在，東京女子大学現代文化学部教授。専攻は米国現代史・世界現代史。主な著書に，『未完の占領改革』（東京大学出版会，1989年），『なぜ戦争観は衝突するか』（岩波書店，2007年），『好戦の共和国　アメリカ』（岩波書店，2008年），ほか。

藤本 博（ふじもと ひろし）［第12章］
1949年生まれ。現在，南山大学外国語学部教授。専攻は現代アメリカ外交史，ヴェトナム戦争史。主な著訳書に，ガブリエル・コルコ『ベトナム戦争全史』（共訳，社会思想社，2001年），木畑洋一編『20世紀の戦争とは何であったか』（講座「戦争と現代」第2巻）（共著，大月書店，2004年），ロイド・ガードナー，マリリン・ヤング編『アメリカ帝国とは何か』（共訳，ミネルヴァ書房，2008年），ほか。

執筆者紹介（執筆順）

菅 英輝（かん ひでき）［序章，第4章］
編者，奥付を参照。

初瀬 龍平（はつせ りゅうへい）［第1章］
1937年生まれ。現在，京都女子大学現代社会学部教授。専攻は国際関係論。主な著書に，『国際政治学――理論の射程』（同文舘出版，1993年），『日本で学ぶ国際関係論』（共編著，法律文化社，2007年），*The Political Economy of Japanese Globalization*（co-author, London & New York: Routledge, 2001），ほか。

ブルース・カミングス（Bruce Cumings）［第2章］
1943年生まれ。現在，シカゴ大学歴史学部教授。専攻はアメリカ外交史，東アジア国際関係史。主な著書に，*The Origins of the Korean War*（Princeton, NJ: Princeton University Press, 1981, 1990）（鄭敬謨ほか訳『朝鮮戦争の起源――解放と南北分断体制の出現，1945年～1947年』シアレヒム社，1989–91年），*Korea's Place in the Sun: A Modern History*（New York: W. W. Norton, 1997, updated ed. 2005）（横田安司・小林知子訳『現代朝鮮の歴史――世界のなかの朝鮮』明石書店，2003年），*Parallax Visions: Making Sense of American-East Asian Relations at the End of the Century*（Durham, NC: Duke University Press, 1999），ほか。

中嶋 啓雄（なかじま ひろお）［第3章］
1967年生まれ。現在，大阪大学大学院国際公共政策研究科准教授。専攻はアメリカ政治外交史。主な著書・論文に，『モンロー・ドクトリンとアメリカ外交の基盤』（ミネルヴァ書房，2002年），"The Monroe Doctrine and Russia: American Views of Czar Alexander I and Their Influence upon Early Russian-American Relations," *Diplomatic History,* Vol. 31, No. 3（June 2007），「チャールズ・A・ビアードと日米関係――国際主義と孤立主義」『EX ORIENTE』（大阪大学言語社会学会），15巻（2008年），ほか。

柄谷 利恵子（からたに りえこ）［第5章］
1966年生まれ。現在，関西大学政策創造学部教授。専攻は国際関係論。主要な著書・論文に，*Defining British Citizenship: Empire, Commonwealth and Modern Britain*（London: Frank Cass, 2003），「国境を越える人の移動」高田和夫編著『新時代の国際関係論――グローバル化のなかの「場」と「主体」』（法律文化社，2007年），「女性移住労働者の『安全（Security）』と『非安全（Insecurity）』――国家，地域，グローバル」植木俊哉・土佐弘之編『国際法・国際関係とジェンダー』（東北大学出版会，2007年），ほか。

《編著者紹介》
菅 英輝（かん ひでき）
1942年生まれ。現在，西南女学院大学人文学部教授。専攻はアメリカ外交史，国際関係論。主な著書に，『アメリカの世界戦略——戦争はどう利用されるのか』（中公新書，2008年），『21世紀の安全保障と日米安保体制』（共編著，ミネルヴァ書房，2005年），『アメリカ20世紀史』（共著，東京大学出版会，2003年），ほか。

サピエンティア **01**
アメリカの戦争と世界秩序

2008年11月20日　初版第1刷発行

編著者　菅 英輝
発行所　財団法人法政大学出版局
〒102-0073 東京都千代田区九段北3-2-7
電話03(5214)5540／振替00160-6-95814
製版・印刷　三和印刷／製本　鈴木製本所
装　幀　奥定 泰之

ISBN 978-4-588-60301-3　Printed in Japan